INTRODUÇÃO À AGROECOLOGIA POLÍTICA

Manuel González de Molina
Paulo Petersen
Francisco Garrido Peña
Francisco Roberto Caporal

INTRODUÇÃO À AGROECOLOGIA POLÍTICA

1ª edição

EXPRESSÃO POPULAR

São Paulo • 2023

Copyright © 2023 by Editora Expressão Popular

Tradução: Isabel Cristina Lourenço da Silva e Maurício Machado Sena
Revisão técnica da tradução: Paulo Petersen
Revisão: Cecília Luedemann, Dulcineia Pavan
Projeto gráfico e diagramação: *ZAP Design*
Ilustração da capa: Lúcia Vignoli
Impressão e acabamento: *Paym*

Dados Internacionais de Catalogação na Publicação (CIP)

M722i   Molina, Manuel González de

            Introdução à agroecologia política / Manuel González de Molina et al. ; traduzido por Isabel Cristina Lourenço da Silva e Maurício Machado Sena. – São Paulo : Expressão Popular, 2023.
            333 p. : il.

            ISBN: 978-65-5891-121-0

            1. Agroecologia política. I. Silva, Isabel Cristina Lourenço da. II. Sena, Maurício Machado. III. Título.

CDD: 577
CDU: 574

André Queiroz – CRB-4/2242

Todos os direitos reservados.
Nenhuma parte deste livro pode ser utilizada ou reproduzida sem a autorização da editora.

1ª edição: novembro de 2023

EXPRESSÃO POPULAR
Alameda Nothmann, 806 – Salas 6 e 8
CEP 01216-001 – Campos Elíseos-SP
livraria@expressaopopular.com.br
www.expressaopopular.com.br
 ed.expressaopopular
 editoraexpressaopopular

Sumário

Apresentação da edição brasileira...... 7

Introdução...... 15

Capítulo 1 – Fundamentos teóricos da Agroecologia Política...... 25

Capítulo 2 – Um regime agroalimentar em direção ao colapso...... 73

Capítulo 3 – Desenho institucional e regulação agroecológica dos sistemas agroalimentares...... 117

Capítulo 4 – Aumento de escala da Agroecologia...... 161

Capítulo 5 – Os sujeitos da Agroecologia...... 203

Capítulo 6 – O Estado e as políticas públicas...... 253

Referências...... 301

Apresentação da edição brasileira

Há 15 anos, quando as políticas públicas favoráveis à promoção da Agroecologia vinham sendo concebidas e implementadas no Brasil e na Andaluzia (Espanha), tomamos a iniciativa de refletir coletivamente sobre as experiências que vinham sendo colocadas em prática nesses dois contextos. Interessava-nos identificar as principais frentes de avanço, bem como os obstáculos que impediam um desenvolvimento mais alentado dessas trajetórias de institucionalização das ideias agroecológicas na organização dos sistemas agroalimentares. Embora o debate sobre a dimensão política da Agroecologia tenha sempre estado presente nos Congressos Brasileiros de Agroecologia (organizados pela Associação Brasileira de Agroecologia [ABA-Agroecologia]), as reflexões inicialmente realizadas tenderam a enfocar instrumentos de políticas públicas específicos e a limitar as análises a aspectos conjunturais. Os governos do Partido dos Trabalhadores (PT), no Brasil, e a aliança entre os Verdes e o Partido Socialista Operário Espanhol (PSOE), na Andaluzia, criaram condições excepcionalmente favoráveis e inéditas para o desenvolvimento de políticas públicas formalmente orientadas a promover a transição agroecológica. No entanto, essas trajetórias instituintes não foram informadas por um corpo doutrinal mínimo destinado a enfrentar os desafios que essas oportunidades de institucionalização suscitavam.

Foi no bojo do mestrado em Agroecologia da Universidade Internacional de Andaluzia (UNIA), concretamente das disciplinas de Ecologia Política e de Políticas Púbicas, ambas ministradas pelos autores deste livro, que se deu início a um processo sistemático de reflexão crítica, sempre enriquecida com os aportes de outras companheiras e companheiros, professores e estudantes. A partir de 2009, passamos a organizar uma sequência de seminários para aprofundar os debates. O primeiro, realizado na cidade de Granada, Espanha, contou com a participação de acadêmicos que vinham abordando a dimensão política da Agroecologia a partir de diferentes perspectivas. Entre outras e outros, estiveram presentes Jan Douwe van der Ploeg, Clara Nicholls, Jaime Morales, Víctor Toledo e Glória Guzman. Na continuidade, em novembro de 2013, por ocasião do VIII Congresso Brasileiro de Agroecologia, realizado em Porto Alegre, celebramos um encontro mais amplo. A partir daí, sucessivos congressos brasileiros e latino-americanos (organizados pela Sociedad Científica Latino-americana de Agroecología [Socla]) abrigaram mesas redondas e painéis, dando continuidade e despertando crescente interesse à nascente vertente da Agroecologia Política.

Em 2019, por iniciativa liderada por Narciso Barrera-Bassols (México) e por Inés Gazzano (Uruguai), na qual cooperamos ativamente, foi constituído o Grupo de Trabalho sobre Agroecologia Política do Conselho Latino-americano de Ciências Sociais (Clacso) com o fim de institucionalizar e enriquecer as reflexões em curso. Com a clara vocação de avançar em estreita conexão e colaboração com organizações e redes que integram o movimento agroecológico latino-americano, o grupo de trabalho (GT) vem se dedicando desde o início dos anos 2020 a aprofundar a reflexão sobre os fundamentos deste campo de estudo e pesquisa. Dentre suas atividades, o GT deu início a uma linha de publicações voltada a difundir acúmulos deste novo campo acadêmico e de ação militante. Este livro foi o primeiro da série e sintetiza os acúmulos organizados pelos autores no decorrer dos vários anos de fecunda colaboração na reflexão crítica enriquecida pelas suas respectivas experiências na elaboração, implementação e avaliação de políticas públicas, assim como em processos de desenvolvimento territorial orientados pelo enfoque agroecológico.

Uma primeira versão do livro foi publicada em inglês, em 2020, graças ao empenho e estímulo de Stephen Gliessman, co-diretor juntamente com Clive A. Edwards da Coleção *Advances in Agroecology*, editada pela CRC Press. Agradecemos a Steve e a Taylor & Francis por facilitar a publicação desta edição sintetizada e atualizada – primeiramente em espanhol, e agora em português.

Nosso interesse com essa nova edição foi o de tornar os conteúdos mais acessíveis, contribuindo para enriquecer o debate público sobre as relações de poder envolvidas nas mudanças socioecológicas nos sistemas agroalimentares. Além da tradução para as línguas de domínio geral nos países latino-americanos, decidimos nesta nova edição prescindir de algumas partes da edição em inglês, quiçá demasiadamente acadêmicas, numa tentativa de simplificar o texto para torná-lo mais acessível, sem com isso comprometer o rigor e a profundidade de sua elaboração original.

Apesar dessa tentativa, temos consciência de que a leitura do texto é um exercício que requer algum esforço. Ao vincular dialeticamente as bases teóricas da Agroecologia com a Economia Política da agricultura e da alimentação, a Agroecologia Política necessariamente transita e é enriquecida por variados campos disciplinares das ciências biológicas e físicas (agronomia, termodinâmica, evolução etc.) e das ciências sociais (teorias da transição, de gênero, estudos camponeses, antropologia, história, geografia etc). O marco teórico que possibilita o amálgama coerente entre perspectivas analíticas tão díspares é a abordagem do metabolismo social, ou seja, o intercâmbio de energia, matéria e informação entre as organizações humanas (em todas as escalas) e a natureza não humana.

É objetivo da Agroecologia Política transformar as instituições reguladoras do metabolismo dos sistemas agroalimentares para que eles sejam ecologicamente sustentáveis e socialmente justos. Somos conscientes de que, diante da abrangência e da complexidade das questões públicas e dos campos temáticos abordados, lacunas de relativa importância permaneceram sem uma elaboração adequada em nosso texto. Por outro lado, acreditamos que a contribuição aqui apresentada oferece uma fundamentação teoricamente sólida para que o movimento agroecológico se previna dos intentos de cooptação por parte do sistema de poder atualmente hegemônico, bem como dos riscos de perda de sua potência transformadora em razão do fortalecimento de concepções idealistas e dogmáticas no seio do próprio movimento.

Durante a elaboração desta nova edição, um dos autores, Francisco Roberto Caporal, desgraçadamente faleceu. Os demais autores dedicam esta obra à sua memória. Que seu legado siga inspirando o movimento agroecológico brasileiro, um movimento que se amplia, diversifica, articula e enriquece ao estabelecer conexões com outros movimentos sociais e outros campos da ciência crítica e cidadã.

Esta edição foi viabilizada exatamente no bojo da crescente e virtuosa aproximação entre a Agroecologia e a Saúde Coletiva, campos científicos e movimentos sociais que comungam um mesmo axioma e uma só perspectiva estratégica: a ação coletiva multinível orientada por economias cujo valor supremo é o cuidado com a Vida é condição inadiável para a reversão das tendências entrópicas que conduzem as sociedades contemporâneas ao colapso.

No período transcorrido entre a edição em inglês e esta edição, o interesse despertado pela Agroecologia Política não deixou de crescer. Essa realidade não é alheia ao fato de que nesse intervalo atravessamos uma pandemia cujas consequências para a sociedade brasileira foram dramaticamente acentuadas por uma gestão pública negacionista e criminosa. Ter este livro publicado pela Fundação Oswaldo Cruz (Fiocruz), bastião da resistência democrática e da defesa de direitos, é a expressão maior do reconhecimento de que a luta pela Agroecologia é a luta pela Saúde Coletiva.

Rio de Janeiro/Sevilha, 30 de outubro de 2023

A Francisco Roberto Caporal
In memoriam

Introdução

A industrialização da agricultura significou uma reconfiguração fundamental da produção agrícola e das formas como nossas necessidades alimentares são satisfeitas. A injeção de grandes quantidades de energia proveniente dos combustíveis fósseis e suas tecnologias associadas alterou radicalmente o cenário agrícola mundial durante o século XX. Funções econômicas básicas que no passado eram reproduzidas por meio de processos ecológicos locais e para as quais dedicava-se parte significativa dos territórios agrícolas desapareceram – dentre elas, a geração de energia para a tração e outros consumos, a produção de fibras, de rações e de alimentos para o consumo humano. Esse processo deu lugar a paisagens rurais monótonas e despovoadas e, em contrapartida, ao crescimento desmedido dos espaços urbanos (Agnoletti, 2006; Guzmán Casado; González de Molina, 2009; González de Molina; Toledo, 2014). Entre 1961 e 2016, a produção mundial de cereais quase quadruplicou, uma taxa de crescimento superior à da população mundial, elevando sua disponibilidade em 60%.[1]

---

[1] Fonte: http://www.fao.org/faostat. Consultado em: 15 mar. 2019.

Apesar deste grande esforço produtivo, a pobreza rural, a fome e a má nutrição endêmica persistem. A Organização das Nações Unidas para a Agricultura e a Alimentação (FAO, na sigla em inglês) estimava que mais de 825 milhões de pessoas no mundo estavam submetidas à fome ou à má nutrição antes do início da pandemia da Covid-19, em 2020, quadro que se agravou desde então.[2] O regime agroalimentar dominante é incapaz de alimentar toda a humanidade – tampouco parece que está realmente orientado a este fim –, mesmo que haja alimentos suficientes para fazê--lo. Também não houve avanço na erradicação da pobreza rural. Aparentemente, a agricultura segue dedicada a fornecer a energia necessária para a reprodução da espécie humana. No entanto, seu desempenho em termos de balanço energético tem se alterado enormemente (Francis *et al.*, 2003). De grande fornecedora de energia, a agricultura foi convertida em grande demandante. Sem o fornecimento de energia externa, a agricultura industrial não conseguiria cumprir sua função principal (Leach, 1976; Pimentel; Pimentel, 1979; Gliessman, 1998; Guzmán Casado; González de Molina, 2017). Isso significa que a agricultura passou a ser uma atividade subsidiária nas economias industriais, sendo valorizada principalmente como fornecedora de alimentos e matérias-primas e, em menor medida, como provedora de outros bens e serviços como, por exemplo, os ecológicos. A biomassa produzida atualmente é apenas um entre os materiais utilizados, embora exerça um peso cada vez menor nos fluxos que circulam pelo metabolismo da economia mundial (Krausmann *et al.*, 2017a).

O mercado alimentar se globalizou, exigindo enormes infraestruturas logísticas para que os produtos agrícolas percorram longas distâncias antes de chegar à mesa do consumidor. Consome-se

---

[2] Fonte: https://data.unicef.org/resources/sofi-2021/. Consultado em: 23 dez. 2021.

cada vez mais comida ultraprocessada. A ingestão de calorias também aumentou, independente da sua qualidade nutricional. Os eletrodomésticos, que consomem gás ou eletricidade, participam cada vez mais da alimentação, elevando o custo energético da conservação e da preparação dos alimentos (Infante-Amate *et al.*, 2018a). Novas atividades surgiram entre a produção e o consumo. Embora sejam uma novidade, atualmente adquirem importância primordial, especialmente nos processos vinculados à transformação e à distribuição dos alimentos. Em suma: a forma como atualmente nos alimentamos causa danos não somente à nossa saúde, mas também à saúde dos ecossistemas. Cada porção de comida ingerida corresponde a uma longa cadeia de processos econômico-ecológicos, ao largo da qual acentua-se o comércio desigual entre países e multiplica-se o consumo de energia e materiais, bem como as emissões contaminantes. Dessa forma, o consumo alimentar foi convertido em atividade geradora de crescentes impactos sociais e ambientais negativos. Dentre eles, o mais dramático e contraditório: a injusta distribuição de alimentos no mundo. Longe de diminuir, esse fenômeno se acentua de forma acelerada. Mais de dois bilhões de indivíduos em todo o mundo não alcançam um consumo mínimo de calorias e nutrientes, fazendo com que a fome e a desnutrição permaneçam como fenômenos estruturais. Ao mesmo tempo, uma quantidade equivalente da população mundial é alimentada de forma inadequada, pressionando os sistemas públicos de saúde (Monteiro *et al.*, 2013; Ipes-Food, 2016).

 Estes são sintomas de uma crise que tem sua origem nas relações de poder que moldam o regime agroalimentar dominante. A continuidade dessas relações conduzirá irremediavelmente à aceleração da deterioração social e ambiental, levando ao colapso das sociedades contemporâneas. Escapar desse destino requer a construção de sistemas agroalimentares estruturalmente diferentes, baseados em padrões justos e sustentáveis de produção, processamento, distribuição e consumo. A multiplicidade de experiências agroecológicas existentes em todo o mundo prenuncia a base de um regime agroalimentar com tais características. No entanto, essas experiências seguem confinadas a iniciativas de pequena escala de abrangência social e geográfica. Vinculadas a movimentos sociais, organizações não governamentais, instituições acadêmicas e, ainda em menor medida, aos governos, elas desenvolvem-se na esfera das unidades de produção e em âmbito comunitário ou territorial, tendo como seus instrumentos preferenciais a pesquisa-ação participativa e a implementação de estratégias locais de desenvolvimento rural e abastecimento alimentar urbano. Portanto, o desafio premente consiste em ampliar a escala dessas experiências. Para isso, é imprescindível transformar os marcos institucionais que seguem sustentando o regime agroalimentar dominante. Essa transformação é, por sua própria natureza, política. Entretanto, constata-se que o movimento agroecológico amadureceu pouco suas estratégias de ação política para além da esfera local.

O nexo entre a Agroecologia e a Política ainda é pouco enfatizado, embora seja um vínculo fundamental, não só para manter e fortalecer as experiências agroecológicas, mas, sobretudo, para generalizá-las em escalas mais agregadas. Isso significa dizer que a Agroecologia, enquanto campo de conhecimento, segue conceitual e metodologicamente pouco preparada para levar à frente este desafio. O objetivo deste livro é contribuir para a superação dessa lacuna, ao propor uma teoria política orientada à transformação nos marcos institucionais que moldam o regime agroalimentar dominante, criando condições favoráveis para que as experiências agroecológicas pioneiras se afirmem como o fundamento sociotécnico de um regime agroalimentar alternativo.

O vínculo entre Política e Agroecologia não é novo. Muitos autores têm reivindicado reformas estruturais de caráter socioeconômico como meio imprescindível para promover sistemas agroalimentares sustentáveis (Gliessman, 1998; Rosset, 2003; Weid, 2006; Levins, 2006; Holt-Giménez, 2006; Perfecto; Vadermeer, 2009; Altieri; Toledo, 2011; Rosset; Altieri, 2017; Giraldo, 2018). No entanto, esta preocupação está longe de estar generalizada e não se internalizou plenamente na prática dos movimentos agroecológicos. Enquanto isso, algumas correntes acadêmicas e institucionais da Agroecologia, que fomentam um enfoque estritamente "técnico", aumentam sua influência no debate público. Promovem "soluções" tecnológicas, deixando de lado a indispensável mudança institucional necessária ao equacionamento da crise multidimensional gerada pelo regime agroalimentar hegemônico. Os resultados de se ignorar a política ou relegá-la a um segundo plano são a limitação da eficácia e a baixa estabilidade das experiências agroecológicas, que seguem restritas a escalas locais. Por outro lado, difunde-se a ideia de que a inovação tecnológica por si, sem mudanças substanciais nas relações de poder, é capaz de promover a sustentabilidade dos sistemas alimentares. A primeira limitação conduz à ineficiência e a segunda, à inatividade. Ambas reduzem as possibilidades de que a Agroecologia se converta em alternativa efetiva ao paradigma sociotécnico dominante.

Embora Wezel e Soldat (2009) tenham sustentado que a maior parte da literatura agroecológica estivesse dedicada aos aspectos técnicos-agronômicos relacionados ao manejo dos agroecossistemas, autores de referência vêm reiterando a necessidade de ampliar o escopo da análise agroecológica para além das unidades de produção para que esse campo de conhecimento se consolide como um enfoque orientador de transformações da agricultura em direção à sustentabilidade (Altieri; Toledo, 2011; Francis *et al.* 2003; Gliessman, 2015; Gliessman *et al.*, 2007). Nesse sentido, não é possível considerar a Agroecologia como a soma de três enfoques independentes: como ciência, como prática e como movimento social; teoria e prática devem ser entendidas de forma indissociável. De fato, a Agroecologia se afirma ao combinar sinergicamente estas três dimensões, condensando em um todo indivisível seu enfoque analítico, sua capacidade operativa e sua incidência política (Petersen, 2009). Portanto, é uma "ciência transformadora" (Levidow *et al.* 2014; Schneidewind *et al.* 2016), ou seja, um enfoque de análise que incorpora uma crítica aos mecanismos de governança adotados no regime agroalimentar dominante (Holt-Giménez; Altieri, 2013; McMichael, 2006) e, com base em perspectivas transdisciplinares e participativas, serve para planejar e orientar processos de mudança social, de acordo com princípios da sustentabilidade socioecológica (Méndez *et al.*, 2013).

Como trataremos de demonstrar neste livro, as raízes da crise do regime agroalimentar se encontram nos marcos institucionais que o regulam e governam, e não nos impactos ambientais e sociais que promove. Causas não devem ser confundidas com consequências. Portanto, a Agroecologia não pode se limitar a apontar os fatores de insustentabilidade dos agroecossistemas para propor manejos mais sustentáveis. Como afirma Gliessman (2011), a Agroecologia é, antes de tudo, um poderoso instrumento para mudar o regime agroalimentar – ou seja, para redesenhar as estruturas econômicas que o governam. Esta dimensão prática da Agroecologia requer a política, quer dizer, um ramo disciplinar encarregado de desenhar e manter as instituições necessárias à promoção da sustentabilidade dos sistemas agroalimentares. A construção da sustentabilidade implica uma mudança na dinâmica dos agroecossistemas, algo somente alcançado por meio da mediação de agentes sociais e instrumentos político-institucionais adequados. Mas a Agroecologia não está ainda suficientemente dotada de instrumentos analíticos e critérios necessários para definir estratégias que possam orientar essa mudança. A política deve ser desenvolvida dentro da Agroecologia para dotar agroecólogos e agroecólogas de instrumentos de análise e intervenção sociopolítica que fomentem a generalização das experiências locais, promovendo mudanças estruturais no sistema agroalimentar também em maiores escalas territoriais. Este livro se dedica a discutir esta dimensão política da Agroecologia e a propor fundamentos teóricos e epistemológicos desse campo de ação: a Agroecologia Política.

Nos propusemos neste livro a sugerir um marco de análise comum para a ação coletiva de fundamento agroecológico. Trata-se de proporcionar os argumentos epistemológicos e teóricos que impulsionam a construção e o desenvolvimento deste campo da Agroecologia, operacionalizando a luta pela sustentabilidade agrícola ou agroalimentar. Trata-se também de elaborar um diagnóstico da crise agroalimentar que possa ser partilhado não somente por uma maioria significativa dos que trabalham neste campo, mas também sugerir propostas concretas para orientar a ação coletiva agroecológica em aliança com outros movimentos sociais que militam na defesa de transformações socioecológicas estruturais orientadas para a construção de sociedades justas e sustentáveis.

O primeiro capítulo está dedicado a fundamentar teoricamente o papel-chave que as instituições exercem na dinâmica dos agroecossistemas e dos sistemas agroalimentares como reguladores de fluxos de energia, materiais e informação. O segundo caracteriza a crise do regime agroalimentar corporativo e descreve brevemente seus componentes econômicos e institucionais. O capítulo seguinte dá início à parte propositiva do livro. Nele são discutidos os critérios para o desenho de instituições necessárias para a promoção de sistemas agroalimentares baseados na sustentabilidade. Examina também que tipo de ação coletiva é eficaz para a promoção das transformações sociotécnicas segundo a perspectiva agroecológica. Esta ação não pode ser segmentada entre as práticas de manejo dos agroecossistemas, a incidência política de movimentos sociais e as políticas públicas oficiais, mas sim como uma ação coletiva multinível, que combina coerentemente todas essas dimensões e esferas de regulação institucional. No quarto capítulo, discute-se a estratégia para que as experiências agroecológicas se consolidem e ganhem escala, constituindo uma alternativa viável ao regime agroalimentar corporativo. Desta estratégia derivam tarefas tanto para os movimentos agroecológicos como para a construção à escala local ou territorial de sistemas agroalimentares baseados na Agroecologia. O quinto capítulo trata dos sujeitos coletivos da Agroecologia. O protagonismo do campesinato é ressaltado. Mas ele não é exclusivo. Destaca-se também o papel determinante das mulheres e jovens nessa construção. Consumidores também merecem a devida atenção nessa discussão. Para cimentar esta aliança, por meio da noção de populismo alimentar, sugerimos a configuração e mobilização de maiorias sociais em torno da reivindicação pela soberania alimentar. Por último, o sexto capítulo analisa o papel do Estado e de experiências de políticas públicas a favor da Agroecologia desenvolvidas até o final da década de 2010. Com base nas lições extraídas, destacamos algumas dessas políticas por seu poder de ampliação da escala das experiências agroecológicas.

Gostaríamos de agradecer a Stephen Gliessman por sua inspiração intelectual e seus esforços para que a versão em inglês deste livro, já publicada, viesse à luz em espanhol e, agora, também em português. Esta edição brasileira foi possibilitada pela iniciativa e liderança de André Burigo, da Agenda de Agroecologia e Saúde da Fundação Oswaldo Cruz (Fiocruz). Agradecemos igualmente a Narciso Barrera-Bassols por seu apoio à publicação da versão em espanhol pela editora do Conselho Latinoamericano de Ciências Sociais (Clacso). Também devemos gratidão a Miguel Altieri, Clara Nicholls e Ernesto Méndez por suas valiosas sugestões e comentários ao manuscrito. Estendemos nosso agradecimento a Víctor Toledo, Jan Douwe van der Ploeg, Jaime Morales, María Inés Gazzano, Santiago Sarandón, Georgina Catacora Vargas, Walter Pengue, Eric Holt-Gimenez, Peter Rosset, Gloria Guzmán, David Soto, Daniel López García, Ángel Calle, Eduardo Sevilla Guzmán (*in memorian*), Eric Sabourin, Claudia Schmitt, José Antônio Costabeber (*in memorian*), ao Núcleo de Agroecologia e Campesinato da Universidade Federal Rural de Pernambuco (UFRPE) e a seus membros, a Silvio Gomes de Almeida, Jean Marc von der Weid e demais colegas da AS-PTA – Agricultura Familiar e Agroecologia, companheiros e companheiras com as quais compartilhamos a militância e o compromisso por um sistema agroalimentar ambientalmente saudável, economicamente viável, socialmente justo e politicamente democrático.

Capítulo 1
Fundamentos teóricos da Agroecologia Política

Os agroecossistemas são ecossistemas artificializados que conformam um subsistema particular no metabolismo geral entre a sociedade e a natureza. Portanto, são produto de relações socioecológicas. Uma mudança de cultivo, por exemplo, é uma decisão que tem raízes socioeconômicas e, ao mesmo tempo, consequências ambientais. Essas dinâmicas socioecológicas se integram nas relações sociais mais abrangentes, nas quais estão presentes o poder e o conflito. Desde as sociedades tecnologicamente mais simples, a configuração específica dos agroecossistemas sempre esteve condicionada por diferentes tipos de instituições, formas de organização do trabalho e de produção de conhecimentos, visões de mundo, e regras, normas e acordos para a apropriação dos bens ecológicos e distribuição social das riquezas (González de Molina; Toledo, 2011, 2014). A sustentabilidade de um agroecossistema não é somente o resultado de determinadas propriedades físicas e biológicas, mas também o reflexo de relações de poder. Consequentemente, a Agroecologia deve se dotar de uma teoria apropriada para abordar a dimensão política da sustentabilidade dos agroecossistemas e dos sistemas agroalimentares. Este capítulo trata de definir o que é a Agroecologia Política e quais são suas bases epistemológicas e teóricas.

Agroecologia Política, uma tentativa de definição

A Agroecologia Política é a aplicação da Ecologia Política ao campo da Agroecologia ou o casamento entre ambas as perspectivas (Toledo, 1999; Forsyth, 2008). No entanto, não há um acordo bem estabelecido sobre o que é a Ecologia Política (Peterson, 2000; Blaikie, 2008). Sob este termo, cabem muitos significados e formas de definição de seu objeto de análise. Todos convergem seus enfoques para a Economia Política dos recursos naturais (Blaikie, 2008). Nossa interpretação coincide com a de Gezon e Paulson (2005) para os quais "o controle e uso dos recursos naturais e, consequentemente, a direção da mudança ambiental", estão moldados pelas "relações multifacetadas da política, do poder e das construções culturais do meio ambiente". Nesse sentido, a Ecologia Política combina os processos políticos e ecológicos na análise das transformações ambientais e pode ser entendida também como "a política da transformação ambiental" (Nigren; Rikoon, 2008, p. 767). De acordo com Blaikie e Brookfield (1987), poderíamos dizer que "a Ecologia Política [é] um enfoque que estuda a mudança social e ecológica", mas juntos. Em outras palavras, a Ecologia Política é um enfoque que estuda a mudança socioecológica em termos políticos. Em linha com Paulson *et al.* (2003, p. 209) e Walker (2007, p. 208) poderíamos dizer que a Agroecologia Política deve "desenvolver as maneiras de aplicar os métodos e as descobertas [da pesquisa no campo da Ecologia Política] para a abordagem das transformações socioecológicas nos agroecossistemas e no conjunto do sistema agroalimentar".

No entanto, a Agroecologia Política não é somente um campo de pesquisa. Incorpora igualmente uma dimensão prática relacionada ao seu objetivo central: a conquista da sustentabilidade. A militância agroecológica está diretamente envolvida em uma "'ecologia política popular', que combina a pesquisa com a ação, para melhorar o bem-estar humano e a sustentabilidade ambiental, por meio de novas formas de organização e ativismo de base local" (Walker, 2007, p. 364). Nessa medida, a Agroecologia Política deve se desenvolver em duas direções: como uma ideologia que, em disputa com outras, se dedica a difundir e tornar hegemônica uma nova forma de organizar os agroecossistemas e os sistemas agroalimentares, baseada no paradigma ecológico e na sustentabilidade (Garrido Peña, 1993); como campo disciplinar que se ocupa do desenho e produção de ações, instituições e normas destinadas a alcançar a sustentabilidade agroalimentar.

A Agroecologia Política parte do princípio de que a sustentabilidade agroalimentar não será alcançada apenas por meio de medidas tecnológicas (agronômicas ou ambientais) que auxiliem a redesenhar os agroecossistemas de maneira sustentável. Sem uma mudança profunda no marco institucional vigente, não será possível que as experiências agroecológicas exitosas se generalizem a que a crise socioecológica gerada pelos sistemas agroalimentares seja enfrentada de forma eficaz. Em consequência, a Agroecologia Política estuda a forma mais adequada de incidir nas instâncias de poder e empregar instrumentos que propiciem as mudanças institucionais. Em um mundo organizado em torno dos Estados-nação, tais mudanças somente serão possíveis por meio de mediações políticas nessa esfera de governança. Nos sistemas democráticos, isso implica necessariamente a ação coletiva organizada pelas organizações da sociedade civil e movimentos sociais, a participação livre e consciente no processo político-eleitoral, o jogo de alianças entre distintas forças sociais para compor a maioria no governo etc. Em outras palavras, requer a elaboração de estratégias essencialmente políticas. O desenho de instituições (Ostrom, 1990, 2001, 2009) que favoreçam o alcance da sustentabilidade agroalimentar e a forma de organizar os movimentos agroecológicos para que possam implementá-las constituem precisamente os dois principais objetivos da Agroecologia Política.

A Agroecologia Política é, portanto, mais que uma proposta programática. A reivindicação da soberania alimentar pela Via Campesina e outros movimentos sociais, por exemplo, é uma proposta programática específica que emerge da aplicação da Agroecologia Política nas condições atuais do sistema agroalimentar dominante. Mas, como toda proposta programática concreta, ela só faz sentido de acordo com a escala e do contexto social concreto. Cabe à Agroecologia Política propor os conceitos e métodos para a análise desses contextos. Portanto, como ramo da Agroecologia, a Agroecologia Política não deve ser confundida com uma proposta política específica ou como um programa de ação.

A Agroecologia Política está orientada a produzir conhecimentos que possibilitem que a Agroecologia seja socialmente assumida como enfoque sociotécnico para a regulação dos sistemas agroalimentares, aproveitando para isso o conhecimento acumulado pela Ecologia Política e a experiência dos movimentos sociais.

A Agroecologia Política necessita, portanto, uma fundamentação socioecológica, que situe adequadamente a função das instituições e dos meios necessários para estabelecê-las ou transformá-las, ancorada no nexo indissociável que os seres humanos estabelecem com o meio biofísico. A seção seguinte discute os fundamentos biofísicos da sociedade, destacando o papel determinante exercido pelos arranjos institucionais em sua dinâmica de funcionamento. Na sequência, esse enfoque é aplicado especificamente aos agroecossistemas, considerados como a concretização das relações socioecológicas no campo da agricultura e da alimentação, destacando igualmente o papel-chave das instituições que regulam suas dinâmicas de funcionamento.

Um enfoque termodinâmico da sociedade

Em sintonia com seu caráter socioecológico, a Agroecologia Política é baseada em uma leitura biofísica da sociedade: os sistemas sociais estão sujeitos às leis da termodinâmica. Isso significa que as leis da natureza afetam as formas de organização social. Assumimos que a entropia – talvez a lei física comum a todos os processos ecológicos –, é também a de maior relevância para explicar a evolução da espécie humana. Isso fundamenta a compreensão das sociedades humanas, de sua estrutura material, de seu funcionamento e dinâmica, como sistemas biológicos sujeitos às leis da termodinâmica.

Todas as sociedades humanas compartilham com os demais sistemas físicos e biológicos a necessidade de processar energia extraída do ambiente, de forma controlada e eficiente, com a finalidade de gerar ordem. Esta é a proposta que Prigogine (1983) desenvolveu sobre os sistemas em desequilíbrio (termodinâmica dos processos irreversíveis) e um dos conceitos básicos do nosso enfoque socioecológico do poder e, por conseguinte, da política: a geração de "ordem a partir do caos". Dado que a tendência natural das sociedades – como a de qualquer sistema físico e biológico – é a de se direcionar a um estado de máxima entropia, os sistemas sociais dependem da construção de estruturas dissipativas a fim de equilibrar essa tendência (Prigogine, 1947, 1955, 1962). Essas estruturas, próprias de sistemas auto-organizados, são criadas e mantidas por meio da transferência para o meio ambiente de parte da energia que se dissipa nos processos de conversão. Daí o nome de sistemas dissipativos (Glansdorff; Prigogine, 1971, p. 288). Essa transferência é possível mediante o uso de energia, materiais e informação para a realização do trabalho e a dissipação do calor, aumentando assim sua organização interna. A ordem surge na forma de padrões temporais (sistemas) dentro de um universo que, em conjunto, se move lentamente em direção à dissipação termodinâmica (Swanson *et al.*, 1997, p. 47). Essa configuração de estruturas dissipativas foi descrita por Prigogine como um processo de auto-organização sistêmica.

Ainda que as sociedades humanas compartilhem com os demais sistemas físicos e biológicos os mesmos fundamentos evolutivos, elas representam uma inovação que as diferencia dos demais. Essa peculiaridade adicionou complexidade ao processo evolutivo. Os sistemas vivos não podem ser explicados simplesmente pelas leis da física. Embora a evolução corresponda a um processo singular, as sociedades humanas constituem uma novidade evolutiva derivada da capacidade reflexiva (autorreferencial) que as demais espécies não dispõem na mesma medida. A consequência direta dessa capacidade, certamente não exclusiva, é a construção de ferramentas e, portanto, o uso de energia fora do corpo, isto é, para o uso exossomático da energia. O desenvolvimento dessa capacidade depende da geração e transmissão de conhecimentos, ou seja, da geração de cultura. Nesse sentido, a novidade evolutiva consiste na capacidade humana de uso exossomático de energia, matéria e informação, dando lugar a um novo tipo de sistema complexo, o *sistema complexo reflexivo* (Martínez Alier *et al.*, 1998), ou *sistema autorreflexivo*, ou ainda *sistema autoconsciente* (Kay *et al.*, 1999; Ramos-Martin, 2003). Esta característica lhes confere uma capacidade "neopoiética" que outros sistemas vivos não possuem, proporcionando à ação individual e, sobretudo, à coletiva, uma dimensão criativa essencial, não encontrada em outras espécies.

Em referência ao mundo biológico, a cultura pode ser entendida como a transmissão da informação por vias não genéticas. Essa metáfora fez sucesso no mundo acadêmico. Chegou-se a afirmar que a evolução cultural é uma prolongação da evolução biológica "por outros meios" (Sahlins, 1960; Margalef, 1980) e se estabeleceu paralelismos entre genes e cultura (em Dawkins ou Cavalli-Sforza, por exemplo). A cultura pode ser entendida, então, como uma nova manifestação da complexidade adaptativa dos sistemas sociais. É o nome de uma nova forma de complexidade proporcionada pela natureza para a perpetuação e a reorganização de um tipo particular de sistemas dissipativos: os sociais (Tyrtania, 2008, p. 51). A cultura não é, senão, uma propriedade emergente das sociedades humanas. Seu caráter performativo ou neopoiético, seu caráter criativo (Maturana; Varela, 1980; Rosen, 1985; 2000; Pattee, 1995; Giampietro *et al.*, 2006), lhe permite configurar novas e mais complexas estruturas dissipativas em escalas ainda maiores por meio da tecnologia (Adams, 1988).

Como vimos, a organização é um produto autopoiético, decisivamente influenciado pelos fluxos de informação. Não existe estrutura sem informação, como já foi demonstrado no mundo biológico (Margalef, 1995). Nas sociedades humanas, os sistemas também estão submetidos aos princípios da termodinâmica, uma vez que se estruturam em interação com os fluxos biofísicos.

A aplicação da termodinâmica nos termos estatísticos de Boltzmann proporciona uma forma de entender esses fluxos como um processo unidirecional e irreversível, que vai desde um estado de maior ordem a outro mais desordenado ou desorganizado, no qual propriedades organizacionais desapareceram. Shannon (1997) demonstrou que informação (H) é o negativo de entropia

(S). Portanto, os fluxos de informação exercem uma função neguentrópica: "A informação [...] é o padrão, a ordem, a organização ou a não aleatoriedade de um sistema" (Swanson *et al.* 1997, p. 47). Portanto, os fluxos de informação são dotados da capacidade de reordenar e reorganizar os distintos componentes dos sistemas físicos, biológicos e sociais, aos quais estão integrados. Em outras palavras, são portadores de características que produzem a ação (a mudança). Neste sentido, os fluxos de informação são ingredientes básicos vitais dos processos de organização dos sistemas sociais. Aqui se define a informação de maneira pragmática ou operativa, como uma mensagem codificada, que os tomadores de decisão possam usar para regular os níveis de entropia.

Como assinalou Gintis (2009), a cultura pode ser considerada também como um mecanismo epigenético de transmissão intergeracional de informação entre humanos, isto é, da memória do sistema em seu processo evolutivo. Em última análise, o desenho e a organização das estruturas dissipativas nos sistemas sociais são funções que correspondem à cultura. Não é nossa intenção aprofundar aqui a teoria dos fluxos de informação e seu papel nos sistemas adaptativos complexos. Essa discussão foi bem desenvolvida por Niklas Luhmann (1998, 1984). Sua teoria dos sistemas sociais autopoiéticos é um enfoque muito útil para a construção de uma teoria dos fluxos de informação e seu papel organizativo das estruturas dissipativas necessárias para que as sociedades neutralizem a entropia e a desordem. Em resumo, a singularidade dos sistemas sociais desde o ponto de vista evolutivo está na forma na qual processam e transmitem a informação, não somente por meio da herança biológica, senão também por meio da linguagem e dos códigos simbólicos. Isso não exclui os custos entrópicos – tanto físicos como sociais e de regulação – da própria transmissão de informação.

Enquanto os demais sistemas biológicos são limitados em suas capacidades de processar energia (principalmente endossomática), tanto pelas disponibilidades do meio quanto por sua carga genética, graças à sua mobilidade, à sua capacidade tecnológica e ao seu poder de expandir as fronteiras energéticas de seu metabolismo exossomático, as sociedades humanas exibem uma capacidade dissipativa não limitada ao meio físico imediato. Dessa maneira, os humanos podem dissipar a energia por meio de artefatos ou ferramentas, quer dizer, por meio do conhecimento e da tecnologia. E podem fazê-lo de forma mais rápida e com maior mobilidade do que qualquer outra espécie. As sociedades se adaptam ao meio ambiente mudando suas estruturas e fronteiras mediante a associação, integração ou conquista de outras sociedades, algo que os demais organismos biológicos não fazem. Em outras palavras, ao contrário dos sistemas biológicos com fronteiras bem definidas, as sociedades humanas podem se organizar e se reorganizar, adquirindo assim a capacidade de evitar ou superar as limitações biofísicas locais. Isso explica por que algumas sociedades mantêm níveis de consumo exossomático acima de seus próprios recursos sem que entrem em estados estacionários. O consumo exossomático de energia é uma especificidade humana. Como nossa carga genética não regula esse consumo exossomático, essa capacidade regulatória é codificada pela cultura, que evolui em um ritmo mais rápido, porém mais imprevisível.

As sociedades humanas dão prioridade à realização de duas funções básicas: por um lado, a produção de bens e serviços e sua distribuição entre os seus membros individuais; por outro, a reprodução das condições que tornam possível a continuidade da produção no decorrer do tempo. Em termos termodinâmicos, para que essas funções possam funcionar, é necessária a construção de estruturas dissipativas e o intercâmbio de energia, materiais e informação com o ambiente. Uma parte muito relevante das relações sociais está, portanto, orientada à organização e manutenção deste intercâmbio de energia, materiais e informação.

Uma visão socioecológica da sociedade: o metabolismo social

O metabolismo social corresponde aos processos de intercâmbio de energia, materiais e informações, ou seja, aos fluxos estabelecidos entre as sociedades humanas e seus ambientes. Por meio do metabolismo são criadas, mantidas e reconstruídas estruturas dissipativas que possibilitam que as sociedades se mantenham distantes do equilíbrio termodinâmico (González de Molina; Toledo, 2014). Sistemas abertos, como as sociedades humanas, conseguem criar ordem ao assegurar fluxos ininterruptos de energia de seu ambiente, transferindo a entropia resultante a eles. Desde um ponto de vista termodinâmico, o funcionamento e a dinâmica física das sociedades devem ser entendidos a partir da perspectiva metabólica: a mudança na entropia total de um sistema é igual à soma da produção de entropia externa com a produção interna, devido à irreversibilidade dos processos que ocorrem em seu interior.

$$\Delta S_t = S_{int} + S_{ext} \qquad (1)$$

no qual
ΔS_t é o incremento da entropia total
S_{int} é a entropia interna
S_{ext} é a entropia externa

Dito de outra forma, a geração de ordem em uma sociedade é obtida ao custo do incremento da entropia total do sistema mediante o consumo de energia, materiais e informações pelas suas estruturas dissipativas (Prigogine) ou seus elementos-fundo (Georgescu-Roegen, 1971). Esse nível de ordem permanecerá constante ou se incrementará se quantidades de energia e matérias ou informação forem adicionadas ao sistema, criando estruturas dissipativas. Isso, por sua vez, incrementará a entropia total e, paradoxalmente, reduzirá a ordem ou a tornará mais custosa. Os sistemas complexos adaptativos equacionam esse dilema captando em seu entorno os fluxos de energia, materiais e informação necessários para manter e incrementar seu nível neguentrópico, transferindo para o seu exterior a entropia gerada. Em outras palavras, a entropia total do sistema tende a aumentar, reduzindo ao mesmo tempo a entropia interna se a entropia externa se eleva. Colocado em outros termos:

$$\Downarrow S_{int} = \Uparrow S_{ext} \qquad (2)$$

A redução da entropia interna será obtida pela extração de energia e materiais do ambiente local (extração doméstica) ou pela importação de outro. Uma sociedade criará uma ordem mais complexa, isto é, terá um perfil metabólico maior (mais robusto) quanto maior for o fluxo de energia e materiais ou bens extraídos de seu território, ou importado de outros, ou os dois ao mesmo tempo. Por exemplo, a prestação de serviços sanitários, educativos, de transporte, moradia etc. requer estruturas físicas que consomem recursos, tanto para sua construção, como para sua manutenção. A magnitude dessas estruturas dissipativas determina a quantidade de energia e materiais consumidos por uma sociedade, quer dizer, o seu perfil metabólico. As diferenças entre as estruturas dissipativas instaladas pelos países explicam, também, suas diferenças em relação ao consumo de recursos (Ramos-Martín, 2012), e, portanto, as diferenças na dimensão de seus metabolismos. Essas diferenças na capacidade de geração de ordem refletem também as diferenças dos níveis de bem-estar econômico e social.

Consequentemente, o nível de entropia de uma sociedade é sempre uma função da relação entre entropia interna e externa. Portanto, é uma função da relação intrinsecamente assimétrica que se estabelece entre uma sociedade e seu ambiente natural ou entre uma sociedade e outra. Esse caráter assimétrico pode ser transferido, como veremos mais à frente, para a relação entre os diferentes grupos ou classes sociais de uma mesma sociedade. Isso não significa dizer que essa relação assimétrica seja proporcional e que um aumento de um acarrete sempre o aumento de outro. Para entender isso, é útil a distinção entre estruturas dissipativas de "alta" e "baixa entropia". Uma sociedade que requer a dissipação de quantidades baixas de energia e materiais para a manutenção de seus elementos-fundo, é uma sociedade de baixa entropia interna. Por essa razão, gera baixa entropia em seu ambiente natural, ou seja, depende de baixos níveis de extração doméstica e/ou de importações de energia e materiais. Trata-se, nesse caso, de uma sociedade que produz baixa entropia total. Ao contrário, outra sociedade pode necessitar grandes quantidades de energia e materiais de seu meio natural e, no caso de não serem suficientes, realizar grandes importações para reduzir sua entropia interna. Nesse caso, tal sociedade geraria um nível de entropia total muito mais alto.

Essa relação assimétrica entre sociedade e meio natural pode ser traduzida também em termos de diferenciais de complexidade entre ambos. Essa é a base da estratégia da biomimética (Benyus,

1997), que desenvolve de maneira intencional a espécie humana e outras espécies de alto nível evolutivo na extração de informação do ambiente e, de forma não intencional, nos demais organismos vivos. Na verdade, a biomimética é o princípio básico central da Agroecologia. Nesse sentido, o metabolismo social proporciona à Agroecologia um poderoso instrumento de análise e um suporte teórico capaz de fundamentar o caráter híbrido – entre a cultura, a comunicação e o mundo material – de qualquer agroecossistema, cuja dinâmica se explica pela interação das sociedades com seu meio natural.

Podemos transferir essa abordagem para a linguagem contábil, desenvolvido pela metodologia do metabolismo social (Schandl *et al.*, 2002), de tal forma que o nível total de entropia em uma sociedade se expresse mediante um indicador indireto (*proxy*) relacionado à quantidade de energia total dissipada por uma sociedade durante o período de um ano. A divisão entre seus membros para assim facilitar as comparações com outras sociedades expressaria seu perfil metabólico. Portanto, o nível de entropia seria igual ao consumo doméstico de energia por ano (CDE ano-1) e o perfil metabólico ao consumo doméstico de energia *per capita* por ano (CDE habitantes -1 ano-1). Assim, a equação baseada em Prigogine e formulada em (1), seria a seguinte:

$$CDE = IDE - Ex, \qquad (3)$$

Sendo,

$$IDE = ED + Im$$

logo,
$$CDE = ED + Im - Ex$$

no qual:
CDE = Consumo Doméstico de Energia;
IED = Input Direto de Energia;
Ex = exportações;
Im = importações;
ED = Extração Doméstica.

As sociedades que dissipam baixa quantidade de energia e mantêm baixo o consumo de materiais para reproduzir seus bens fundo são sociedades de baixa entropia, além de gerar baixos níveis de entropia em seu ambiente natural uma vez que são reduzidos os níveis de extração doméstica e/ou importações. Por outro lado, as sociedades somente podem sustentar altos níveis de entropia total ao se apropriarem de grandes quantidades de energia e materiais de seu ambiente doméstico ou, no caso de estes serem insuficientes, de importarem esses recursos. Essa relação assimétrica entre sociedade e meio ambiente também é equivalente às diferenças de complexidade entre o sistema social e seu meio ambiente.

A prática social e as relações sociais não podem ser explicadas somente com base na análise dos fluxos de energia e materiais, mas também não podem ser explicadas sem ela. Reciprocamente, as relações sociais, representadas como fluxos de informação, são as que ordenam e condicionam os intercâmbios biofísicos com a natureza. Em outras palavras, as relações materiais com o mundo natural, responsáveis por conectar humanos ao seu ambiente biofísico, constituem uma dimensão das relações sociais e, portanto, não dão conta de sua totalidade. O âmbito específico das relações socioecológicas é o espaço de intersecção entre a esfera social – cujas estruturas e regras de funcionamento têm um caráter autorreferencial – e a esfera natural, que também possui sua própria dinâmica evolutiva. Portanto, a concepção teórica da estrutura material, do funcionamento e da dinâmica das sociedades humanas sugerida aqui se baseia em uma compreensão termodinâmica das sociedades humanas como sistemas biológicos. Essa concepção se baseia no papel-chave que desempenham os processos entrópicos em sua relação tanto com o ambiente biofísico como no seu interior das sociedades.

Entropia social

Alguns acadêmicos sugerem que a dinâmica social também poderia ser interpretada segundo o princípio da termodinâmica. Entre eles está Kenneth Bailey (1990, 1997a, 1997b, 2006a, 2006b), que elaborou uma Teoria da Entropia Social e tentou dimensioná-la por meio de um indicador do estado interno relacionado ao nível de desordem variável no tempo. Seu enfoque se baseia também na interpretação estatística da entropia fornecida por Boltzmann (1964). A entropia estatística pode se referir ao grau de desordem nas interações entre os atores sociais e em seus níveis de comunicação (Swanson *et al.*, 1997, p. 61). De acordo com Adams (1975), um conceito amplo de energia é aplicável aqui como "capacidade de realizar trabalho" ou em seu equivalente físico "energia potencial", isto é a capacidade de modificar as coisas. Além dos fluxos físicos já considerados (entropia física), esta capacidade é também encontrada nos fluxos de informação, igualmente criadores de estruturas dissipativas que limitam ou revertem a entropia social, ou seja, da desordem (Boulding, 1978).

Efetivamente, para Niklas Luhmann (1984, 1995) os seres humanos (sistemas psíquicos) não pertencem aos sistemas sociais, mas à natureza, como entidades biológicas peculiares, ou seja, como espécie animal dotada de características especiais. Os sistemas sociais estão constituídos exclusivamente por comunicações e funcionam produzindo conhecimento, isto é, símbolos. Os sistemas psíquicos não se comunicam uns com os outros diretamente – já que seus sistemas nervosos não interatuam diretamente –, mas por meio do sistema social; ao fazerem isso, reproduzem o próprio sistema social. Qualquer ação comunicativa é inerentemente social e vice-versa: não pode haver nenhuma comunicação fora do sistema social. Seus componentes são precisamente as ações de comunicação, uma vez que os sistemas se constituem mediante a comunicação, que começa "[...] por uma alteração do estado acústico da atmosfera (linguagem)" (Echevarría, 1998, p. 143). Nesse contexto, a entropia é definida como a incerteza na comunicação e é, na realidade, uma medida inversa da informação. Por sua vez, a informação é a medida da redução da entropia estatística, ou seja, da desordem (Mavrofides *et al.*, 2011, p. 360).

Edgar Morin (1977) afirma que, sob certas condições, as interações se convertem em inter-relações (associações, uniões, combinações etc.) e são geradoras de formas de organização social. Em contraste, os comportamentos egoístas ou oportunistas (*free rider*) são antagônicos à cooperação e tendem a produzir fricções conflitivas. Comportamentos competitivos podem ser adotados tanto por um indivíduo, quanto por um grupo social, uma corporação ou um Estado-nação. A desordem social não deve ser identificada com a imagem de anarquia, mas com a ausência total de cooperação, tornando extremamente difícil organizar as atividades de reprodução social e ecológica. Sem um certo grau de cooperação social, não é possível manter de maneira estável a atividade metabólica, que assegura o afastamento em relação ao equilíbrio termodinâmico.

Seguindo na analogia e adotando uma perspectiva isomórfica, no que diz respeito às leis da termodinâmica, as relações sociais poderiam ser entendidas como "fricções" – segundo a denominação que se usa em tribologia (ciência que estuda os fenômenos de desgaste entre superfícies) – entre os atores sociais, sejam eles individuais ou institucionais. Recordemos que entropia é igual a calor, e este é igual ao choque ou atrito entre moléculas. Esses atritos são interações não coordenadas nem cooperativas (Santa Marín; Toro Betancur, 2015). Portanto, as fricções são interações descoordenadas e não cooperativas que geram impacto na organização social. As relações sociais com o objetivo de assegurar a produção e a reprodução social geram atritos ou interações que podem incrementar os níveis de entropia e desordem social, ou, ao contrário, os níveis de neguentropia e ordem.

A impossibilidade de cooperação é o que torna inviável a sobrevivência das sociedades. Em analogia com a morte térmica, conduz à morte social. Portanto, as sociedades em equilíbrio termodinâmico são sociedades nas quais é impossível viver em coexistência. A desordem social seria o resultado da fricção social, motivada por interesses divergentes, ou pela competição por recursos escassos, ou seja, por conflitos sociais. A distribuição assimétrica de bens e serviços é – e sempre foi – um poderoso fator de geração de conflitos. A energia social que se degrada e não pode ser reinvestida no trabalho social pode se traduzir em protestos, enfrentamentos violentos, criminalidade, burocracia e, sobretudo, em indicadores de exploração e falta de cooperação.

Nossa interpretação difere da formulada por Bailey (1990), para quem a entropia social resulta da disfunção produzida com a distribuição dos fatores mutáveis do nível macrossocial (população, território, informação, nível de vida, tecnologia e organização), segundo os fatores imutáveis de caráter microssocial próprias dos indivíduos (cor da pele, sexo e idade). Apesar de se distanciar bastante do funcionalismo, esta caracterização da entropia social ainda tem muito em comum com essa concepção, pois desconsidera as capacidades performativas que indivíduos e grupos sociais possuem para gerar mudanças (*neopoiese*). Em outras palavras, a perspectiva de Bailey (1990) coloca os seres humanos em uma condição de alienação. Em todo caso, uma concepção mais alinhada com a realidade socioecológica deve partir do reconhecimento de que a ação humana, seja individual ou coletiva, é capaz de elevar a entropia total do sistema social ou diminuí-la, gerando ordem. Entropia e neguentropia são possíveis resultados de ações e práticas humanas.

Os conflitos neguentrópicos geram formas muito eficientes de coordenação cooperativa, impulsionando estruturas institucionais dissipativas que reduzem a entropia mediante fluxos de informação. Ao contrário, os conflitos entrópicos destroem as formas de coordenação cooperativa, aumentando a entropia social. Como demonstrou Robert Axelrod (2004), a coordenação cooperativa é a forma mais eficiente e adaptável de promoção da interação social. Uma grande parte dos conflitos socioambientais, como as lutas das comunidades camponesas e indígenas contra os projetos de mineração, são exemplos de conflitos neguentrópicos; já a destruição dos recursos de uso comum é um exemplo contrário.

Em resumo, não existe uma entropia social *stricto sensu* ou um segundo princípio da termodinâmica que governe as energias sociais. Consideramos a entropia social como uma analogia que trata de ressaltar o papel-chave que os fluxos de informação exercem contra a entropia. A informação é utilizada pelo ser humano para construir e fazer funcionar as estruturas dissipativas que mantêm a sociedade longe do equilíbrio termodinâmico. Nesse sentido, determinados tipos de relações sociais são, desde um ponto de vista físico, fluxos de informação que evitam que o comportamento individualista ou egoísta comprometa a vida em sociedade. Por exemplo, as relações sociais que favorecem a cooperação são muito mais eficientes que as que favorecem a não-cooperação. Em termos de tribologia, a cooperação diminui o desgaste causado pelo aumento das fricções (inerentes à complexidade) mediante o manejo de tais fricções (relações institucionais) e sua lubrificação (motivação) mediante estímulos e penalizações. A fricção ou atrito é o resultado de um conflito, ou melhor dizendo, a fricção é um conflito: uma relação de competição e confrontação entre dois indivíduos ou grupos. Os atritos (conflitos) podem ser regulados de forma cooperativa ou desregulados de forma não cooperativa. O desgaste resultante da desregulação não cooperativa é muito mais severo, e a motivação é muito menor do que na regulação cooperativa. Basta observar a diferença entre a saída ordenada de uma multidão de dentro de um estádio, guiada por regras, sinalização e espaços de saída acessíveis e a saída por meio de movimentos caóticos, uns contra os outros. A quantidade de atritos (contatos físicos) e o desgaste diminuem em uma evacuação ordenada em relação a uma caótica.

Um exemplo de mal-entendido de como a descoordenação conduz a altos níveis de entropia metabólica é o caso da denominada tragédia dos comuns (Hardin, 1968), na qual a responsabilidade da sobre-exploração das pastagens é atribuída à comunidade que as possui. Certamente, um conjunto agregado de condutas individuais não coordenadas conduzem a um nível de exploração insustentável de qualquer recurso. No entanto, como mostrou Ostrom (2015a), é a ausência de uma gestão o que conduz à sobre-exploração, e não o contrário. A ação individual não coordenada é um exemplo de atrito máximo que gera o aumento da entropia metabólica. E, no longo prazo, com o surgimento crescente da escassez e da desigualdade, ao aumento da entropia social. A concessão de direitos de propriedade (alternativa de mercado que Hardin defendia) ou a gestão centralizada de um regulador externo e coercitivo (alternativa do controle estatal), se apresentam como respostas ao problema da descoordenação individual. No entanto, como também demonstrado por Ostrom (2015a), essas soluções também são geradoras de entropia porque estimulam a competição e fomentam a desigualdade. A gestão comunitária e cooperativa dos recursos são as formas de coordenação que geram menos entropia social, política e metabólica, porque diminuem os atritos sociais e, com eles, os incentivos às condutas não cooperativas.

Em outras palavras, a informação dentro dos sistemas tem a função de estabelecer subsistemas de coordenação e cooperação, que reduzem os atritos e, portanto, também a entropia. A morte térmica de uma sociedade equivale à ausência total de comportamentos cooperativos, que tornariam impossível o funcionamento do metabolismo com o meio ambiente, conduzindo-o ao equilíbrio térmico. Portanto, os fluxos de informação têm como função assegurar a coordenação necessária entre indivíduos, para que a atividade metabólica seja mantida.

Instituições e desigualdade social

Como vimos nas seções anteriores, as mudanças na entropia de um sistema produzem sempre relações assimétricas (desiguais) entre os níveis de entropia interna e externa, onde os afetados são o entorno físico-biológico ou os recursos de outra sociedade. A assimetria se encontra, pois, no cerne de qualquer processo dissipativo, já que opera em duas direções antagônicas: por um lado, produz trabalho (ordem) e, por outro, gera calor não aproveitável (desordem) (Hacyan, 2004). A desigualdade consiste, então, em uma transferência de ordem em uma direção e de desordem em direção contrária. Esse resultado dicotômico se converte também em um poderoso estímulo para a interação entre indivíduos e grupos na busca de mais energia e materiais para manter a ordem ou diminuir a desordem. Assim, parte muito relevante das relações sociais é dedicada ao intercâmbio de energia, materiais, informação e resíduos.

Nesse sentido, a desigualdade entre grupos sociais é um mecanismo socialmente estabelecido de transferência de entropia (podendo gerar mais entropia), se não for revertida com a apropriação de mais energia e matéria do ambiente ou com o emprego de mecanismos sociais de caráter neguentrópico. Isso significa dizer que o aumento da complexidade social resulta muitas vezes da desigualdade social. Conforme a desigualdade aumenta – um processo que aparentemente atinge seu ápice atualmente –, mais energia e matérias são consumidas, aumentando, por consequência, a complexidade. Essa é a razão pela qual o capitalismo, um sistema baseado no metabolismo industrial, gera crescente desigualdade e necessita transferir ao seu ambiente social ou territorial a alta entropia produzida em sua própria reprodução.

Consequentemente, as assimetrias sociais existentes nas relações entre grupos ou classes de uma sociedade tem consequências diretas sobre a natureza. Um grupo social pode impulsionar a superexploração de um ou vários recursos que acumulem e/ou consumam uma fração crescente da energia e dos materiais disponíveis para uma sociedade e seu território. Em outras palavras, a criação de ordem interna em um grupo humano pode ter consequências ambientais diretas para o conjunto da sociedade. Um exemplo ilustra bem a questão: em sociedades feudais ou tributárias, baseadas em um regime metabólico orgânico, o aumento da renda obrigava os camponeses a entregarem a maior parte da sua colheita ou quaisquer outras riquezas naturais obtidas com o trabalho, em detrimento das quantidades disponíveis para o autoconsumo. Para compensar essa situação, eram levadas a ampliar a exploração dos ecossistemas, aumentando as áreas cultivadas ou ampliando os volumes de caça, pesca e coleta.

Seguindo a analogia termodinâmica, poderíamos reformular a equação de Prigogine para aplicá-la aos sistemas sociais: a mudança na entropia social de um determinado grupo humano está diretamente relacionada com a entropia física e sua distribuição dentro da sociedade. Unidades de organização social com coerência e identidade, como por exemplo as classes sociais, podem aumentar sua ordem interna e seu bem-estar, transferindo sua entropia física para outras classes sociais ou para a sociedade em seu conjunto. A apropriação do excedente por um grupo social (uma determinada quantidade de energia ou de materiais) não é nada mais que uma forma de obtenção de ordem às custas de outros grupos sociais que experimentarão o aumento de seus níveis de entropia. Trata-se, portanto, de uma forma de exploração sociotermodinâmica. Segundo Flannery e Marcus (2012), esse tem sido o comportamento habitual das sociedades, pelo menos nos últimos 2.500 anos. Um comportamento baseado em relações competitivas e na institucionalização da desigualdade social. Os conflitos e a desigualdade parecem vir se amplificando no decorrer dessa trajetória. A relação assimétrica entre reinos ou estados dominantes e dominados, tornada especialmente intensa sob o regime metabólico industrial, quando passaram a exibir diferenças sem precedentes nos níveis de desigualdade social. Atuando de forma oposta, as relações sociais cooperativas e as instituições que promovem a equidade contribuem para a redução da "entropia social". Podemos inclusive estabelecer uma relação evidente entre entropia social e física: o aumento da entropia física tem sido uma das formas mais utilizadas para compensar o aumento da entropia social, como veremos adiante.

Para fazer frente às relações assimétricas, as sociedades humanas construíram estruturas dissipativas de caráter social baseadas na cooperação e na igualdade. Sem essas estruturas, seria impossível a vida em sociedade e o próprio êxito evolutivo, já que a assimetria máxima levaria igualmente à desordem ou ao equilíbrio termodinâmico. No entanto, são frequentes também os comportamentos oportunistas (*free rider*) por parte de grupos da espécie humana. A fim de maximizar sua ordem, incrementam a entropia no conjunto da sociedade. Os grupos menos dotados de estruturas dissipativas são os mais prejudicados. Este comportamento é evidenciado tanto na disputa pelos recursos (energia, materiais e informação) como na luta para evitar os efeitos da desordem entrópica (a poluição, por exemplo). A disputa se expressa em três tipos de comportamentos que o ser humano compartilha com outras espécies: o territorialismo, o parasitismo e a depredação. Os conflitos surgem então como resultado das relações de poder entre indivíduos ou grupos sobre os fluxos de energia e materiais (Adams, 1975).

Política e entropia

Todas as espécies desenvolveram dispositivos de plasticidade fenotípica (endógenos), para responder de maneira adaptativa às mudanças no ambiente. A espécie humana foi muito mais longe e conseguiu, pelo uso de dispositivos exossomáticos ou tecnológicos, modificar o próprio ambiente e, inclusive, em certa medida, adaptá-lo aos seus interesses, até o limite de torná-lo vulnerável. Um desses dispositivos tecnológicos foi a criação de sistemas de interação coordenados e intencionais, isto é, de instituições. Parafraseando Ian Wright (2005), poderíamos dizer que uma sociedade consiste em um grande número de pessoas que interatuam permanentemente, com um expressivo grau de liberdade individual. Seu comportamento seria similar ao exibido por máquinas autônomas entre si, cujo comportamento desordenado maximiza a entropia. Por outro lado, elas estão sujeitas a restrições em seu livre funcionamento. Nesse contexto, a entropia é entendida como uma medida de aleatoriedade na distribuição de energia e material na sociedade. Quanto maior a entropia, mais aleatória será a distribuição. O comportamento individual tende a tornar mais aleatória a distribuição no interior do sistema social, aumentando sua entropia (social). No entanto, a sociedade constrói instituições (estruturas dissipativas, ordenadoras dos fluxos de informação) para evitar a maximização ou reduzir a entropia. Como argumenta Wright (2005),

> no nível micro o sistema se agita e se desordena de forma aleatória. Basicamente qualquer coisa pode acontecer. No nível macro, restrições globais são sempre observadas. Então existe uma interação entre forças que desordenam e forças que ordenam [...]. Existe um tipo de obstáculo no sistema que atua para limitar a aleatoriedade.

Ainda segundo Wright (2017), este fato poderia explicar a desigualdade, quando os mercados funcionam sem nenhum tipo de regulação, já que tendem a maximizar a entropia do sistema. "Portanto, a anarquia do mercado é a causa principal e essencial da desigualdade econômica [...]. Quando as pessoas são livres para comercializar, a entropia aumenta e a distribuição de dinheiro se torna desigual" (Wright, 2017). As regulações representam restrições ao sistema, reduzindo a entropia, ou seja, reduzindo a distribuição aleatória (desigual).

Portanto, as instituições são regras (rotinas, procedimentos, códigos, crenças compartilhadas, práticas) formais (explícitas) ou informais (implícitas), que têm por função regular a entropia gerada pela coordenação das interações sociais entre indivíduos (Schotter, 1981), bem como entre eles e seu ambiente natural. Esta compreensão termodinâmica das instituições possui uma dimensão explicativa e outra normativa: ela esclarece tanto o processo evolutivo das instituições quanto a função teleológica que cumprem. Em todo tipo de interação há um nível de entropia, desordem e perda de capacidade de trabalho nos processos de conversão biofísica. Mas, no caso dos sistemas vivos, a intencionalidade, reflexiva ou não, organiza as interações (Dennet, 1996), incrementando a complexidade. Nos sistemas sociais humanos, onde operam mecanismos de seleção cultural, a regulação da entropia adquire uma sofisticação maior e se expressa em regras, flexíveis e contingentes, por meio das instituições. Dentre todas, nos interessam particularmente as instituições políticas. Esse interesse reside no fato que elas representam o mais elevado grau de complexidade na regulação das interações sociais, em uma escala de densidade interativa igualmente alta.

Na teoria agroecológica da política aqui proposta, a entropia explicaria as causas, as funções e os mecanismos que dão origem e sentido às formas de poder (regulação) desde o nível micro ao macro (Estado). A família, a comunidade, o Estado, como qualquer forma eficiente de regulação social, são exemplos de estruturas neguentrópicas. Em consequência, as instituições sociais tanto no sentido mais amplo – entendemos por instituições qualquer prática ou relação social estável, sujeita a regras, ainda que informais –, como no sentido mais estrito relacionado às instituições públicas estatais, devem ser compreendidas como relações socioecológicas que possuem a função de regular tanto a entropia social como a física. Em outras palavras, o poder político gere a entropia mediante a geração de estruturas dissipativas nos âmbitos físico, político e social.

O *trade-off* entre a entropia social e a física

Uma teoria termodinâmica das instituições de regulação sustenta que existe um isomorfismo entre as três dimensões da entropia (física, política e social; ver Figura 1.1), de maneira que a maior entropia social (desigualdade) corresponde à maior entropia metabólica. A função do regulador político é sincronizar o metabolismo social em seus dois extremos (biosfera e sociedade), sabendo que esta função regulatória implica também em custos entrópicos inerentes à regulação. Portanto, regula também a entropia gerada pelo próprio processo de regulação. Essa característica confere às instituições políticas um alto grau de complexidade e autorreflexividade, o que significa que não podem ser substituídas por mecanismos simplificados de autogestão.

A entropia social e a física se distinguem nos efeitos, isto é, no tipo de desordem que geram. A entropia física se expressa na forma de crise ecológica e seus efeitos são de natureza física. A entropia social se manifesta em conflitividade e desestruturação social (desigualdade, competitividade, ausência de cooperação, criminalidade, pobreza). No entanto, entre ambas existem conexões evidentes que, do nosso ponto de vista, explicam a dinâmica evolutiva dos sistemas sociais e, em especial, do metabolismo social. A entropia social traduz (melhor se poderia falar de "transduz"[3]) o grau de entropia física. Por sua vez, a entropia social produz determinados graus de entropia física. Existe, portanto, uma correlação bidirecional entre os dois tipos de entropia, que podemos formalizar mediante a ampliação da equação de Prigogine usada anteriormente:

$$ESEt = (ES_{int} + EF_{int}) + (ES_{ext} + EF_{ext}) \qquad (4)$$

no qual: ESEt = entropia socioecológica total; ES_{int} = entropia social interna; EF_{int} = entropia física interna; ES_{ext} = entropia social externa; EF_{ext} = entropia física externa

---

[3] Termo proveniente da neurologia. Define os mecanismos que comunicam e convertem os sinais ambientais em estados neurofisiológicos.

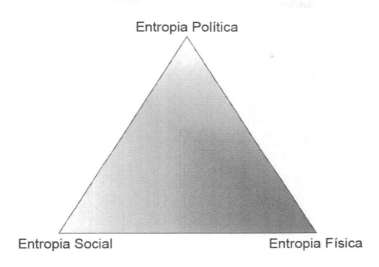

Figura 1.1 O triângulo das entropias

A desigualdade provoca situações que tendem a elevar a entropia social, por exemplo, gerando pobreza ou variadas formas de privação. Frequentemente, para gerar ordem, esse aumento na entropia social é compensado pela importação de energia e material do ambiente natural. O crescimento do consumo exossomático nos últimos dois séculos tem sido a resposta do sistema frente às crescentes desigualdades que ameaçavam elevar a entropia social a níveis insustentáveis. Segundo essa interpretação da entropia social, o aumento do consumo exossomático se converte em mecanismo de compensação, mediante a construção e instalação de novas e mais caras estruturas dissipativas, a manutenção de uma ordem social injusta, reduzindo a entropia interna e elevando paralelamente a entropia externa, isto é, transferindo-a ao ambiente.

Mas esta correlação bidirecional não é direta. Está mediada por mecanismos de regulação institucional, também sujeitos à lei da entropia (entropia política ou institucional). A ineficiência na distribuição social dos recursos disponíveis gera reação e tensão (conflito). A informação associada a essas tensões gera estruturas neguentrópicas (instituições), que operam como filtros, sensores ou programadores responsáveis por detectar e reajustar a entropia física por meio da entropia social e vice-versa. O poder político, como regulador e produtor de informação e coordenação, desempenha assim uma função neguentrópica. O paradoxo nesse caso é que essa função neguentrópica também gera sua própria entropia. O equilíbrio positivo entre a neguentropia e a entropia marca o limite de validade e sucesso de determinada forma de poder político. O poder político reduz a entropia por meio da coordenação orientada entre os distintos atores que intervêm no metabolismo social (indivíduos e organizações). A cooperação é a forma de coordenação menos entrópica que conhecemos (Axelrod, 2004). Em uma sociedade de alta complexidade demográfica e tecnológica, o Estado democrático e de direito representa a forma de coordenação cooperativa mais avançada.

Até o aparecimento dos primeiros sintomas da crise ecológica, a entropia social e a entropia política vinham sendo reduzidos pela transferência da entropia ao meio físico, isto é, aumentando a entropia física (ou metabólica).

$$\blacktriangledown EP + \blacktriangledown ES \dashrightarrow \Delta EF \qquad (5)$$

no qual:
▼EP = diminuição da entropia política;
▼ES = diminuição da entropia social;
ΔEF = incremento da entropia física

No entanto, a natureza em todas as sociedades é um sistema fechado que recebe energia somente do exterior. Não é um sistema aberto que troca energia e material com seu entorno. Em consequência, as possibilidades de compensar a entropia social mediante o estabelecimento de estruturas dissipativas de energia e materiais cada vez maiores, ou seja, mediante a elevação da entropia física, possui claros limites biofísicos. De fato, a atual crise econômico-financeira é um claro exemplo da inviabilidade desse modelo de compensação, uma vez que a crise se deve às dificuldades para manter o crescimento econômico em um contexto no qual os bens naturais estão cada vez mais escassos (ver capítulo seguinte). A impossibilidade de seguir aumentando a entropia física é responsável pelos crescentes níveis de entropia social e política, inclusive nos países desenvolvidos. Portanto, o poder político tem que gerir a entropia política (distribuição de poder), a entropia social (distribuição dos recursos) e a entropia física (intercâmbio entre a sociedade e a natureza) e, sobretudo, as interações entre as três entropias. Diante disso, o mito liberal da separação radical entre a sociedade política e a sociedade civil se torna ainda mais injustificável.

Em resumo, a função das instituições políticas é controlar e minimizar a entropia física e social, mediante os fluxos de informação, mas também mediante a gestão da sua própria entropia interior (custos de transação ou burocracia, oligarquias políticas, centralização das decisões, guerras etc.). A propensão entrópica das instituições políticas (teorema de Niskanen) é um preço incontornável que elas devem pagar por seu próprio caráter neguentrópico nos âmbitos físico e social. Nesse sentido, é conveniente distinguir entre a entropia operativa dos reguladores políticos (os desenhos institucionais de informação altamente entrópicos como, por exemplo, os indicadores macroeconômicos neoclássicos, como o PIB ou o uso dos preços de mercado como um único indicador de valor) e a entropia funcional ou interna do regulador político e que se traduz em centralização das decisões, custos elevados de transação, burocracias etc. As instituições políticas reduzem a entropia social e física aumentando sua entropia interna. Por isso são tão perigosas (entrópicas) as propostas políticas do "Estado mínimo" ou da desregulamentação. Em um primeiro momento, podem gozar de certa popularidade, porque nos aliviam da enorme propensão entrópica do Estado e das instituições reguladoras. Mas o preço que se paga ao colocar em prática tais propostas tende a ser ainda maior: o aumento da entropia social e física.

Conflito, protesto e mudança metabólica

Algumas relações ou interações sociais criam formas de organização que se convertem em fonte de atritos conflituosos e, portanto, de desordem. A destinação desigual de bens, serviços e resíduos; o desequilíbrio entre o tamanho da população e a disponibilidade de recursos; o sistema patriarcal etc. são exemplos disto. Essa é a razão pela qual as diferentes formas de desigualdade social constituem a principal motivação dos atritos conflituosos e, portanto, da "entropia social". É no contexto de desigualdade na distribuição dos recursos que os conflitos se originam. Sua resolução entrópica ou neguentrópica dependerá da orientação cooperativa, coercitiva ou competitiva que será adotada. Uma interpretação física da desigualdade social é a distribuição desigual dos fluxos de energia e materiais e da reciclagem dos resíduos.

Na ausência de forças de equalização, a tendência aleatória (entrópica), como lei biofísica universal é a da concentração de recursos em uma minoria de espécies ou classes sociais. Nos ecossistemas biológicos, essas forças equalizadoras são os "inimigos naturais". Nos sistemas sociais são as instituições. Se, por diversas razões, os inimigos naturais desaparecem ou tiverem suas populações reduzidas, e se as instituições reguladoras da entropia social são inibidas ou, pior, passarem a fomentar assimetrias sociais, as desigualdades se ampliam (Scheffer *et al.*, 2017). A morte da sociedade seria o resultado do atrito máximo causado por uma extrema desigualdade na distribuição dos fluxos biofísicos que asseguram distância do "equilíbrio térmico". Assim como os regimes metabólicos mais entrópicos são os que funcionam com um alto grau de dissipação de energia, os sistemas sociais mais entrópicos são os que mais concentram recursos em uma pequena parcela da sociedade. Nesse sentido, a entropia social (desigualdade) resulta da falta de mecanismos de cooperação que impedem ou restringem o acesso aos serviços prestados pelas estruturas dissipativas criadas pela e para a sociedade.

    A distribuição desigual dos recursos, tanto materiais como imateriais, constitui uma fonte permanente de conflitos e protestos sociais. Mas também, e paradoxalmente, ela atua como poderosa força motriz da evolução das sociedades e de suas configurações metabólicas. O protesto social que se origina nos conflitos é mais um fator que impulsiona mudanças nos perfis metabólicos, podendo, em função da conjuntura histórica, se converter no fator decisivo de mudança. Consequentemente, os conflitos e fricções entre diferentes grupos humanos devem ser levados em conta ao estudar a dinâmica evolutiva do metabolismo social. Isso também é válido para dinâmica evolutiva dos agroecossistemas.

    Portanto, o protesto social pode gerar repercussões entrópicas ou neguentrópicas: pode produzir ordem ou desordem, elevar ou diminuir a entropia (física e/ou social). Por exemplo, as lutas em defesa de florestas comunitárias, que muitas comunidades tradicionais realizam de forma a evitar sua privatização, tendem a gerar impacto positivo do ponto de vista da conservação, embora em várias situações esse não tenha sido o objetivo explícito no protesto. As lutas dos trabalhadores do campo espanhol ou italiano nas décadas centrais do século XX que, em um quadro de inquestionável competição capitalista, provocaram um aumento dos custos de trabalho, favoreceram de maneira indireta e não intencional a mecanização da maioria das tarefas agrícolas ao elevar o valor dos salários. Esta mecanização resultou no uso de quantidades expressivas de combustíveis fósseis na agricultura. Apesar dos efeitos ambientais negativos, verificou-se uma melhora tangível nas condições de vida dos camponeses.

A ação coletiva é um componente básico da capacidade autopoiética e inclusive neopoiética dos sistemas sociais. Sua origem se encontra, frequentemente, nos conflitos provocados pela entropia social e muitas vezes está direcionada por objetivos comuns aos indivíduos envolvidos. Desse ponto de vista, o da intencionalidade, a ação coletiva pode promover a construção de estruturas dissipativas que diminuam a entropia ou desordem interna, reduzam também a entropia externa ou a transfiram ao ambiente físico. O fator crucial reside na qualidade das estruturas dissipativas (se de alta ou baixa entropia) geradas pelo processo de auto-organização impulsionado pela ação coletiva. Por essa razão, diferente do conflito, o protesto – também uma manifestação de ação coletiva – não pode ser entendido como gerador de desordem, mas como fator gerador de neguentropia. Um protesto gerado a partir de um conflito social e orientado por um programa de mudanças do regime metabólico dominante pode favorecer a criação de estruturas dissipativas (ou neguentrópicas) que diminuam a desordem interna e, ao mesmo tempo, o consumo de energia e materiais. Dessa forma, a transferência de entropia ao ambiente (entropia externa) pode ser minimizada. Isso significa que a desordem pode gerar, por meio do protesto social (informação de alta qualidade e de baixa entropia), uma nova ordem emergente, auto-organizada e coerente.

Os conflitos têm a capacidade de equilibrar ou desequilibrar ainda mais a entropia interna e externa de um grupo social. Normalmente, os protestos originados em um conflito ambiental, especialmente os de fundamento ecologista, contribuem para a internalização dos custos ambientais. Embora nem sempre mudem o metabolismo social de forma imediata, eles podem reduzir os efeitos nocivos sobre o meio ambiente, além de abrir o caminho em direção à mudança metabólica. Sua função é, portanto, limitar a entropia externa de um sistema, ou seja, reduzir os fluxos entrópicos transferidos ao ambiente físico-biológico. Nesse sentido, o protesto ambiental pode gerar ações que levam a uma mudança em favor de um metabolismo social mais sustentável. Mas também pode promover a apropriação e uso de mais energia e materiais, elevando a entropia externa e o nível de entropia total. É o caso da maioria dos conflitos bélicos modernos entre Estados-nação ou entre coalizões deles.

A separação analítica entre o conflito social (classe) e o ambiental (espécie), uma dissociação teórica típica do regime metabólico industrial, carrega riscos óbvios: o conflito social pode aumentar a entropia física (degradação ambiental), enquanto o conflito ambiental pode aumentar a entropia social (desigualdade), alimentando as duas entropias, criando um ciclo fatal de sinergias negativas. Dessa maneira perversa, a dissociação entre conflito ambiental e social pode reverter a natureza neguentrópica dos conflitos, levando a um desfecho final objetivamente entrópico. Por exemplo, os conflitos por melhorias salariais depois da Segunda Guerra Mundial foram compensados pela substituição do trabalho humano pelo capital (máquinas), aumentando o consumo de energia e materiais. Hoje em dia, as tentativas de reduzir as emissões de gases de efeito estufa por meio do aumento dos preços dos combustíveis prejudicam os trabalhadores que vivem nas periferias da cidade, com acesso restrito ao transporte público ou que prestam serviços de transporte. Quando o protesto considera somente o dano ambiental e não o social, ou vice-versa, o risco desse efeito perverso ocorrer é muito alto.

A política dos agroecossistemas

O marco teórico desenvolvido até aqui pode ser aplicado às relações socioecológicas, qualquer que seja sua escala e alcance territorial. Portanto, pode ser aplicado à agricultura e aos agroecossistemas. Entendemos por Metabolismo Social Agrário (MSA), ou simplesmente Metabolismo Agrário (MA), o intercâmbio de energia, materiais e informação que os agroecossistemas realizam com seu entorno socioecológico. O MA está orientado à apropriação da biomassa com o objetivo de satisfazer direta ou indiretamente (por meio da pecuária) o consumo endossomático da espécie humana, ao mesmo tempo que reproduz funções ecossistêmicas básicas. O MA tem igualmente a função de satisfazer à demanda exossomática (matérias-primas e energia) das sociedades com metabolismo orgânico, embora continue a fazê-lo em menor intensidade nas sociedades de metabolismo industrial. Para estabelecer o MA, a sociedade efetua distintos graus de intervenção sobre a estrutura, funcionamento e dinâmica dos ecossistemas, dando lugar a diferentes tipos de agroecossistemas. Em outras palavras, o MA se refere à apropriação da biomassa por parte de membros de uma sociedade mediante o manejo dos agroecossistemas (Guzmán Casado; González de Molina, 2017).

De acordo com o enfoque termodinâmico, os agroecossistemas são compreendidos como sistemas adaptativos complexos, que dissipam energia, contrabalançando a lei da entropia (Prigogine,

1978; Jørgensen; Fath, 2004). Para tanto, intercambiam matérias, energia e informações com o ambiente (Fath *et al.*, 2004; Jørgensen *et al.*, 2007; Swannack; Grant, 2008; Ulanowicz, 2004). Diferente dos ecossistemas, que conservam sua capacidade de se autossustentar, autorreparar e autorreproduzir, os agroecossistemas são instáveis, necessitando permanentemente de energia, materiais e informações externas (Toledo, 1993; Gliessman, 1998). Esses fluxos são condicionados pelo trabalho humano voltado à produção de biomassa nos sucessivos ciclos de cultivo ou criação, interferindo nos ciclos de carbono e nutrientes, nos ciclos hidrológicos e nos mecanismos de regulação biótica. Nos agroecossistemas manejados segundo práticas tradicionais, esse *input* de energia e materiais são provenientes de fontes biológicas, o trabalho humano e a tração animal. Portanto, são estilos de agricultura que mantêm conexão direta com o território. Já nos agroecossistemas manejados de forma industrial, a energia e os materiais consumidos originam-se também do emprego direto e indireto de combustíveis fósseis e de minerais metálicos e não metálicos. Nesses casos, a maior parte da energia gerada (incorporada à biomassa) é direcionada para fora do sistema, tanto na forma de alimentos ou fibras, como de resíduos de colheita. Em um e outro caso, os agroecossistemas integram o metabolismo geral da sociedade, sendo dedicados de maneira específica à apropriação dos produtos da fotossíntese.

Do ponto de vista metabólico, os agroecossistemas possuem uma dinâmica peculiar. Sua sustentabilidade como ecossistemas artificializados depende também de seu nível de biodiversidade, da manutenção de um solo fértil etc. Isso significa que uma parte da biomassa gerada deve recircular para atender funções tanto produtivas como reprodutivas básicas do próprio agroecossistema: semente, tração animal, matéria orgânica no solo, biodiversidade funcional etc. A fundamentação termodinâmica desta característica foi desenvolvida por Mae-Wan Ho e Robert Ulanowicz (2005) e, mais tarde, Ho (2013), ao relacionar a sustentabilidade com estruturas dissipativas de baixa entropia. Como estruturas dissipativas, os ecossistemas podem dissipar grandes quantidades de energia ou, ao contrário, estruturar-se de tal maneira a manter baixa a sua entropia. Como os ecossistemas, os agroecossistemas constituem um arranjo de componentes bióticos e abióticos, no qual predominam os sistemas vivos identificados como "termodinâmica da complexidade organizada" (Ho; Ulanowicz, 2005). Indo além do proposto por Prigogine (1962), isso significa que um agroecossistema pode estar

> distante do equilíbrio termodinâmico em razão da grande quantidade de energia armazenada e mobilizada de forma coerente em seu interior. Esse regime macroscópico de não equilíbrio é possível também devido à sua estrutura dinâmica aninhada que permite conciliar estágios de equilíbrio e de não equilíbrio entre os diferentes níveis (González de Molina *et al.*, 2019, p. 4).

Nesse sentido, não são só os fluxos de energia e materiais que mantêm os ecossistemas distantes do equilíbrio termodinâmico são realmente decisivos para os ecossistemas. Sua capacidade para capturar e armazenar a energia que circula em seu interior e de transferi-la entre seus distintos componentes também o faz (Ho; Ulanowicz, 2005). Isso depende essencialmente da qualidade e da quantidade dos circuitos ou ciclos de realimentação internos pelos quais circulam os fluxos de energia, bem como dos mecanismos de compensação da entropia gerada no ecossistema pela entropia negativa gerada em outro sistema em um dado intervalo de tempo. Como sustenta Bulatkin (2012, p. 732), "como um sistema natural-antropogênico, o agroecossistema tem seus próprios mecanismos biogeocenóticos e biogeoquímicos e estruturas de autorregulação, que devem ser usados para reduzir os custos da energia antropogênica". Segundo Ulanowicz (1983), isso significa que os ciclos no agroecossistema têm "sentido termodinâmico". Os ciclos possibilitam que as atividades estejam acopladas, ou vinculadas entre si, de forma que aquelas que produzem energia possam transferi-la diretamente para aquelas que a necessitam, sendo que a direção pode se inverter quando for necessário. Essas relações simétricas e recíprocas são as mais importantes para sustentar o sistema (Ho; Ulanowicz, 2005, p. 43).

Em regimes metabólicos orgânicos (González de Molina; Toledo, 2011, 2014), os agroecossistemas funcionam de forma integrada, de tal forma que os ciclos biogeoquímicos claramente se estendem além das terras cultivadas, abrangendo grande parte do território. O aumento da entropia que se produz nas parcelas intensamente cultivadas é compensado com a importação de esterco (nitrogênio) de áreas de baixa entropia, como os pastos naturais e florestas. A resultante geral é um regime metabólico de baixa entropia. A heterogeneidade na paisagem e a integração agrossilvipastoril são elementos-chave para a articulação dos circuitos que capturam, armazenam e transferem energia.[4]

Isso explica por que, com uma articulação adequada entre os distintos componentes de um agroecossistema, pode-se reduzir de forma significativa o "custo territorial" da produção de biomassa (Guzmán Casado; González de Molina, 2009; Guzmán *et al.*, 2011). Neste sentido, a produção primária líquida está positivamente correlacionada com a integração funcional dos distintos usos do solo em termos de eficiência territorial. Quanto mais

---

[4] Como assinalou Sieferle (2001, p. 20), os distintos usos de solo estão vinculados com diversos tipos de energia. As terras cultivadas estão associadas à produção de energia metabólica para a alimentação humana, as pastagens alimentam animais de trabalho com energia mecânica e as florestas, com a energia térmica, proporcionam o combustível necessário para a cozinha, a calefação e a manufatura.

energia solar for capturada e armazenada nos ciclos internos dos agroecossistemas, menor será a necessidade de importar energia de fora do agroecossistema (Guzmán Casado; González de Molina, 2017). Por isso, afirma-se que a sustentabilidade de um agroecossistema é maior quanto mais se assemelha em sua organização e funcionamento ao ecossistema natural (Gliessman, 1998).

Fundos e fluxos nos agroecossistemas

Definimos o MA como o intercâmbio de energia, materiais e informação entre os agroecossistemas e seu entorno socioecológico. Esse intercâmbio é composto por fluxos que entram e saem. Esses fluxos têm uma dupla função: mantêm e fazem funcionar as estruturas dissipativas ou elementos-fundo. As noções de fluxos e fundos vêm originalmente de Nicholas Georgescu-Roegen (1971), tendo sido posteriormente incorporadas por Mario Giampietro e colegas (2014) no método MuSIASEM[5]. De acordo com Georgescu-Roegen (1971), a finalidade da economia não é a produção e o consumo de bens e serviços, mas a reprodução e a melhoria do conjunto de processos necessários para a produção e o consumo de bens e serviços. Do ponto de vista biofísico, essa compreensão do objetivo principal da atividade econômica implica uma mudança de foco analítico: dos fluxos de energia e materiais, a atenção deve se voltar para os elementos-fundo, em particular se estes são aprimorados ou ao menos reproduzidos

---

[5] MuSIASEM ou Multi-Scale Integrated Analysis of Societal and Ecosystem Metabolism é uma proposta teórico-metodológica para a contabilidade empregada na análise das relações entre o mundo físico e o mundo social a partir de uma perspectiva de intercâmbio metabólico. Para mais informações, consultar a descrição encontrada na Wikipedia (disponível em: https://en.wikipedia.org/wiki/MuSIASEM) e a página web do grupo de pesquisa que o promove (disponível em: https://ictaweb.uab.cat/pubs_detail.php?id=568&setLanguage=es).

a cada ciclo produtivo. Em outras palavras, muda-se o foco da produção e do consumo de bens e serviços para a sustentabilidade – isto é, se tanto a produção quanto o consumo podem ser mantidos indefinidamente.

Os fluxos incluem a energia e os materiais consumidos ou dissipados durante o processo metabólico: matérias-primas e combustíveis fósseis, por exemplo. A intensidade desses fluxos é controlada por fatores externos, relacionados à acessibilidade dos recursos disponíveis localmente e por fatores internos, relacionados à capacidade de processamento de energia e materiais, por sua vez dependente da tecnologia utilizada e do conhecimento para seu emprego. Os elementos-fundo, por sua vez, são estruturas dissipativas que, em um determinado intervalo de tempo, transformam os fluxos de entrada (insumos) em bens e serviços (produtos) e resíduos, ou seja, em fluxos de saída. Portanto, permanecem constantes durante o processo dissipativo (Scheidel; Sorman, 2012). Processam energia, materiais e informação a uma taxa condicionada por sua própria composição estrutural e funcional. Para tanto, necessitam ser continuamente renovados ou reproduzidos, o que significa que parte dos fluxos de entrada deve ser investida na própria construção, manutenção e reprodução dos elementos-fundo, limitando assim o próprio ritmo da conversão de insumos em produtos (Giampietro *et al.*, 2008). A energia e os materiais investidos na manutenção e reprodução dos elementos-fundo não podem ser destinados, portanto, ao consumo. Os elementos-fundo podem, inclusive, ser aprimorados no decorrer do tempo, com a destinação de energia e materiais para esse propósito.

A terra, o gado, as comunidades rurais que manejam os agroecossistemas e os meios de produção ou o capital agrário são exemplos de elementos-fundo. Dependendo da finalidade analítica, cada um desses elementos pode ser classificado em diferentes tipos de fundo. Por exemplo: a terra pode ser analisada segundo vários dos elementos que a compõem, tais como a biodiversidade, a fertilidade dos solos, os corpos hídricos etc. Nesse sentido, é pertinente diferenciar entre elementos-fundo de caráter biofísico daqueles de caráter social, uma vez que eles não se reproduzem de maneira equivalente. Todos estão estreitamente conectados e expressam relações socioecológicas de cada agroecossistema e de suas trocas metabólicas. A articulação entre os elementos-fundo é fundamental, como veremos mais adiante, para o estudo do metabolismo agrário.

Dependendo do caráter biofísico ou social, cada elemento-fundo funciona com fluxos qualitativamente distintos, devendo, portanto, ser descrito por métricas específicas. Seja qual for sua identidade, os elementos-fundo necessitam da energia incorporada na biomassa e no trabalho humano a cada processo produtivo. A industrialização da agricultura levou à substituição dos circuitos biogeoquímicos internos aos agroecossistemas por insumos cuja fabricação é feita fora do setor agrário e cujo acesso se faz por meio do mercado. Essa substituição explica uma diferença fundamental no funcionamento metabólico dos agroecossistemas tradicionais e industrializados: nos primeiros, a reprodução dos elementos-fundo é viabilizada pelos fluxos de biomassa, constituindo regimes metabólicos orgânicos. Em contraste, no regime metabólico industrial, os fluxos de energia fóssil são os principais responsáveis pela reprodução dos elementos-fundo social e natural, neste caso causando deterioração ambiental pela substituição dos serviços ecossistêmicos. Somente com o aporte de biomassa é possível alimentar as cadeias tróficas que sustentam a vida edáfica e os demais organismos que compõem a biodiversidade do agroecossistema. A degradação dos solos não pode ser compensada com energia e materiais que não sejam provenientes da biomassa vegetal. Nesse sentido, a industrialização da agricultura pode ser compreendida como um processo de substituição das estruturas dissipativas de natureza biofísica dos agroecossistemas, historicamente construídas e aperfeiçoadas pela agricultura camponesa por práticas de manejo integrado de recursos locais por estruturas dissipativas artificiais. Em termos econômicos, significa a substituição de recursos endógenos e autocontrolados por meios de produção adquiridos no mercado, geralmente com o apoio de políticas públicas.

No entanto, o MA não promove somente o intercâmbio de fluxos biofísicos. Também contempla fluxos de informação. Estes desempenham o papel fundamental de ordenar e organizar os componentes dos sistemas físicos, biológicos e sociais. Portanto, são essenciais para a compreensão da configuração estrutural dos agroecossistemas, bem como de sua dinâmica funcional. Agroecossistemas convertem energia e materiais em biomassa por meio do trabalho humano. O trabalho humano possui uma peculiaridade que o faz decisivo: é regulado por fluxos de informação. A origem desses fluxos não se limita às atividades produtivas, mas abrange também todas as atividades realizadas no grupo doméstico e comunitário nos quais a produção está organicamente integrada. Como consequência, o elemento-fundo principal dos agroecossistemas são as famílias e comunidades rurais (a "população agrária").

Existem três razões relacionadas à distinção entre fluxos e fundos para que essa consideração seja enfatizada. Em primeiro lugar, porque a continuidade do fluxo de trabalho agrícola depende do investimento em tempo em tarefas não agrícolas. Por exemplo: o tempo dedicado aos cuidados, que são tarefas reprodutivas, desde o ponto de vista fisiológico e afetivo, ou as atividades sociais e educativas, que igualmente correspondem a tarefas reprodutivas desde um ponto de vista social. Em segundo lugar, porque a manutenção dos agroecossistemas em boas condições de produção exige a realização de tarefas de manutenção. Em geral, estas não são compreendidas como tempo dedicado à produção e que, portanto, não são remuneradas. Finalmente, porque o trabalho na agricultura familiar é realizado em regime de cooperação no âmbito das famílias e comunidades, envolvendo organicamente atividades produtivas e reprodutivas. Nesse sentido, a reprodução desses núcleos sociais de cooperação constitui o elemento fundamental da economia, isto é, o objetivo último das estratégias produtivas.

Evidentemente, para ser realizado e se reproduzir, o trabalho humano requer energia, basicamente endossomática. De fato, esta tem sido a energia considerada para o cálculo da eficiência energética de cada um dos arranjos metabólicos que se sucederam ao longo do tempo. No entanto, à medida que as sociedades humanas foram se complexificando, o custo da reprodução foi também aumentando com a crescente incorporação de energia exossomática nos processos produtivos. À medida que o perfil metabólico das sociedades contemporâneas foi aumentando, o consumo cultural de energia e materiais foi adquirindo maior importância e, portanto, maior custo monetário. Por consequência, o conceito de metabolismo agrário leva em conta não somente a energia despendida diretamente no trabalho agrícola, mas também o consumo energético nas tarefas (remuneradas ou não) requeridas para sustentá-lo. A manutenção de um fluxo constante de energia humana necessária para o manejo dos agroecossistemas depende, portanto, da reprodução dos grupos domésticos. Essa reprodução é assegurada pela produção própria (autoconsumo), pelas rendas provenientes da venda da produção, pela venda da força de trabalho, ou por outras fontes de renda.

O quarto e último elemento-fundo considerado são os meios técnicos de produção, também chamados de "capital técnico" (Giampietro *et al.*, 2014). A manutenção desse elemento-fundo exige investimentos em energia e materiais no decorrer dos anos. Diferente dos demais elementos-fundo, sua substituição é realizada mediante processos metabólicos que têm lugar fora do setor agrícola.

As decisões dos agricultores são diretamente influenciadas pela capacidade deles de cobrir os custos financeiros de reprodução. Dependem decisivamente da remuneração que recebem pela venda de sua produção. Isso se deve ao fato de que as receitas monetárias constituem fluxos de informação sintetizada, que influenciam o manejo do agroecossistema. Efetivamente, os preços relativos transmitem informação que contribui para explicar – sobretudo nas sociedades com intercâmbios monetarizados – o comportamento econômico dos agricultores. Certamente os mercados nem sempre foram a principal ou única forma de intercâmbio de bens e serviços. Embora existam fluxos de informação relacionados a economias não monetárias que igualmente influenciam as decisões dos agricultores, as informações sobre os fluxos financeiros são essenciais para a reprodução dos agroecossistemas, especialmente quando estes estão imersos em economias de mercado, marca das sociedades capitalistas.

A organização e a dinâmica do sistema alimentar

Os preços relativos dos insumos e dos produtos agrícolas determinam a renda recebida pelos agricultores. Portanto, determinam as possibilidades de reprodução dos elementos-fundo do agroecossistema. Diferente do que propugnam as teorias econômicas clássica e neoclássica, os preços não resultam do equilíbrio entre a oferta e a demanda. Tampouco expressam unicamente o valor de troca das mercadorias, tal como defende a teoria marxista. Preços são fortemente influenciados por regulações e normas que geram um entorno favorável à manutenção de uma determinada configuração das relações sociais e de poder. Nas sociedades capitalistas, por exemplo, os mercados operam dentro de uma estrutura institucional destinada a reproduzir as condições socioecológicas necessárias para sua manutenção como sistema de dominação. O *trade-off* entre entropia física e entropia social nos sistemas agroalimentares é fortemente influenciado por este marco institucional. No marco institucional dominante, os agroecossistemas industrializados funcionam como estruturas dissipativas de alta entropia e baixo nível de sustentabilidade.

O próprio mercado e a propriedade privada constituem duas vigas mestras desse marco institucional. Mas não são as únicas. Eles conformam um arranjo institucional que orienta os fluxos de energia e materiais dentro dos agroecossistemas e explicam o grau de acesso aos elementos-fundo. Este arranjo institucional tem sido qualificado como regime agroalimentar. O termo "regime" procede do latim *regimen* e se refere ao conjunto de normas que regem ou regulamentam uma atividade ou uma coisa. Tais regras são, por sua vez, reflexo de relações de poder específicas, que aspiram, por meio delas, a converter-se em permanentes, perdurar no tempo, beneficiando a quem tem uma posição dominante. Quando essas normas se mantêm ao longo do tempo, fala-se então na existência de um "regime":

> A literatura sobre relações internacionais também emprega o termo 'regime' para descrever a formação de redes autogestionadas que permitem alinhar os atores em torno a objetivos compartilhados. Os regimes internacionais são sistemas de normas e papéis acordados pelos Estados para governar seu comportamento em contextos políticos específicos ou áreas temáticas. Os regimes são formados para regulamentar e ordenar sem a necessidade de recorrer à autoridade suprema de um

> governo supranacional [...]. A análise dos regimes internacionais tem se concentrado amplamente na concertação de atores estatais, embora o envolvimento de atores não estatais não seja inteiramente negligenciado. (Stoker, 1998, p. 23)

Este termo vem sendo aplicado aos sistemas alimentares para destacar o caráter estável do arranjo institucional e das relações de poder que o sustentam, especialmente desde o fim do século XIX, com a consolidação dos Estados-nação e com o advento da Primeira Globalização (Friedmann, 1987; McMichael, 2009). Harriet Friedmann (1993, p. 30-31) definiu o regime alimentar como uma "estrutura de produção e consumo de alimentos governada por regras em escala mundial". Não é necessário que essas normas sejam completamente explícitas. O regime se baseia em acordos internacionais e legislações nacionais cada vez mais abrangentes, que consagram o império da propriedade privada e o mercado:

> O regime alimentar, portanto, tratava em parte das relações internacionais sobre alimentação e, em parte, da economia alimentar mundial. A regulamentação do regime alimentar sustentou e refletiu as mudanças nos equilíbrios de poder entre Estados, os *lobbies* nacionais organizados, as classes – grandes proprietários, trabalhadores, camponeses – e o capital. As regras implícitas evoluíram por meio de experiências práticas e negociações entre Estados, ministérios, corporações, *lobbies* empresariais, pressão social e outros, em resposta a problemas imediatos de produção, distribuição e comércio (Friedmann, 1993, p. 31).

Essa concepção sobre regime agroalimentar proposta por Friedmann (1993) é aberta e longe de uma rígida expressão dos interesses dominantes. Ela é dinâmica e mutável, determinada não só pela correlação de forças existente em cada momento entre Estados e corporações, mas também pelos movimentos sociais que lutam contra a ordem imposta. O objetivo dos setores dominantes é manter a essência do regime agroalimentar, adaptando-o segundo as mudanças de conjuntura. O regime reflete, portanto, relações de poder que condicionam uma forma específica de organização dos fluxos de energia, materiais e informação. Nesse sentido, desempenha um papel-chave no funcionamento do metabolismo social, seja em escala local, nacional e internacional, dado que a alimentação é um elemento determinante no *trade-off* entre entropia biofísica e social. O conceito de regime agroalimentar surgiu, então, para designar o conjunto de normas que regulam o sistema agroalimentar mundial; mas, de acordo com o que vimos, pode ser aplicado a âmbitos territoriais nacionais e inclusive locais.

Transição agroecológica e mudança de regime alimentar

Como veremos adiante, não é possível uma mudança de caráter agroecológico sem uma mudança no marco institucional. É precisamente a superação do regime agroalimentar dominante o principal objetivo da Agroecologia Política. As teorias que explicam as mudanças a longo prazo, recorrendo ao conceito de transição, vêm adquirindo crescente relevância nas Ciências Sociais (Bergh; Bruinsma, 2008; Lachman, 2013). Desenvolveu-se também uma corrente teórica que analisa o processo de transição desde a perspectiva metabólica. Para essa corrente, os processos de transição socioecológica são trajetórias de mudança estrutural que afetam a configuração dos fluxos de energia, matérias e informação que as sociedades intercambiam com seu entorno natural (Fischer-Kowalski; Rotmans, 2009; Fischer-Kowalski, 2011). Seguindo esse enfoque, seria possível dizer que a transição agroalimentar poderia ser entendida como um processo de mudança metabólica, expressado na passagem de um marco institucional a outro qualitativamente diferente.

O futuro não está pré-determinado, o que confere aos agentes uma capacidade relevante de decisão e, portanto, de introdução de incerteza quanto ao futuro. Embora a transição para um mundo mais sustentável pareça ser uma demanda lógica, está longe de ser um processo inevitável. Nesse sentido, compartilhamos com Fischer-Kowalski e Haberl (2007, p. 7) quando consideram que a transição socioecológica deve ser compreendida como resultado de uma "mudança deliberativa".

Consideramos aqui o conceito de regime agroalimentar de maneira instrumental e contingente, reduzindo sua carga normativa, não somente porque é uma ferramenta heurística para entender os processos históricos elaborada *ex-post-facto*, mas também porque a mudança socioecológica é uma propriedade constitutiva dos sistemas sociais. Segundo este ponto de vista, a mudança socioecológica é um processo contínuo que leva a formas de estruturação do regime agroalimentar, que não permanecem idênticas a si mesmas, até que um novo processo de transição se inicia. As sociedades humanas coevoluem com a natureza, bem como por meio de mecanismos e fatores que lhes são próprios. Este reconhecimento da unidade essencial do processo evolutivo implica uma concepção da mudança social, no qual o novo surge a partir da realidade material já existente – quer dizer, do velho.

Foi Edgar Morin (2010) quem sugeriu que a mudança necessária para um mundo mais sustentável será um processo de metamorfose: a nova ordem socioecológica qualitativamente diferente haverá de se construir sobre os alicerces da existente. Essa forma de entender a mudança permite superar a eterna contradição entre reforma e revolução, entre evolução e ruptura. O termo metamorfose é uma metáfora adequada para entender a enorme complexidade da mudança socioecológica. A evolução dos sistemas sociais não é linear, mas imprevisível e caótica, fruto, entre outras coisas, de sua indeterminação entrópica. Definitivamente, entendemos a transição como o processo temporário no qual têm lugar as mudanças mais relevantes que conduzem de um regime agroalimentar a outro. Nesse sentido, os conceitos de mudança socioecológica e metamorfose se complementam, permitindo que a transição seja entendida como um processo mediante o qual o regime agroalimentar muda, por exemplo, do padrão metabólico industrial ao padrão metabólico orgânico, sustentável. A metamorfose admite formas híbridas de duração variável, nas quais o metabolismo agrário não é inteiramente industrial, nem completamente orgânico.

A análise das forças motrizes da mudança (*driving forces*) também é uma tarefa complexa. Trata-se de explorar como os processos materiais do regime agroalimentar (apropriação, circulação, transformação, consumo e excreção), mediados pelos fatores intangíveis (crenças, conhecimentos, tecnologias, instituições etc., isto é, informação), se colocam em ação de forma conjunta, e como essa ação se modifica no decorrer do tempo. Lachman (2013, p. 274) chamou a atenção para o papel dos atores sociais neste enfoque, talvez muito abstrato, da transição.

A abordagem que defendemos, alinhada a essa crítica, atribui um papel determinante à ação coletiva na transição agroalimentar, especialmente aos movimentos agroecológicos. Já destacamos nas seções anteriores sua capacidade (neguentrópica) para promover mudanças que possibilitem a metamorfose do regime agroalimentar. Nos próximos capítulos, apresentamos um diagnóstico do regime atualmente dominante e seu funcionamento e sugerimos estratégias e instrumentos de ação para apoiar movimentos sociais a transformá-lo, ao desenvolver sua capacidade neguentrópica.

Capítulo 2

Um regime agroalimentar em direção ao colapso

Estamos imersos em uma crise sistêmica que expõe os limites da civilização moderna (Garrido Peña *et al.*, 2007; Toledo, 2012a). Tanto a crise de 2008, ainda não superada, como a provocada posteriormente pela pandemia da Covid-19 são sintomas dessa crise estrutural. É cada vez mais evidente a contradição entre o modelo de organização da economia baseada no crescimento indefinido e as limitações a ele impostas pelo esgotamento dos recursos e pela deterioração das funções ecológicas na biosfera. A comunidade científica alerta para o fato de que já ultrapassamos algumas linhas vermelhas relacionadas à capacidade de restauração de importantes dinâmicas biofísicas em escala planetária. A noção de "limites planetários" foi estabelecida por Rockström *et al.* (2009b) como referência para a avaliação de nove dinâmicas-chave em relação ao "espaço operacional seguro" para a humanidade. Pesquisas divulgadas em 2015 apontavam que naquele momento quatro dos nove limites já haviam sido excedidos (Steffen *et al.*, 2015), entre eles as mudanças climáticas, os fluxos biogeoquímicos e a perda de biodiversidade (Campbell *et al.*, 2017). A atualização do estudo, divulgada em 2023, deu conta de que seis dos nove limites haviam sido ultrapassados (Richardson *et al.*, 2023). Outros estudos são inequívocos ao apontarem que o sistema agroalimentar é a principal força motriz dessas transformações biofísicas (Tilman, 2001; Foley *et al.*, 2005; Weis, 2013).

Após o *crash* de 1929, a crise de 2008 foi a mais séria do capitalismo contemporâneo. Ao contrário da primeira, caracterizada como uma crise de superprodução e distribuição, a última foi de superconsumo, ou seja, aumento do consumo *per capita* de energia e materiais e crescentes limitações na apropriação dos recursos naturais.

As raízes da crise são estruturais, e seus efeitos são multidimensionais. O mecanismo que possibilitou o controle da entropia social, que tornou a crescente desigualdade social aceitável, encontra-se cada vez mais difícil de sustentar. Após a Segunda Guerra Mundial, a ordem capitalista tentou recuperar o crescimento econômico barateando os alimentos, a energia e os materiais necessários para viabilizar a reprodução ampliada do capital. Ou seja, intensificar o extrativismo doméstico não apenas nos países "desenvolvidos", mas também nos periféricos, ampliando as fronteiras de apropriação de recursos. Com essa estratégia, os lucros voltaram a crescer, afastando ameaças de entropia social por meio de aumentos nos salários nominais e, por consequência, no consumo de massa. A "paz social" alcançada no pós-guerra nos países industrializados foi obtida às custas do aumento mundial da entropia física. O crescimento exponencial do consumo de energia e materiais que deu origem à chamada Grande Aceleração (Costanza *et al.*, 2007; Hibbard *et al.*, 2007) reflete esse processo. Como Ulrich Beck (1998) apontou, a desigualdade social não desapareceu, mas "subiu para o andar de cima". Entretanto, a crise atual explicitou que tem se tornado cada vez mais difícil reduzir a entropia social com o aumento da entropia física. O agravamento da crise ambiental vai aos poucos inviabilizando um mecanismo-chave para a acumulação de capital e o crescimento econômico: a apropriação e a mercantilização da natureza (Moore, 2015). A crise não pode ser descrita, então, como mais uma das crises cíclicas do capitalismo, mas sim como uma crise metabólica (Garrido Peña, 2015). As seções que se seguem procuram mostrar esse caráter da crise e explicar suas causas. Posteriormente, a análise se concentra no funcionamento do regime agroalimentar corporativo (RAC), no qual as contradições são ainda mais evidentes e o perigo de colapso mais próximo.

A impossibilidade física do crescimento econômico

Com uma taxa de crescimento anual de 1,6%, a população mundial mais que dobrou desde o início dos anos 1970, tendo passado de 3,7 bilhões de pessoas para 8 bilhões em 2022. No mesmo período, a taxa anual de crescimento da economia global superou os 3%, passando de 15,7 trilhões de dólares, em 1970, para 85 trilhões de dólares, em 2020. Desde o início deste século, o preço de muitas matérias-primas extraídas da natureza começou a subir, criando um outro contexto econômico. Isso se deve à crescente escassez ou ao aumento dos custos de extração. Como Jason Moore (2015) argumentou, a era das matérias-primas baratas que sustentou o crescimento econômico durante o século XX parece ter acabado (Unep, 2011; Unep, 2016). O fim de uma natureza barata afeta diretamente o crescimento econômico e a acumulação de capital. Colocando em outros termos: o regime metabólico industrial está em questão e, com ele, o sistema social que o implementou, o capitalismo.

Desde o início deste século, as taxas de crescimento da população e da economia mundial foram inferiores àquelas verificadas na segunda metade do século passado. No entanto, o ritmo de extração de materiais tem se acelerado, atingindo uma taxa anual de crescimento de 3,7%. O uso anual de materiais em escala global atingiu 70,1 Gt em 2010, em comparação com 23,7 Gt em 1970. A taxa anual de extração de combustíveis fósseis cresceu 2,9%; minerais metálicos, 3,5%; e não metálicos, 5,3%. Somente a extração de biomassa se manteve constante em 2% (Krausmann *et al.*, 2017a), destacando as limitações produtivas dos agroecossistemas, como veremos adiante.

Essa relação aparentemente contraditória entre os dois fenômenos parece óbvia e ressalta a natureza estrutural da crise. A globalização neoliberal continua avançando, impulsionada pela necessidade de apropriação de recursos naturais. O metabolismo das economias nacionais é cada vez mais dependente dos fluxos globais de mercadorias. Na verdade, o comércio internacional de materiais cresceu mais rapidamente que o PIB mundial, a uma taxa anual de 3,5%. Uma parte significativa desses fluxos de energia e materiais é investida na criação e manutenção de estoques (edifícios, infraestruturas, equipamentos e maquinários etc.) principalmente nos países ricos, aumentando ainda mais a desigualdade entre países em termos de "bem-estar".

Esses dados refutam a existência de um suposto "desacoplamento" (*decoupling*) (Unep, 2011) entre a criação de riqueza e o consumo de materiais. Essa ideia deu origem a uma vasta literatura acadêmica e política, fundamentando a noção de "economia verde", ou seja, a suposição de que é possível conciliar as taxas elevadas de crescimento econômico com a redução do consumo de materiais. A tese do desacoplamento foi sustentada em dados relacionados à diminuição da intensidade energética dos processos econômicos mais relevantes ao longo do século XX. No entanto, os dados relativos à extração e ao consumo de materiais despertam o sonho de crescimento econômico indefinido para a dura realidade biofísica. Apesar da crise econômica verificada entre 2000 e 2010, o consumo *per capita* de materiais em escala global passou de 7,9 t para 10,1 t no período (Krausmann *et al.*, 2017a). Esses dados revelam que a eficiência global no uso de materiais começou a diminuir pela primeira vez em 100 anos. De fato, desde 2000 houve um aumento na intensidade do uso de materiais na economia global: se em 2000 eram necessários 1,2 kg de materiais para produzir um dólar, em 2010 foram necessários quase 1,4 kg. Os ganhos de eficiência anteriores foram revertidos desde o início deste século, período de grande aceleração do consumo. Ao que parece, o fenômeno se deve à externalização dos processos de extração e transformação de materiais de maior intensidade para países fornecedores de *commodities* (Unep, 2016; Krausmann *et al.*, 2017a). Trata-se, portanto, da transferência dos processos ecologicamente mais "sujos" e ineficientes do ponto de vista do consumo de materiais e de geração de resíduos, desde o centro para a periferia do sistema global.

Como vimos, o consumo mundial de materiais atingiu 70 Gt/ano em 2010, o que significa 19 vezes mais que em 1850, quase sete vezes mais que em 1900 e cinco vezes mais que em 1950. A biomassa é responsável por mais de um quarto dos materiais extraídos (27,15%), os combustíveis fósseis quase um quinto (18,58%) e os 54,29% restantes são de minerais metálicos e, especialmente, não metálicos (Krausmann *et al.*, 2017a). Esse incremento na extração de minerais se deve à crescente demanda por materiais para a construção e manutenção do estoque de "capital", principalmente nos países ricos. Esses estoques funcionam como estruturas dissipativas que, para prestarem serviços à sociedade (reduzindo a entropia social), consomem quantidades significativas de energia e materiais em sua construção e em sua manutenção (aumentando a entropia física).

Segundo recente estimativa, o estoque na economia global era de cerca de 800 Gt (dados de 2010), e as demandas anuais de extração eram de 26 Gt (Krausmann *et al.*, 2017b). Esses estoques são responsáveis, portanto, pelo incremento continuado da demanda por energia e materiais, de tal forma que qualquer estratégia de promoção da sustentabilidade dependerá fundamentalmente do tipo de estruturas dissipativas (ou estoques) que serão construídas e das necessidades de dissipação para mantê-las.

Como sugerimos antes, as diferenças observáveis nos níveis de "desenvolvimento" e bem-estar entre diferentes países estão relacionadas à quantidade e à qualidade dos estoques que construíram e mantiveram ao longo do tempo. Na realidade, as diferenças no consumo *per capita* de energia e materiais estão diretamente relacionadas à demanda para a construção e manutenção desses estoques. Isso pode explicar as diferenças de "desenvolvimento" entre países ricos e pobres, refletidas nas diferenças nos níveis de consumo *per capita*. Por exemplo, o consumo nos países industrializados ou ricos é, em média, de 15,9 t/*capita*.ano, enquanto nos países periféricos (ou "menos desenvolvidos") é de 2,6 t/ *per capita*.ano (Krausmann, 2017a). Porém, a essas cifras relacionadas ao consumo doméstico de materiais devem ser adicionados os dados relativos aos custos de extração e a transformação das matérias-primas – custos que acabam sendo externalizados aos países periféricos. Em muitos países exportadores líquidos de energia ou materiais, parte do que é extraído é investida no próprio processo de extração e não na construção de estoques em benefício de sua própria população. A energia e os materiais investidos nesse processo não poderão ser empregados no futuro na construção e manutenção de estoques.

Alguns estudiosos chamam esse fenômeno de "intercâmbio ecológico desigual" (Hornborg, 2011). Os países pobres exportam recursos de baixo valor, mas que na economia mundial representam um grande volume. Chegou-se a essa conclusão após o estudo da "balança comercial física" (PTB, sigla em inglês) de vários países "desenvolvidos" e "subdesenvolvidos" (Muradian; Alier, 2001; Fischer-Kowalski; Amann, 2001; Giljum; Eisemenger, 2003; Muñoz *et al.*, 2009). Estimativas recentes do PTB da maioria dos países do mundo (Dittrich; Bringezu, 2010; Dittrich *et al.*, 2011) reforçam essas conclusões: desde 1960, as regiões mais industrializadas exibiam valores positivos, enquanto as áreas em desenvolvimento apresentaram valores negativos. Isso significa que o fluxo de recursos segue sendo de Sul para Norte. Como sustentam Krausmann *et al.* (2017a), a transformação nos países mais industrializados de uma economia baseada na indústria para uma baseada em serviços, elevados custos do trabalho e rigorosos padrões ambientais resultam da externalização, para os países do Sul global, das atividades produtivas mais intensivas no uso de energia e materiais.

Esse fato coloca em xeque o discurso reproduzido por organismos internacionais e pela maioria dos governos segundo o qual o crescimento econômico seria a única via pela qual os países em desenvolvimento poderiam alcançar os padrões de bem-estar já alcançados nos chamados países desenvolvidos. Embora esse seja um objetivo razoável e socialmente justo, ele é inviável do ponto de vista biofísico. Os dados são inequívocos quanto à impossibilidade de universalização dos níveis de consumo obtidos nos países industrializados: se a taxa metabólica média atual da Europa (16 t/*per capita*.ano) fosse reproduzida em todo o planeta em 2050, quando a população mundial tenderá a se estabilizar em nove bilhões de indivíduos, o consumo global anual de materiais atingiria 140 Gt, ou seja, quase três vezes a taxa atual (Krausmann *et al.*, 2017a,). Outros estudos estimam que esse valor chegaria a 180 Gt/ano ou 20 t/habitante.ano (Schandl *et al.*, 2016). Isso significa que muitos países teriam que aumentar seu metabolismo em cinco vezes, duplicando o uso de biomassa, quadruplicando o consumo de combustíveis fósseis e triplicando o uso anual de minerais e materiais de construção. As emissões de carbono *per capita* poderiam triplicar e as emissões totais quadruplicar para 28,8 Gt C/ano, superando o cenário de emissões mais pessimista calculado pelo IPCC (Krausmann *et al.*, 2017a). Em síntese: a transição socioecológica visando à generalização do regime metabólico industrial não é possível nem física nem socialmente.

A explicação econômica de todas essas contradições foi proposta por Marx e nos ajuda a entender o caráter estrutural da crise metabólica. A lei da "Queda Tendencial da Taxa de Lucro" (TRPF, na sigla em inglês) é possivelmente a maior contribuição científica de Marx. Paradoxalmente, é uma de suas teses mais questionadas, inclusive por muitos teóricos e militantes marxistas. Embora a ideia já estivesse presente nas elaborações anteriores de David Ricardo, foi Marx, no quadro de sua teoria geral do capital, quem a elaborou de forma mais consistente. Segundo tal teoria, o lucro resulta da divisão da taxa de exploração do trabalho pela composição orgânica do capital (relação entre o capital constante – empregado para a compra dos meios de produção – e o capital variável – empregado para compra da força de trabalho). Como é necessária uma composição orgânica cada vez maior do capital para que sejam mantidas as taxas de exploração, a taxa de lucro tende a diminuir. Essa tendência pode ser interpretada em termos biofísicos, uma vez que a composição orgânica do capital está diretamente relacionada à extração de recursos naturais, com sua disponibilidade e com seu preço. A tendência decrescente da taxa de lucro leva à busca de novas fronteiras de apropriação dos recursos naturais, tornando-os mais baratos. Mas o horizonte de esgotamento das reservas naturais e a contínua perda de eficiência do processo de extração tornam os recursos cada vez mais caros. Portanto, a composição orgânica do capital cresce. Está cada vez mais caro, por exemplo, extrair o trabalho equivalente a uma tonelada de petróleo (Hall *et al.*, 2009; Hall, 2011). Assim como um viciado que necessita consumir doses crescentes da droga para obter prazer equivalente, o crescimento é uma necessidade para o capitalista para que as taxas de lucro sejam mantidas. A adicção capitalista ao crescimento econômico é impulsionada pela implacável lógica da queda tendencial da taxa de lucro (Brenner, 2009; Tapia; Astarita, 2011; Basu; Manolakos, 2010).

As estratégias para reduzir a composição orgânica do capital se desdobram em duas frentes. A primeira é a inovação tecnológica e está voltada a aumentar a eficiência do processo produtivo (aprimoramento do capital fixo). A segunda é político-institucional (militar, em algumas situações) e engloba o controle dos preços das matérias-primas, a redução da carga tributária sobre grandes fortunas e a ampla liberalização dos mercados (desregulamentação). No entanto, a inovação tecnológica leva a aumentos de produção pela diminuição dos custos do capital fixo, mas reduz a eficiência global do sistema, conforme previsto pelo "Paradoxo de Jevons" (Alcott, 2005).

Também conhecido como "efeito rebote", o paradoxo de Jevons[1] se refere ao fato de que a inovação tecnológica que torna mais eficiente o uso de um recurso acaba por gerar o aumento, e não a redução do consumo desse recurso. A inovação tecnológica tem gerado, portanto, a expansão no consumo global de materiais e energia – tanto pelo aumento do consumo de matérias-primas

---

1 Devido ao trabalho de Willian Jevons sobre o uso do carvão na Inglaterra no final do século XIX.

pelos países com economias emergentes, como pela externalização de processos mais intensivos em materiais por parte dos países mais industrializados. Esse processo é responsável pelo incremento nas taxas de desconto intertemporal das matérias-primas devido ao previsível esgotamento de suas reservas, elevando os custos produtivos e, consequentemente, a composição orgânica do capital.

Diante desse contexto, o aumento da taxa de exploração do trabalho por meio do aumento da mais-valia absoluta foi a principal estratégia adotada para minimizar a queda tendencial da taxa de lucro. A deslocalização das atividades produtivas associada à globalização neoliberal possibilitou a redução dos custos com trabalho nos países periféricos, de frágeis legislações trabalhistas, ao passo que reduziu o peso dos salários nominais nos países mais industrializados, onde o trabalho é mais protegido pelas conquistas sociais. Essa redução dos salários levaria à queda do consumo interno, uma consequência economicamente indesejável e politicamente inviável em regimes democráticos. Para contrabalançar esse efeito, os salários reais foram aumentados de forma fictícia por meio de três mecanismos combinados: a importação massiva de produtos vindos de economias emergentes (China, Índia, Brasil); a permissividade ou mesmo o estímulo à criação de bolhas especulativas, como o verificado no setor da construção civil (gerando "efeito riqueza", isto é, mudanças nos padrões de consumo em função do aumento do patrimônio); o aumento irracional do crédito e do endividamento. Esses instrumentos não puderam ser mantidos por muito tempo. O crescimento da produtividade nos países emergentes levou a um aumento dos salários e, por consequência, do consumo interno (Garrido Peña, 2015), aumentando o consumo interno de energia e materiais e agravando as perspectivas de escassez. A crise financeira desencadeada no final de 2007 inviabilizou a continuidade dos outros dois instrumentos (especulação e crédito facilitado).

Como consequência, devido à crescente indisponibilidade de recursos e à perda de funções ecológicas dos ecossistemas, fatores que elevam a composição orgânica do capital, tem se tornado cada vez mais difícil aumentar as taxas de lucro. A deterioração dos salários e dos direitos trabalhistas nos países industrializados resultam em grande medida dessa tendência geral do sistema capitalista. Isso significa que está cada vez mais difícil compensar a entropia social com o incremento do consumo de energia e materiais – ou seja, com o aumento da entropia física.

A inviabilidade do modelo já não está em debate. Os dados relacionados ao contínuo aumento das emissões de CO_2 ou das taxas de extração e consumo de materiais a expressam de forma eloquente. O que se discute é por quanto tempo ele poderá ser mantido sem que grandes reformas estruturais o transformem de alto a baixo. A humanidade enfrenta um sério problema de governança. O interesse privado se tornou o interesse supremo que rege seus destinos. Os governos nacionais estão cada vez mais controlados e a serviço das próprias corporações, configurando o que Barrington Moore (1966) denominou de "classes de serviço". Não existem instituições que governam democraticamente os problemas socioecológicos globais e proponham soluções capazes de reverter a crise.

Os cenários futuros, portanto, não são muito alentadores. É muito provável que a entropia física continue a aumentar (crescimento econômico) em benefício dos países industrializados para compensar parcialmente a entropia social (para manter e até aumentar os altos níveis de consumo doméstico) às custas dos recursos naturais dos países periféricos, cuja entropia social seguirá aumentando. Esse caminho para prolongar a vigência do sistema tem limites cada vez mais evidentes. As migrações, já um fenômeno global, nada mais são do que a resposta das populações dos países pobres aos efeitos socioecológicos do saque de seus recursos. Sem uma grande mudança nos padrões metabólicos que organizam as sociedades contemporâneas a possibilidade de colapso deixará de ser uma possibilidade remota ou uma mera hipótese de trabalho.

Agricultura industrial: um modelo ineficiente, nocivo e já esgotado

A crise da agricultura industrial compartilha com a crise global descrita acima o mesmo impasse: a impossibilidade de seguir crescendo devido à dificuldade para aumentar os volumes de produção em agroecossistemas cada vez mais degradados e empregando recursos e serviços ecossistêmicos cada vez mais escassos ou deteriorados (petróleo, fósforo, estabilidade climática etc.).

Não obstante, quando comparada com a crise geral do sistema, a crise agrícola apresenta fatores específicos que a torna ainda mais profunda e mais agudo o risco do colapso. Políticas econômicas destinadas a manter baixos os preços dos alimentos favorecem o crescimento de outros setores econômicos pela possibilidade de restrição do valor dos salários, mas são responsáveis pela tendência de queda dos preços recebidos pelos agricultores. Tentativas de compensar essa tendência por aumentos sucessivos da produção sempre estiveram ligadas ao maior uso de insumos, ou seja, ao aumento da composição orgânica do capital. No entanto, o aumento do custo das matérias-primas e dos combustíveis fósseis reduziu ainda mais a renda dos agricultores e transformou esse mecanismo de compensação em um círculo vicioso no qual as rendas agrícolas tendem a decrescer. Nesse sentido, pode-se dizer que o setor agropecuário tem sido parasitado pela transferência da mais-valia para outros setores econômicos por meio dos mercados de produtos e insumos. Esse fenômeno se aplica especialmente à agricultura familiar, cujos níveis de renda obtidos têm colocado grandes obstáculos à sua reprodução.

Quatro fatores conjugados fazem com que a crise do modelo de produção agrícola industrial assuma um caráter estrutural: i) a desaceleração do crescimento econômico no setor agrícola; ii) a baixa rentabilidade da atividade agrícola; iii) o uso de agroquímicos, máquinas e sistemas de bombeamento e transporte de água, que consomem muita energia, muitas vezes derivada de combustíveis fósseis, cada vez mais caros e escassos; iv) a crescente vulnerabilidade devido à maior frequência de eventos climáticos extremos em razão das mudanças climáticas globais. Os dois primeiros fatores são internos ao próprio modelo, enquanto os dois últimos são externos e dependem do desempenho geral da economia, tanto do consumo de combustíveis fósseis quanto das emissões por eles geradas. Na medida em que o controle desses dois últimos fatores escapa ao setor agrícola, vamos nos centrar nos primeiros, que são os que mais interessam desde uma perspectiva agroecológica.

A extensão das terras cultivadas em todo o mundo aumentou em um terço durante o século XX (Smil, 2001, p. 256), enquanto a produtividade quadruplicou. A conjugação dos dois fatores possibilitou o aumento das colheitas em seis vezes. No entanto, nas últimas décadas, temos testemunhado uma desaceleração no crescimento da produção agrícola. Entre 1950 e 1990, a produção por hectare cresceu a uma taxa anual de 2,1%. Entre 1992 e 2005, essa taxa caiu para 1,3% (FAO; Sofa, 2007). A extração de biomassa tem crescido a uma taxa constante de 2% ao ano desde os anos 1970, sendo esta a matéria que registrou o menor crescimento quando comparada aos outros recursos naturais apropriados no metabolismo social. Esses dados refletem as limitações ao crescimento encontradas pela agricultura industrial quando comparada a outros setores da economia. Apesar disso, a extração de biomassa representa a apropriação pela espécie humana de aproximadamente 25% da produção primária líquida anual do planeta (Krausmann *et al.*, 2017a, p. 649).

As madeiras e a lenha são os tipos de biomassa cuja produção menos cresceu desde a década de 1970 (76% e 32%, respectivamente) devido ao surgimento de materiais substitutos mais baratos, à diminuição do consumo de papel e à substituição da lenha por outros combustíveis. Em contraste, a biomassa das pastagens cresceu mais rapidamente, assim como a das culturas forrageiras. Tomadas em conjunto, as duas formas de biomassa cresceram 131% no período em função do aumento no consumo de produtos de origem animal. A extração de biomassa de lavouras para a produção de açúcar exibiu a maior percentagem de crescimento (137%), fato explicado pela crescente importância dos alimentos ultraprocessados. As "outras categorias" de biomassa cresceram 150%. Nelas estão incluídas as hortaliças e as oleaginosas, cultivos que se expandiram muito nos últimos 40 anos.

O comércio internacional de biomassa reproduziu o típico padrão da globalização, crescendo, de forma geral, a uma taxa superior à média dos demais materiais. Isso se deve às crescentes restrições ecológicas que os agroecossistemas impõem à expansão do regime agroalimentar corporativo. Embora a produção tenha dobrado desde 1960, o comércio global de produtos agrícolas foi multiplicado por 6 desde então (Mayer *et al.*, 2015). A biomassa que circula nos mercados internacionais passou de 370 Mt (milhões de toneladas) em 1970 para 1.900 Mt em 2010, crescendo a uma taxa de 4,2% ao ano, com uma queda para 3,2% verificada desde 2000 (Unep, 2016).

Figura 2.1 – Área global dedicada à agricultura

Pelo menos quatro fatores explicam a desaceleração no ritmo de crescimento e ameaçam limitar ainda mais a produção mundial em um contexto de aumento demográfico. Em primeiro lugar, as possibilidades de incorporar novas terras agrícolas foram significativamente reduzidas. Conforme mostrado na Figura 2.1 e Tabela 2.1, a área global dedicada à agricultura cresceu em ritmo acelerado até meados da década de 1990 e atingiu seu pico por volta do ano 2000. Desde então, a extensão dedicada à agricultura foi reduzida em 81,4 Mha (milhões de hectares), ou seja, em 1,63%, enquanto as áreas dedicadas às pastagens em 140,2 Mha, o que corresponde a 4,1% de redução. Embora, de forma otimista, a FAO projete o incremento de 5% na área de cultivo até 2050, este caminho não será capaz de incrementar substancialmente o volume da produção mundial (FAO, 2009).

A disponibilidade de terras úteis para a atividade agrícola é limitada, restringindo a expansão das extensões cultivadas. Além disso, a maior parte das terras ainda disponíveis é encontrada na

América Latina e na África Subsaariana, onde a falta de acesso e infraestrutura pode limitar seu uso, pelo menos no curto prazo. A disponibilidade de terras agrícolas *per capita* diminui à medida que a população mundial cresce. Desde 1961 foi reduzido, passando de 1,44 para 0,65 hectares em 2016 (Faostat, 2018).

Tabela 2.1 – Evolução global dos principais usos do solo (milhões de hectares)

Ano	Agricultura Mha	%	1961 =100	Pastagens e Pradarias Mha	%	1961=100	Terras Irrigadas Mha	%	1961=100
1961	4,457	34,1	100	3,077	23,6	100	161	1,2	100
1970	4,565	35,0	102	3,128	24,0	101	184	1,4	114
1980	4,649	35,6	104	3,197	24,5	103	221	1,7	137
1990	4,831	37,0	108	3,302	25,3	107	258	2,0	160
2000	4,954	38,1	111	3,417	26,3	111	287	2,2	178
2010	4,868	37,4	109	3,321	25,5	107	321	2,5	199
2016	4,873	37,5	109	3,276	25,2	106	334	2,6	207

Fonte: FAOSTAT (acesso em 6 de novembro de 2018).

Dada a limitada disponibilidade de terras, é possível pensar que a produtividade poderia aumentar por meio de uma nova expansão da irrigação. A área irrigada mais que duplicou desde 1961, de 161 Mha para 334 Mha em 2016, representando um quinto da terra cultivável, contribuindo com quase 50% da produção agrícola. No entanto, a taxa de crescimento anual tem diminuído desde a década de 1990. O aumento de extensões irrigadas caiu bem abaixo da taxa de crescimento populacional, a tal ponto que sua disponibilidade *per capita* diminuiu de 0,052 ha, em 1961, para 0,045 ha, em 2016 (Faostat, 2018). Essa opção também pode ser inviabilizada pela crescente escassez de água verificada em muitas regiões do planeta. Mais de 1,4 bilhão de pessoas vivem em áreas com níveis decrescentes de água subterrânea (FAO, 2009).

Independentemente dos efeitos das mudanças climáticas, a produção mundial de cereais depende diretamente da disponibilidade de terra e água. As perspectivas de aumento nas áreas cultivadas com grãos são mínimas; estas cresceram apenas 11% entre 1961 e 2016 (Faostat, 2018), passando de 647 Mha para 718 Mha. Esse padrão resulta da expansão desmedida das áreas cultivadas com soja para atender às demandas por óleo de cozinha nos países pobres e por ração animal nos ricos. As previsões apontam para a continuidade dessa tendência.

A expansão das áreas urbanizadas é igualmente responsável pela ocupação de extensões consideráveis de terras férteis. Além disso, as vastas áreas dedicadas à produção de agrocombustíveis acentuam essa tendência de conversão de áreas dedicadas à produção alimentar para outros fins. Em 2010, com o aumento do preço do petróleo, aproximadamente 14 Mha (1% das terras agrícolas) foram convertidas à produção de agrocombustíveis. No entanto, o principal fator determinante da futura disponibilidade de terras agrícolas e de suas destinações estará do lado da demanda e não da oferta. Crescentes quantidades de carne e laticínios estão sendo consumidos em âmbito global, levando a aumentos dos rebanhos bovinos a níveis nunca vistos antes. A produção mundial de carne cresceu exponencialmente em quatro décadas, passando de 92 Mt em 1967 para mais de 330 Mt em 2007 (Iaastd, 2009). Esse incremento é verificado na maioria dos países desenvolvidos e em países emergentes, como China e Índia. Estima-se que demanda global por carne siga crescendo, o que aumentará ainda mais a destinação de terras agricultáveis e a produção de cereais para a alimentação animal (veja abaixo). De acordo com Krausmann *et al.* (2008a), a apropriação global da biomassa terrestre atingiu 18.700 Mt de matéria seca por ano, o que corresponde a 16% da produção primária líquida da terra. Desse montante, apenas 12%

foram destinados diretamente ao consumo humano, 58% foram orientados à alimentação de gado, 20% como matéria-prima na indústria e os 10% restantes como combustível. A combinação dessas demandas crescentes em uma quantidade finita de terra eleva ainda mais a pressão sobre os ecossistemas.

Os danos ecológicos que a atividade agrícola produz, reduzindo a capacidade produtiva dos agroecossistemas, é outro importante fator de vulnerabilidade da agricultura industrial. A degradação dos solos está inviabilizando vastas áreas de cultivo em todo o mundo. O ímpeto de produzir grandes quantidades de alimentos, madeira, fibras, combustível e outros recursos por unidade de área gera um profundo impacto negativo nos agroecossistemas. Ecossistemas naturais estão sendo transformados devido à expansão das áreas cultivadas, às pastagens e aos monocultivos florestais. Metade da área livre de gelo do mundo foi convertida em terras utilizadas para esses fins. Entre 1700 e 1990, as áreas destinadas aos cultivos quintuplicaram e a área dedicada à criação animal foi multiplicada por seis (Hibbard *et al.*, 2007). Esses processos são os principais responsáveis pelo desmatamento de florestas tropicais e manguezais. Os aquíferos estão sendo superexplorados. Os estoques de pescado e outras espécies marinhas têm sido igualmente superexploradas por uma indústria pesqueira predatória e insustentável (FAO, 2000).

A intensificação produtiva das áreas agrícolas baseada no uso de insumos externos e na especialização produtiva tem elevado a pressão sobre os bens ecológicos dos agroecossistemas (terra, água, biodiversidade), sendo responsáveis pela degradação de muitas terras agrícolas por erosão, salinização, desertificação etc. Segundo cálculos feitos por especialistas regionais e publicados pela Avaliação Global de Degradação do Solo (Glasod, na sigla em inglês, 1991), entre meados dos anos 1940 e 1990, 1970

Mha sofreram degradação, ou seja, 15% da superfície mundial, excluindo-se a Groenlândia e a Antártica. Mais de 20% das terras agrícolas do mundo eram classificadas como degradadas em 2017, com a degradação progredindo à alarmante taxa anual de 12 Mha, o que equivale à extensão das terras agrícolas nas Filipinas (Heinrich..., 2017).

Os recursos hídricos também são seriamente afetados por esse padrão de intensificação produtiva. A produção agrícola aumentou nos últimos 50 anos em grande parte devido ao bombeamento de água para irrigação, a ponto de 70% da água doce obtida de fontes superficiais ou subterrâneas ser canalizada para as terras agrícolas (WRI, 2002, p. 66). Para viabilizar o incremento da área irrigada mundial de 94 Mha em 1950 para 334 Mha em 2016 (Faostat, 2018), foram necessárias grandes obras para desviar, canalizar, armazenar e regular as águas superficiais e grandes investimentos para a extração de grandes volumes dos aquíferos. As alterações devidas à canalização das águas respondem por muitos dos desastres naturais atuais, além de serem responsáveis pela degradação de muitos ecossistemas. Diante desse cenário, a agricultura é responsável pela drástica diminuição da disponibilidade de água doce para seu próprio uso e para o consumo humano (Unep, 1994).

O Programa das Nações Unidas para o Meio Ambiente (PNUMA) estimou que 40 Mha de áreas irrigadas haviam sido danificadas pela salinização em 1994, tornando difícil e cara sua recuperação para a agricultura (Unep, 1994). Seis anos depois, 100 Mha haviam sido degradados por salinização, sodificação e hidromorfia. Todos esses danos diminuem a capacidade dos agroecossistemas de produzir alimentos e matérias-primas, e reproduzir funções ecológicas. Estima-se a perda de cerca de 11 bilhões de dólares anuais com os danos causados pela salinização dos solos (WRI, 1999, p. 92). Com base nos dados do Glasod citados, calculou-se que as perdas cumulativas de rendimentos nos últimos 50 anos em função da degradação dos solos equivalem a 13% do valor total produzido na agricultura e 4% produzido na pecuária extensiva (WRI, 2002, 64). Posteriormente, em estimativa conservadora, Costanza *et al.* (2014) calcularam que a destruição de funções ecológicas em função da mudança global no uso da terra no período compreendido entre 1997 e 2011 foi responsável por perdas financeiras anuais avaliadas entre 4,3 bilhões e 20,2 bilhões de dólares.

O regime agroalimentar corporativo

Os processos acima descritos têm lugar em um contexto institucional específico, fortemente controlado por grandes corporações agroalimentares. Essa é a razão pela qual foi designado de regime agroalimentar corporativo (RAC). Embora se discuta (Friedmann, 2016) se de fato ele se constitui um regime diferenciado do anterior, suas características peculiares estão suficientemente definidas para lhe conferir um estatuto próprio, especialmente pelo fato de ter intensificado as contradições internas do metabolismo industrial a ponto de provocar um iminente colapso socioecológico. Como veremos, esse fato se deve ao padrão de regulação ou governança estabelecido pelo RAC. Esse padrão restringe o papel dos Estados, reguladores metabólicos por excelência, em benefício das grandes corporações, organizações orientadas exclusivamente pela maximização do lucro.

São várias as características desse novo regime: a financeirização da economia, produto da desaceleração do crescimento da economia real; o crescimento das grandes corporações transnacionais que ganharam um poder sem precedentes, cooptando inclusive os Estados para que legislem em seu favor; a criação de corporações globais que se tornaram importantes atores nos mercados globais de alimentos e insumos agrícolas; e o estabelecimento, por meio de acordos internacionais, de rígidas regulamentações neoliberais, assegurando inclusive a supremacia sobre legislações nacionais. Essas transformações foram viabilizadas por negociações, tratados e instituições internacionais, tais como a Rodada Uruguai e a Organização Mundial do Comércio (OMC). Como resultado, elas impulsionaram ainda mais a industrialização e a especialização das cadeias alimentares globais, nas quais os sistemas alimentares nacionais são integrados em uma nova divisão internacional do trabalho (McMichael, 2013, p. 15).

Na esfera da produção, o RAC se caracteriza por uma trajetória de inovação sociotécnica orientada a assegurar a posição hegemônica das grandes corporações (por exemplo, as sementes transgênicas), de tal forma que a atividade agrícola se torne um meio de acumulação permanente de capital em detrimento da renda dos agricultores. Na esfera da distribuição, o RAC se demarca pela chamada "revolução dos supermercados" (Reardon *et al.*, 2003), na qual o poder das megaempresas do varejo alimentar cresce continuamente. Essas grandes distribuidoras consolidaram seu poder por meio de marcas próprias ou diversificando a oferta para atender a novas demandas de comidas prontas (ultraprocessados) ou, por outro lado, de qualidade diferenciada (alimentos certificados, inclusive orgânicos). Na esfera do consumo, o RAC tem gerado uma crescente diferenciação entre consumidores pobres e ricos (Friedmann, 2005). Em geral, em função dos preços superiores, apenas os grupos sociais com maior nível aquisitivo acessam os alimentos mais saudáveis, consumidos *in natura*. Os alimentos de qualidade inferior, muito mais baratos, são consumidos por grupos sociais de baixa renda. Isso explica a maior incidência da má nutrição, levando ao sobrepeso e à obesidade, bem como as enfermidades associadas (diabetes, doenças cardiovasculares etc.). A adoção de dietas ricas em carnes e laticínios, não só em países ricos, mas também em países de economias emergentes, como China ou Índia, é viabilizada pelo chamado complexo soja-pecuária (Bernstein, 2010, p. 79). Essa alteração nas dietas não se deve somente ao crescimento da renda *per capita* nesses países, mas também ao fato de o preço final desses alimentos se tornar mais acessível em função da queda dos custos com as matérias-primas, sobretudo o milho e a soja (González de Molina *et al.*, 2017; Infante-Amate *et al.*, 2018a).

A prova mais cabal da total ineficácia do RAC é sua incapacidade de assegurar o mais elementar dos direitos humanos: o direito à alimentação saudável e adequada. Apesar dos sucessivos aumentos da produção agrícola, a fome e a desnutrição não foram eliminadas. Segundo a FAO (2018), existiam 821 milhões de pessoas desnutridas em todo o mundo em 2018. Essa cifra foi dramaticamente agravada com a pandemia da Covid-19 (FAO, 2021). Contraditoriamente, as colheitas mundiais produzem cerca de 4600 calorias por pessoa por dia. Desse total, apenas duas mil calorias por pessoa estão efetivamente disponíveis para o consumo humano. O restante é destinado à alimentação animal, à produção de agrocombustíveis ou é perdido ao longo das cadeias que vinculam a produção ao consumo alimentar (Lundqvist *et al.*, 2008). Portanto, o problema de insegurança alimentar e nutricional se deve essencialmente à má distribuição dos alimentos produzidos, e não aos baixos níveis de produção.

O RAC é um gigante com pés de barro. Induz os agricultores a ingressar em um círculo vicioso regressivo no qual as baixas rentabilidades e a especialização produtiva associada ao uso intensivo de insumos externos (cada vez mais caros) são, a um só tempo, causa e efeito de um padrão de produção responsável pela degradação da base biofísica dos agroecossistemas. A agricultura industrial não proporciona renda suficiente para os agricultores, exceto nas situações nas quais os Estados subsidiam os grandes produtores. Esses subsídios públicos são utilizados para compensar, ao menos parcialmente, as inevitáveis perdas de renda. O valor total da produção mundial de alimentos, rações, forragens e fibras atingiu 1,5 bilhão de dólares em 2007 (FAO; Sofa, 2007). Embora tenha aumentado 16% desde 1983, a disponibilidade alimentar *per capita* não se verificou com a renda recebida pelos agricultores, que caiu 50% no mesmo período (FAO; Sofa, 2007).

Essa tendência de queda de renda é favorecida pelo RAC, um regime sociotécnico que consagra a desigualdade crescente entre a agricultura e os demais setores econômicos (desigualdade externa). Dessa forma, uma porcentagem cada vez menor do preço final dos produtos agrícolas é destinada a remunerar os agricultores. As razões são múltiplas, mas são fundamentalmente ligadas à crescente concentração de poder do setor de distribuição associada ao papel proeminente adquirido pelo setor de transformação. Essas atividades requerem trabalho e capital, consomem materiais e energia, geram resíduos e capturam uma fração significativa do valor agregado. Como já apontado, essa queda na rentabilidade agrícola tem sido impulsionada por políticas econômicas adotadas por Estados em praticamente todo o mundo com o objetivo de baratear o custo da alimentação e diminuir o custo da mão de obra, viabilizando os demais setores econômicos. Esse processo leva tanto ao abandono da atividade agrícola nos países desenvolvidos, como ao agravamento da pobreza rural e do êxodo para as cidades em países "em desenvolvimento". Também é responsável pela diminuição dos níveis de emprego na agricultura que, segundo o Faostat, passou de 38% da população ocupada em 2000 para 30,7% em 2014.

Os baixos níveis de renda agrícola são agravados pela distribuição desigual de terras e pelo acesso restrito à terra. Considerando que nem todos os países realizam censos agropecuários, e os que realizam compilam seus dados segundo conceitos e metodologias distintas entre si, não há dados consistentes sobre a estrutura fundiária, mas apenas um quadro aproximativo em âmbito global. Uma estimativa realizada por Lowder *et al.* (2016), baseada em dados disponíveis de 167 países que representam 96% da população mundial, 97% da população ativa na agricultura e 90% das terras agrícolas do mundo, indica que existem mais de 570 milhões de estabelecimentos rurais em todo o mundo, sendo a maioria de pequenas extensões manejadas em regime de gestão familiar. Mais de 90% dos estabelecimentos rurais são considerados como unidades de exploração familiar e 84% possuem menos de dois hectares. Ainda segundo essa estimativa, as unidades familiares manejam 75% das terras agrícolas e são responsáveis pela maior parte da produção mundial.

Com base em censos de 105 países responsáveis por 85% da produção agrícola mundial, Graeub *et al.* (2016) fizeram outra estimativa, adotando outra metodologia e um conceito mais conservador para definição das unidades familiares. Os resultados são similares: os estabelecimentos familiares correspondem a mais de 98% de todas as unidades e manejam 53% das terras agrícolas, produzindo 53% dos alimentos (Graeub *et al.*, 2016). Ambas as estimativas evidenciam que a maioria das explorações agrícolas no mundo são de pequena dimensão e são de gestão familiar (não capitalista).

Os estudos mostram também que a estrutura fundiária é muito desigual, sendo marcada pela existência de dois grupos polarizados: por um lado, um pequeno número de grandes fazendas ocupa grande quantidade de terras (2% dos estabelecimentos possuem 47% das terras agrícolas, segundo Graeub) de onde se origina parte importante dos fluxos de biomassa que sustentam o RAC. Por outro lado, uma enorme porcentagem de unidades familiares de pequenas dimensões, de onde se origina parte significativa da alimentação das próprias famílias agricultoras e de seus respectivos países. Os dados indicam ainda diferenças na estrutura fundiária relacionadas ao nível de desenvolvimento dos países, se estão nos centros industrializados ou na periferia. Em ambas as estimativas, a distribuição regional é semelhante, sendo a Ásia o continente com o maior número de estabelecimentos (74%), a maioria deles em países de renda baixa ou média-alta (representando, respectivamente, 36% e 47% das 570 milhões de unidades agrícolas no mundo). Treze porcento das unidades agrícolas estão em países de menor renda *per capita*, enquanto 4% está em países de maior renda *per capita*. Nos primeiros, os estabelecimentos menores ocupam uma porcentagem territorial muito superior que as unidades menores em países de alta renda *per capita* (Lowder et al., 2016). Segundo dados do último Censo Agropecuário Brasileiro, realizado em 2017, 50.865 grandes propriedades detinham 47,6% das terras agrícolas, e possuíam uma área média de 3.300 hectares. Isso significa que cerca de 1% dos estabelecimentos rurais ocupavam quase 50% da área agrícola total. No polo oposto, as pequenas propriedades (menos de 10 hectares) representavam 50% do total, embora detivessem apenas 2% das terras agrícolas, com uma área média de apenas 3,14 hectares (IBGE, 2018). Segundo relatório conjunto da Cepal, FAO e IICA (2012), com dados agregados do Chile, Argentina e Uruguai, países onde o setor agrícola está claramente orientado para a exportação de *commodities*, observa-se uma tendência crescente de concentração fundiária. Um quadro similar é encontrado nos demais países latino-americanos (FAO, 2012a).

Lowder *et al.* (2016) também calcularam o tamanho médio das propriedades agrícolas e concluíram que houve uma redução na maioria dos países de baixa e média-baixa renda *per capita* entre 1960 e 2000. Por outro lado, no mesmo período, esse tamanho aumentou em alguns países de renda *per capita* média-alta e em quase todos os países de renda alta. No caso dos primeiros, a redução ocorreu como reflexo do crescimento populacional associado às dificuldades de acesso à terra e à pobreza rural. No caso dos países de renda *per capita* alta e média, os aumentos médios se deveram fundamentalmente à redução da renda dos estabelecimentos, o que levou seus proprietários a abandonar a atividade ou a aumentar a escala de suas explorações, com a incorporação de novas áreas. Tanto um caso quanto em outro, a estrutura fundiária se tornou mais desigual desde 1960, e tudo leva a crer que a desigualdade se acentuará no futuro (Lowder *et al.*, 2016). Isso significa também que a pobreza rural tenderá a aumentar. Metade da população submetida à fome é rural, dependendo essencialmente da agricultura. Os preços baixos e a restrição no acesso à terra e a outros bens ecológicos são as principais causas estruturais desse quadro. A agricultura industrial está empobrecendo-os ainda mais, privando-os de mercados, expropriando suas terras e água e contaminando seus solos (Heinrich..., 2017).

O aumento da pobreza e da desigualdade social gera também consequências do ponto de vista da sustentabilidade. A pressão sobre os agroecossistemas para que produzam mais, com base na especialização em produtos comerciais, aumenta as áreas com monoculturas, acentuando assim a degradação ecológica. Caso o RAC siga deprimindo os valores recebidos pelos agricultores – o que é a tendência, já que é uma das suas características estruturais –, parece evidente que o abandono da agricultura continuará a ocorrer nos países do Norte, e a pobreza rural continuará se intensificando nos países do Sul, onde a dependência econômica da agropecuária é maior e a população rural é mais expressiva.

O emprego das tecnologias da Revolução Verde já não é uma opção para aumentar a produção alimentar ou incrementar as rendas agrícolas. O alcance deste último objetivo depende de mudanças institucionais que não ocorrerão facilmente. Já o aumento das produções com a intensificação do uso de fertilizantes químicos, agrotóxicos e combustíveis fósseis, além de incerto do ponto de vista agronômico, só aprofundaria a espiral regressiva da rentabilidade econômica na agricultura. Nos últimos anos, o aumento dos rendimentos físicos de cultivos-chave começou a se estabilizar em várias regiões do mundo, como nos Estados Unidos e no Japão. Uma meta-análise sobre a evolução das produtividades de milho, arroz, trigo e soja no período de 1961 a 2008 revelou que em cerca de um terço das áreas agrícolas no mundo os rendimentos não melhoraram, estagnaram após os ganhos iniciais ou até diminuíram (Heinrich..., 2017).

Embora o uso de fertilizantes tenha se multiplicado por seis desde 1961, alcançando vendas de 175 bilhões de dólares em 2013, as tecnologias da Revolução Verde já não dão respostas em termos de incremento nos volumes da produção agrícola. A maior parte dos fertilizantes utilizados são nitrogenados (71,5%), insumos que provocam a contaminação por nitrato de corpos d'água superficiais e subterrâneos. Alega-se que o crescimento nas produções com o emprego de fertilizantes deverá ocorrer principalmente na África, justamente onde esse resultado é mais incerto devido ao baixo poder aquisitivo dos agricultores. Já nos países com maior poder aquisitivo, os resultados do emprego desses insumos já alcançaram seu limite, seja porque a utilidade marginal do incremento no seu uso é inexistente, seja porque legislações estabelecem restrições a fim de mitigar seus impactos ambientais adversos. Países desenvolvidos, como os agrupados em torno da União Europeia reduziram as áreas fertilizadas, externalizando parte importante da produção de biomassa de que necessitam, principalmente a soja e o milho utilizados no fabrico de ração animal (Witzke; Noleppa, 2010; Infante-Amate *et al.*, 2018b). Segundo dados divulgados pela Fundação Heinrich Böll (2017), grupos multinacionais dedicados ao comércio de fertilizantes, como Archer Daniels Midland, Bunge, Cargill e Louis Dreyfus Company, reduziram seus investimentos devido às fracas perspectivas de crescimento no consumo desses insumos.

Os efeitos do uso de agrotóxicos apresentam um padrão semelhante. Mais de 550 espécies de insetos desenvolveram resistência aos inseticidas. Nos últimos 50 anos, ocorreram 13 novos casos de resistência a essas substâncias por ano. Fenômeno similar ocorreu com as plantas espontâneas, que desenvolveram resistência a herbicidas. A aquisição de resistência se deve a mutações genéticas e hereditárias geradas pelo processo de seleção natural impulsionado pelo uso sistemático dos agrotóxicos. Indivíduos resistentes sobrevivem e se reproduzem, de forma que a porcentagem de sobreviventes aumenta com os tratamentos sucessivos a ponto de o agrotóxico perder sua eficácia (FAO, 2012b). Para compensar esse efeito, doses mais altas são empregadas. Cria-se assim um círculo vicioso que vincula o aumento da resistência ao aumento do uso dos agrotóxicos, aumentando assim os custos para os agricultores, bem como os impactos ambientais.

Como veremos adiante, é incerto que a nova geração de tecnologias agrícolas aumente substancialmente a produtividade por unidade de área. Além disso, elas levarão ao aumento dos consumos intermediários da produção, aprofundando a espiral dos mecanismos gerados pela crise. O aprofundamento da dependência de insumos externos caros não pode ser a solução para a superação da crise socioecológica provocada pelo RAC.

As dificuldades encontradas na agricultura têm feito com que as corporações agroalimentares, o setor de produção de insumos e parcela dos produtores se orientem para a pecuária intensiva. Na União Europeia, por exemplo, os criatórios intensivos de aves e suínos, ou seja, de animais monogástricos, asseguram maiores margens de rentabilidade devido aos métodos de produção análogos aos industriais. Além de eliminarem a sazonalidade típica dos cultivos agrícolas, utilizam matéria-prima barata, ou seja, grãos para alimentação dos animais. Este padrão produtivo da pecuária intensiva se tornou um modelo globalizado que abastece países industrializados e emergentes com carne barata graças à destinação de grandes quantidades de terra nos países periféricos para o cultivo de grãos para ração e não para alimentar suas próprias populações. Além disso, seus agroecossistemas ficam sujeitos aos graves impactos ambientais gerados pelas monoculturas (Infante-Amate *et al.*, 2018a). Este sistema, que vem se expandindo desde a Segunda Guerra Mundial, conforma um autêntico complexo industrial semelhante ao da indústria militar, denominado "Complexo da Proteína Animal", com altíssimos níveis de concentração empresarial.

A produção mundial de carne alcançou 317 Mt em 2016, sendo a Europa e a América os principais produtores. Nesse mesmo ano, o comércio internacional de carnes alcançou 30 Mt, quase 10% da produção, impulsionado pelo mercado chinês e outras economias emergentes como Chile, México, África do Sul e Emirados Árabes. A previsão é que o consumo *per capita* de carne, que em 1999 era de 27 kg, aumente para 48 kg em 2030, a despeito do contexto do crescimento demográfico (Grain; IATP, 2018).

Aparentemente, o aumento no consumo de carne é impulsionado pelo incremento na renda *per capita* nos países emergentes. Mas isso é apenas parte da realidade. Ele é também impulsionado pelo fato de seus preços finais, assim como o dos laticínios, tornarem o seu consumo muito competitivo em relação à produção de vegetais. Na Espanha, por exemplo, graças aos baixos preços relativos das matérias-primas, o preço do quilo das aves e dos suínos ronda entre três e quatro euros, valor igualmente alcançado por muitos produtos vegetais. As trajetórias dos preços ao consumidor de ambos os tipos de produto têm sido opostas desde o início dos anos 1970 (González de Molina *et al.*, 2017). Em escala global, os preços nominais da carne devem permanecer baixos e até cair em relação a 2016 (OECD-FAO, 2017).

A ineficiência energética da produção animal é bem conhecida. De acordo com Grain e IATP (2018), para cada 100 calorias de ração animal à base de cereais, somente entre 17 e 30 calorias são incorporadas à carne consumida ao final. Como a FAO (2006) tem alertado repetidamente, o uso de cereais para ração pode ameaçar a segurança alimentar, reduzindo a disponibilidade de grãos para consumo humano. Grain e IATP (2018) também alertam que até 2050 devemos reduzir as emissões globais de gases de efeito estufa em 18 mil Mt para limitar o aquecimento global a 1,5 °C. Seja pelas emissões geradas pela pecuária intensiva, seja pelo enorme consumo de biomassa que provoca, a produção de carne segundo esse modelo é cada vez mais insustentável. Esse sistema é um dos principais fatores de competição pelo uso final da biomassa produzida nos agroecossistemas e, nessa medida, dos altos preços dos alimentos nos países pobres e, portanto, da elevada prevalência de fome. Um novo relatório do Greenpeace (2018) considera que o consumo médio *per capita* de carne deve cair para 22 kg em 2030 e 16 kg em 2050 para evitar que as mudanças climáticas alcancem níveis críticos (Grain; IATP, 2018). É óbvio, portanto, que o elevado consumo de carnes e laticínios nos países industrializados e o aumento progressivo verificado nos países emergentes contribuem particularmente para que o RAC seja inviabilizado em pouco tempo ao caminhar a largos passos para o colapso.

Business as usual não é opção para o futuro

A convicção da inviabilidade da agricultura industrial, intensiva em insumos comerciais, está cada vez mais consolidada na comunidade científica, nos governos e *think tanks*. Seu impacto negativo sobre o meio ambiente e a saúde, sua incapacidade de assegurar níveis de renda adequados para os agricultores, sua dependência estrutural ao consumo de combustíveis fósseis e sua grande vulnerabilidade aos efeitos das mudanças climáticas são fatores suficientemente convincentes quanto à necessidade de transformações no modelo. Embora atualmente haja produção suficiente para atender às demandas alimentares de toda a população mundial, não está claro se essa situação poderá ser mantida sem que haja alteração na distribuição desigual da biomassa produzida, principal causa da fome e da desnutrição. Organizações internacionais como a FAO (2009) reconhecem que a agricultura industrial será incapaz de atender à crescente demanda por alimentos causada pelo crescimento populacional (mais de nove bilhões de pessoas em 2050) e pelo aumento do consumo de carnes e produtos lácteos, especialmente em países emergentes. A permanência dos atuais padrões de consumo obrigaria à necessidade de incrementos na produção agrícola entre 70% (FAO, 2009) e 100% (Tilman *et al.*, 2011).

Esses percentuais evidenciam a necessidade de mudança de trajetória nos padrões de produção, distribuição e consumo de alimentos. No entanto, os defensores do RAC sustentam que o desafio pode ser superado com o emprego de tecnologias capazes de aumentar os volumes de produção sem degradar os bens ecológicos e sem agravar as mudanças climáticas. Foi nesse contexto que alguns modelos tecnológicos passaram a ser apresentados como promessas para o alcance combinado desses objetivos. Entre as mais difundidas estão a "agricultura climaticamente inteligente" (*climate-smart agriculture*), a "agricultura de precisão", a "intensificação sustentável", a "bioengenharia", a "agricultura 4.0" ou a "agricultura regenerativa". Nenhuma dessas proposições supõe transformações na configuração institucional do RAC. Ao contrário, reafirmam-na, mantendo ou aumentando a dependência dos sistemas agroalimentares a tecnologias comerciais.

A agricultura climaticamente inteligente, assim batizada pela FAO em 2010, é ativamente promovida pela Aliança Mundial para uma Agricultura Climaticamente Inteligente, arranjo do qual participam o Banco Mundial, vários governos, grupos de *lobby* e empresas de fertilizantes. Seu principal objetivo é aumentar a produtividade por meio do uso de fertilizantes, agrotóxicos e sementes comerciais, controlando e reduzindo as emissões de gases de efeito estufa. Em síntese, trata-se de uma maneira de manter as coisas como estão, assegurando a continuidade da dependência dos agricultores a insumos comerciais cada vez mais caros. A espiral responsável pela queda da rentabilidade seguirá e nada indica que as emissões serão reduzidas, uma vez que a energia incorporada aos insumos não será reduzida de forma significativa.

Os defensores da "agricultura de precisão" (*precision farming*), ou "agricultura 4.0", prometem grandes mudanças na produção agrícola. Entretanto, as tecnologias associadas a essa proposta são caras. Portanto, são acessíveis apenas às grandes fazendas e empresas agrícolas intensivas em capital. O modelo se configura como um novo pacote tecnológico que aplica tecnologias digitais à produção agrícola. Trata-se de uma nova geração de tecnologias, em um estágio inicial de desenvolvimento, cuja evolução se faz em estreita conexão com as plataformas de Big Data. De fato, todos os principais agentes empresariais do sistema alimentar industrializado já estão desenvolvendo sensores de Big Data e trabalhando com robótica. Grandes empresas agrícolas usam satélites, drones e tratores automatizados para prever rendimentos, analisar o uso de produtos químicos e mesmo determinar patentes ou licenças associadas a variedades de plantas ou produtos químicos. A robótica está afetando não só as práticas de cultivo, mas também as formas de processamento, de distribuição e de consumo de alimentos. A esses desenvolvimentos há que se somar a Biologia Sintética (SynBio), também associada aos Big Data, à robótica, à inteligência artificial e à tecnologias de edição de genes visando "melhorar" a nutrição vegetal e reduzir a pegada de carbono da pecuária. Uma terceira frente de inovação em que o sistema agroalimentar industrial se concentra é a das tecnologias financeiras (Fintech). Ela inclui blockchain, criptomoedas e outras ferramentas de Big Data para gerenciar as interrelações comerciais entre os atores das cadeias de valor (Mooney, 2018).

Nessa frente, a IBM, em estreita colaboração com o Walmart, desenvolveu diversos projetos de processamento de dados de explorações agrícolas e indústrias de transformação com o objetivo de rastrear a trajetória dos alimentos. Essas bases de dados fornecem informações massivas sobre, por exemplo, data e local da semeadura, datas dos manejos e suas características, data de colheita, número de intermediários pelos quais o alimento passou, duração e condições de transporte, data de entrada no supermercado, condições de conservação no mesmo e, por fim, data de venda ao consumidor, seu endereço, bem como informações sobre o tempo de armazenamento na geladeira e mesmo quais partes acabam sendo descartadas como resíduos. Não cabe dúvida que são muitas empresas e agentes da cadeia alimentar que se interessam por esse tipo de informação.

Esse conjunto de tecnologias é denominado de hipertecnologias justamente porque foge ao controle dos agricultores, principalmente os de pequena escala, e reforça o domínio das grandes corporações sobre os processos que encadeiam a produção ao consumo dos alimentos. Ele acaba por aprofundar o modelo que transformou a agricultura em um vasto mercado para a indústria de insumos e equipamentos e os consumidores em passivos compradores de produtos alimentícios ofertados pelas corporações do agronegócio e da distribuição. O desenvolvimento dessas tecnologias criou as condições para os movimentos de fusão, absorção e alianças (*joint ventures*) entre grandes empresas transnacionais que dominam o sistema agroalimentar globalizado.

Adicionalmente, essas novas tecnologias possibilitam a expansão de um mercado de insumos que, como vimos, mostra sinais de estagnação e apresenta perspectivas incertas de crescimento. De fato, os mercados de insumos e equipamentos convencionais começam a ficar saturados, especialmente nos países industrializados. Com um faturamento mundial de 137 bilhões de dólares, 2013 foi o melhor ano de todos os tempos para o setor. Desde então, as vendas de tratores, enfardadeiras, máquinas de ordenha, equipamentos de alimentação e outros instrumentos têm diminuído. Em 2015, o faturamento caiu para 112 bilhões de dólares, e novas quedas haviam sido projetadas. O número de explorações agrícolas, bem como as áreas dedicadas à agricultura, está diminuindo em todo o mundo, assim como os subsídios (Heinrich..., 2017, p. 16).

Em conjunto com a "agricultura climaticamente inteligente" e a "agricultura de precisão", outro modelo designado com um termo ainda mais impreciso foi incorporado nas narrativas dominantes: "intensificação sustentável" (*sustainable intensification*). Essa noção se disseminou rápida e amplamente em todo o mundo, sendo frequentemente empregada na literatura acadêmica, em relatórios de organizações internacionais e por *think thanks* sobre agricultura (FAO, RISE, Royal Society do Reino Unido etc.). Segundo seus proponentes, a "intensificação sustentável" se refere a uma forma de produção na qual "os rendimentos aumentam sem provocar impacto ambiental adverso e sem a necessidade de cultivo de mais terras" (Royal Society, 2009). Portanto, "sem comprometer a capacidade de seguir produzindo alimentos no futuro" (Garnett *et al.*, 2013). A estratégia técnica consiste em compatibilizar os dois termos da expressão, ou seja, o aumento da produtividade física seria obtido por meio de práticas de manejo ambientalmente sustentáveis. Para refletir esse duplo objetivo, um novo mantra vem sendo difundido: "Crescer mais com menos" – supostamente ao reduzir o consumo de água e de terra por unidade de produção, conservando a capacidade produtiva dos solos (Zhou, 2000, p. 1).

De acordo com documentos de grande repercussão internacional (FAO, 2011; Royal Society, 2009; UK Government..., 2011), a intensificação sustentável seria promovida por meio do uso de estratégias técnicas híbridas, combinando práticas biológico--vegetativas, promotoras de funções ecológicas do ecossistema, com tecnologias químico-mecânicas e biotecnológicas derivadas do paradigma agronômico dominante. Apesar de estar orientada para uma abordagem tecnológica eclética, esta proposta não rompe com a dependência estrutural de insumos industriais, nem com a utilização de tecnologias patenteadas e o uso intensivo de combustíveis fósseis. Portanto, como é disseminada pelo *mainstream*, a proposição de "intensificação sustentável" não tem base termodinâmica e, portanto, não leva à sustentabilidade (González de Molina; Guzmán Casado, 2017). Tampouco supõe um olhar crítico e complexo sobre as relações de poder que moldam a configuração do paradigma tecnológico dominante (Loos *et al.*, 2014).

Sob o termo deliberadamente ambíguo de "intensificação sustentável", pretende-se combinar vários modelos alternativos ao industrial, com a promessa de corrigir os impactos ambientais adversos do último sem a necessidade de alteração no quadro institucional que o gerou. Como Buckwell *et al.* (2014, p. 10) apontam no *Informe Rise*: uma exploração agrícola individual que deseja praticar a intensificação sustentável pode adotar "um dos sistemas agrícolas que foram criados especificamente para seus atributos de sustentabilidade: agroecologia, biodinâmica, agricultura orgânica, integrada e de precisão e agricultura de conservação". Na verdade, "a intensificação sustentável não está ligada a nenhuma abordagem agrícola particular" (Garnett; Godfray, 2012, p. 17). Como se pode ver, a definição tenta incluir modelos de agricultura muito diferentes ou mesmo opostos. Algumas instituições internacionais promovem conscientemente essa ambiguidade, chegando mesmo a afirmar a necessidade da mescla entre métodos agroecológicos e convencionais (FAO, 2011; UK Government..., 2011; Royal Society, 2009). Esta abordagem híbrida, em favor de "não excluir nenhuma opção", preconiza o uso de métodos agrícolas baseados na ecologia, mas sem excluir o uso de insumos químicos, sementes híbridas ou outros insumos (Garbach *et al.*, 2016, p. 2-3).

Em coerência com essa solução estritamente técnica dos problemas de insustentabilidade, a estratégia adotada é a de melhorar a eficiência no uso dos recursos. De fato, para uma parte importante dos *think tanks* e das organizações internacionais defensoras do *status quo*, o termo "intensificação sustentável" significa a melhoria da eficiência no uso de insumos, sem que as características do regime agroalimentar dominante sejam alteradas, isto é, o padrão industrial da produção agrícola e da dinâmica de distribuição dos mercados de alimentares (Lang; Barling, 2012). "O objetivo principal [...] é melhorar a eficiência dos recursos da agricultura" (Buckwell *et al.*, 2014, p. 28). Em outras palavras, "o principal objetivo da intensificação sustentável é aumentar a produtividade (diferentemente do aumento do volume de produção), reduzindo os impactos ambientais" (Garnett; Godfray, 2012, p. 14). Em última instância, essa ambiguidade relacionada à convivência de modelos de cultivo busca manter o modelo altamente dependente de insumos comerciais, incorporando uma retórica ambientalista: "Aprimorar o crescimento agrícola também é imperativo para reduzir a pobreza, por si só uma causa de algumas formas de degradação ambiental e fome" (Pretty; Bharucha, 2014, p. 5). De forma mais explícita, alguns autores sugerem que a intensificação sustentável justifica, na realidade, um novo modelo baseado no uso de insumos e na biotecnologia (Loos *et al.*, 2014), mais especificamente, sementes geneticamente modificadas. Isso simplesmente significa "pintar de verde" o *status quo*. "Como tal, o conceito foi endossado por alguns grupos de interesse, especialmente a indústria agrícola, e criticado por outros, especialmente aqueles da comunidade ambiental" (Garnett; Godfray, 2012, p. 9).

Diante dessas propostas que buscam manter o *status quo*, setores da academia e dos movimentos sociais vêm propondo uma alternativa que contempla a intensificação, porém sem potencializar a demanda por insumos externos, mas sim utilizando os próprios recursos dos agroecossistemas, ou seja, intensificar "o uso das funcionalidades naturais que os ecossistemas oferecem" (Chevassus-au-Louis; Griffon, 2008). Esse enfoque tem sido designado de intensificação ecológica e, de forma inequívoca, guarda coerência com a agricultura de base ecológica, visando "maximizar a produção primária por unidade de área sem comprometer a capacidade do sistema de sustentar sua capacidade produtiva" (FAO, 2009). O termo "intensificação agroecológica" também foi proposto, definido como "uma abordagem de gestão que integra princípios ecológicos e gestão da biodiversidade em sistemas agrícolas com o objetivo de aumentar a produtividade agrícola, reduzir a dependência de insumos externos e sustentar ou melhorar os serviços ecossistêmicos" (Garbach *et al.*, 2016, p. 2). A característica distintiva é que essa abordagem "enfoca-se em 'meios naturais' de aumentar a produção, por exemplo, incorporando leguminosas aos campos ou usando técnicas agroflorestais" (Loos *et al.*, 2014, p. 2), o que elimina a necessidade de insumos externos e, portanto, deixa de considerar o setor agrícola como mercado para a indústria de insumos, justamente o que o RAC tenta evitar a todo custo.

Mas a intensificação, mesmo que ecológica, não pode ser mantida indefinidamente. Essa suposição de intensificar de forma indefinida não possui base termodinâmica. Em um determinado local e por um período definido, a intensificação pode ser considerada sustentável se for orientada por critérios agroecológicos. A Agroecologia sustenta que o emprego de métodos agroecológicos é a única forma de intensificar a produção agrícola sem danificar os bens ecológicos (Gliessman, 1998; De Schütter, 2011; Nicholls *et al.*, 2016; Petersen, 2017). Isso implica o manejo da agrobiodiversidade por meio do emprego de rotação de culturas, da incorporação de leguminosas nos sistemas, do uso de práticas agroflorestais, adubação verde etc. Essa pode ser a melhor maneira de reduzir as diferenças de produtividade atualmente existente entre a produção convencional, a orgânica e a tradicional. Essas diferenças debilitam as possibilidades de a agricultura orgânica se converter em verdadeira alternativa à produção convencional no horizonte de 2050. Em outras palavras, apenas a agricultura orgânica manejada com critérios agroecológicos poderia enfrentar os desafios alimentares futuros de forma sustentável.

Concentração e financeirização do "complexo alimentar"

Para que um modelo de agricultura baseado em critérios agroecológicos se imponha de forma generalizada, é necessário algo mais do que demonstrar sua superioridade técnica e seus amplos benefícios sociais. Tal modelo dispensará, em larga medida, o uso de insumos externos comerciais e, portanto, deixará de constituir um espaço fundamental para a acumulação de capital e para a transferência de renda para outros setores da economia. O RAC e as corporações que o sustentam exercem forte pressão sobre os governos e sobre a opinião pública para que os arranjos institucionais que asseguram sua existência sejam mantidos e aprimorados. Como denunciou Olivier de Schütter (2011), enquanto relator da ONU sobre direito humano à alimentação, existem fatores de bloqueio (ou *lock-ins*) que impedem a mudança. Esses fatores estão diretamente relacionados com a concentração de poder no sistema agroalimentar e nos mercados financeiros em geral (Ipes-Food, 2017).

Dois relatórios (Heinrich..., 2017; Mooney, 2018) mostram até que ponto o processo de fusão e aliança de grandes empresas de alimentos e insumos agrícolas foi acelerado nos últimos anos. Poderíamos dizer, em analogia ao poder acumulado durante a Guerra Fria pelo "complexo militar-industrial" (mantido até hoje), que o sistema agroalimentar se configurou em um "complexo alimentar", formado por um pequeno grupo de grandes corporações transnacionais que, em sua maioria, vêm intensificando suas alianças e, consequentemente, sua capacidade de controlar as decisões soberanas dos Estados, tanto nacional quanto internacionalmente.

Efetivamente, no interior do complexo alimentar ocorreram dois processos muito relevantes. Por um lado, a concentração empresarial aumentou substancialmente nos diferentes setores, de forma que o número de corporações que controlam cada elo da cadeia foi reduzido substancialmente. Por outro, as alianças e fusões também ocorrem entre empresas de elos distintos, de forma que um pequeno grupo de grandes corporações vai ampliando seu controle sobre um número maior de elos ou sobre o conjunto das cadeias de valor. Da mesma forma, as alianças foram estendidas ao setor de tecnologia ligado ao Big Data para incorporar suas aplicações no campo agroalimentar. A Monsanto gastou 930 milhões de dólares para comprar a Climate Corporation, a empresa de análise de dados mais avançada do setor agrícola. Também lançou uma empresa em conjunto com o maior produtor mundial de enzimas, a Novozymes (Mooney, 2018, p. 22). O Big Data e os veículos inteligentes estão tornando a produção agrícola e o varejo de alimentos atraentes para grandes corporações como IBM, Microsoft e Amazon (Heinrich..., 2017). A tendência de concentração e acordos entre empresas tem se acelerado nos últimos anos e prevê cenários quase oligopólicos na área da alimentação. A aquisição da Monsanto pela Bayer, as fusões entre Kraft e Heinz ou Dow e DuPont são exemplos de como o RAC é uma arena dominada por um número cada vez menor de megacorporações.

De acordo com Mooney (2018), quatro grandes empresas controlam 67% do mercado de sementes, e as fusões da Bayer-

-Monsanto, DuPont-Dow e ChemChina-Syngenta devem deixar o controle do mercado mundial nas mãos de apenas três grandes operadores. As quatro maiores empresas fabricantes de agrotóxicos (DuPont, Dow Chemical, Syngenta, Bayer) controlam 70% do mercado de agroquímicos. Cinco empresas controlam 18% do mercado de fertilizantes químicos. Três empresas (Deere & Company, CNH Industrial, AGCO) compartilham mais de 50% do mercado mundial de máquinas agrícolas. Somente a Deere teve um faturamento de 29 bilhões de dólares em 2015, maior do que a soma das vendas da Monsanto e da Bayer de sementes e agrotóxicos (Heinrich..., 2017). Apenas quatro empresas – Archer Daniels Midland (ADM), Bunge, Cargill e a Louis Dreyfus Company – controlam 90% do comércio global de grãos e 70% de todos os fluxos de biomassa (Heinrich..., 2017). Embora o mercado mundial de alimentos processados ainda não seja tão concentrado, os 50 maiores fabricantes de alimentos respondem por 50% das vendas. Um punhado de grandes empresas controla a distribuição e o varejo de alimentos. Na Alemanha são quatro, e na Espanha são cinco. Esse o padrão de concentração é comum na maioria dos países. Como afirma o relatório "Bloccking the chain": "A integração vertical e horizontal continua, mas os reguladores não têm capacidade para monitorá-la nem ferramentas legais para controlá-la" (Mooney, 2018, p. 6).

Como vimos, o "Complexo Global da Carne" (ou "Complexo da Proteína Animal") é formado por grandes empresas que controlam a produção, o processamento e a comercialização de carne bovina, de aves e suína em todo o mundo. A Cargill, a mais conhecida, é a principal fornecedora de grãos para ração, a segunda maior fabricante de rações do mundo e a terceira maior processadora de carne. Outros, como o CP Group da Tailândia, New Hope Liuhe e Wen's Food Group da China, e BRF do

Brasil, são os principais fabricantes de rações e processadores de carne (Heinrich..., 2017).

Devido à crescente competição pelo uso de terra e ao fato de que esta vai aumentar em um contexto também de crescente demanda por alimentos e consequente aumento de preços, a produção e distribuição de biomassa tem se tornado uma oportunidade de negócios para bancos e outras instituições financeiras. Bancos como Goldman Sachs, Morgan Stanley e Citibank, bem como fundos de pensão e outros fundos de investimento também entraram no mercado agroalimentar. O mercado para esses novos produtos de investimento cresceu rapidamente nos últimos anos. Entre 2006 e 2011, os ativos totais detidos por especuladores financeiros quase dobraram nos mercados de produtos básicos agrícolas, passando de 65 bilhões para 126 bilhões de dólares (Heinrich..., 2017). Os efeitos relacionados à elevação e maior volatilidade dos preços resultantes da entrada desses operadores financeiros nos mercados alimentares foram denunciados pelas Nações Unidas. Os mais prejudicados são os países onde os custos com a alimentação representam alta porcentagem dos orçamentos familiares (Heinrich..., 2017).

O "complexo alimentar" é, então, aquele que condiciona, por meio de práticas de *lobby*, "portas giratórias" e outros instrumentos de limitada transparência pública, a tomada de decisões de governos, usurpando da cidadania o controle democrático do Estado e a soberania alimentar. Por isso nos referimos a um regime agroalimentar corporativo, conformado por um marco institucional que favorece os interesses dessas megaempresas tanto na escala nacional como, sobretudo, na internacional. Ele é estruturado tanto por legislações nacionais quanto por acordos internacionais que asseguram a continuidade desse marco e a participação política dessas empresas na tomada de decisões.

Tratados como os resultantes das sucessivas negociações no âmbito da Organização Mundial do Comércio, os Acordos de Livre Comércio entre diferentes países e regiões do mundo são bons exemplos.

O Ipes-Food (2017) identifica oito efeitos gerados por esse processo de concentração corporativa sobre a dinâmica de funcionamento do sistema agroalimentar: 1) distribuição desigual do valor ao longo das cadeias produtivas em detrimento da renda dos agricultores; 2) redução da autonomia dos agricultores; 3) restrição do escopo da inovação científico-tecnológica por meio de trajetórias de Pesquisa e Desenvolvimento orientadas a responder os interesses das corporações; 4) debilitamento dos compromissos das empresas com a sustentabilidade; 5) controle da informação por meio do uso de Big Data; 6) aumento dos riscos ao meio ambiente e à saúde pública; 7) permissividade com relação às fraudes empresariais e aos abusos nas relações trabalhistas; 8) e condicionamento dos termos do debate público, influenciando o desenho das políticas oficiais.

Tendo em vista o poder de controle exercido por essas grandes corporações e as práticas cada vez mais oligopolistas que vêm sendo impostas por elas, não é razoável supor que o RAC promoverá soluções estruturais para a crise do sistema alimentar baseadas em princípios agroecológicos. O máximo que poderia se esperar seria a disseminação de uma versão leve e fraca de Agroecologia, que incorpore somente algumas das propostas técnicas, mas que não afete o âmago do regime hegemônico, dando continuidade ao mercado de insumos e o controle da distribuição de alimentos. A ausência no horizonte da ação coletiva de propostas concretas capazes de superar o controle corporativo sobre o sistema agroalimentar nos levará irremediavelmente ao colapso socioecológico. Nesse sentido, torna-se urgente esboçar os fundamentos das instituições capazes de superar o RAC para estabelecer formas de regulação democrática e sustentável dos processos que encadeiam a produção, a transformação, a distribuição e o consumo de alimentos.

Capítulo 3

Desenho institucional e regulação agroecológica dos sistemas agroalimentares

Em linha com o que foi apresentado nos capítulos anteriores, conclui-se que um novo regime agroalimentar sustentável requer, inevitavelmente, uma transformação radical no marco institucional vigente. O novo marco deve comportar instituições que recuperem a função evolutiva que desempenhavam originalmente: reduzir a entropia social e, ao mesmo tempo, fazê-lo de maneira sustentável, reduzindo a entropia física. O desenho institucional voltado para promover a sustentabilidade socioecológica nos sistemas agroalimentares é um dos focos centrais da Agroecologia Política. Ele se fundamenta em uma dupla estratégia: por um lado, recuperar, conservar e readaptar (exaptação[1]) instituições tradicionais desarticuladas pelo projeto de modernização; por outro, construir novas instituições a partir das experiências inovadoras da sociedade civil e da comunidade científica em coevolução com as instituições tradicionais. Em ambas as estratégias, exaptação e coevolução, o desenho institucional é fundamental para a participação e o controle democrático dos processos de

---

[1] A exaptação é a capacidade de um organismo manter a função adaptativa de uma determinada característica diante de novas condições ambientais.

transição agroecológica, estabelecendo a reflexividade crítica e deliberativa como referencial para a regulação do metabolismo dos sistemas agroalimentares.

As instituições mais resilientes ao longo da história evolutiva humana foram produto de exercícios de inteligência coletiva (Sapea, 2020). Em outras palavras, o modelo mutualista ou simbiótico de coordenação entre ações e ideias, a inteligência coletiva, tem demonstrado ser o mais eficiente para o desenvolvimento de capacidades de resiliência e adaptação nas sociedades humanas (Sun, 2005). A democracia, em uma interpretação ecológica, corresponde ao desenho institucional executado a partir de uma versão normativa da inteligência coletiva. Isso significa que as instituições que impulsionam a transição agroecológica não surgirão espontaneamente no contexto da inércia dominante, nem de imposições vindas dos espaços de poder institucional dominantes e de agentes antidemocráticos, como aqueles que hoje dominam os mercados.

Todos os regimes agroalimentares foram precedidos e associados a marcos institucionais, sem os quais a mudança tecnológica teria sido socialmente irrelevante. Por essa razão, entre outros objetivos, a Agroecologia Política deve se dedicar a desenhar marcos institucionais capazes de cumprir uma dupla função: por um lado, resistir ao embate com o regime agroalimentar corporativo (RAC); por outro, criar condições econômicas, sociais, ideológicas e culturais favoráveis ao desenvolvimento e à multiplicação das práticas de organização dos sistemas agroalimentares coerentes com os fundamentos da Agroecologia. Portanto, o desenho institucional é condição indispensável para a superação do RAC por meio da transformação da organização sociotécnica dos sistemas agroalimentares segundo a perspectiva agroecológica. As instituições produzem e condicionam formas de percepção e representação do mundo (marcos cognitivos) que orientam a ação e regulam as interações sociais (Garrido Peña, 2012). Elas "nos fazem e pensam em nós"; "são um sujeito ativo e autônomo nas interações sociais" (Douglas, 1996). O curso da ação transformadora da Agroecologia necessita de suporte normativo institucional *ad hoc*, para não sofrer os efeitos de rechaço do regime agroalimentar dominante.

Como definir as instituições mais resilientes para a transição agroecológica? Com quais critérios desenhar e projetar a nova institucionalidade nas diferentes escalas de organização dos sistemas agroalimentares? Discutimos neste capítulo alguns critérios para o desenho de instituições com esse fim.

Oito princípios robustos para a gestão cooperativa dos recursos naturais

As instituições condicionam as condutas individuais por meio de um sistema de regras, sinais, incentivos e punições, que restringem o conjunto de alternativas possíveis. Ao gerar marcos institucionais, a Agroecologia Política favorece uma espécie de automatização reflexiva das percepções, ideias e comportamentos dos atores e agentes com o objetivo de promover um regime metabólico agroalimentar sustentável. A "automatização reflexiva" corresponde à internalização de um sistema crítico, metacognitivo e eficiente de tomada de decisões que evita ou minimiza os custos temporários das decisões reflexivas ou, por outro lado, a irracionalidade das respostas automáticas ou instintivas frente a estímulos ou pressões do entorno. Este equilíbrio estocástico entre automatização e reflexividade, como todos os equilíbrios ecológicos, é expresso e concretizado na combinação entre os marcos cognitivos e marcos institucionais, entre a ideologia e as normas.

A Agroecologia Política propõe um marco institucional (um programa de normas, ações e reformas) que favorece o desenvolvimento integrado entre a produção econômica e a reprodução socioecológica. Já a inserção consciente ou inadvertida da Agroecologia em um marco institucional próprio da economia neoclássica (domínio do mercado) é uma tentativa fadada ao fracasso e ao "rechaço sistêmico". Tal rechaço corresponde ao efeito de rejeição, expulsão ou encapsulamento de um subsistema das ideias e práticas estranhas ao sistema, uma espécie de defesa imunológica. O "efeito rechaço" se concretiza na marginalização da produção e do consumo agroecológico, o "efeito de expulsão" implica a convencionalização, e o "efeito de encapsulamento" supõe o confinamento das experiências agroecológicas em âmbitos territoriais e sociais restritos, não ameaçando a permanência do RAC. Quanto maior a assonância ideológica e institucional entre a prática agroecológica e os marcos dominantes, maiores serão as possibilidades de fracasso, efeitos perversos e fraudes. Consequentemente, a Agroecologia Política deve empreender um programa de mudanças metamórficas do regime agroalimentar orientado por marcos institucionais especificamente desenhados para tal fim. Para tanto, é necessário estabelecer critérios institucionais que orientem a filosofia e a prática da Agroecologia Política.

Esses critérios servem como regras constitutivas e operativas empregadas pelas instituições para orientar e assegurar a continuidade aos padrões de relações socioecológicas no decorrer do tempo. Um exemplo concreto desse tipo de critérios são os oito princípios sistematizados por Elinor Ostrom (1990; 2001) para desenhar instituições voltadas à gestão cooperativa e sustentável dos recursos naturais. A partir de uma análise empírica de experiências históricas, Ostrom mostrou que a gestão cooperativa dos recursos naturais é mais sustentável ecológica e socialmente do que a gestão estatal ou a gestão capitalista privada. Na medida em que supõe uma reapropriação social da gestão dos agroecossistemas, a perspectiva agroecológica coincide com esse padrão cooperativo e comunitário de gestão de recursos. Os oito critérios que Ostrom identificou nos estudos de caso são os seguintes:

i) Limites bem definidos dos recursos apropriados e geridos pela comunidade. Longe de serem um espaço de improvisação ou espontaneidade social, as instituições cooperativas são orientadas por regras bem delimitadas para a repartição dos custos e benefícios e os demais aspectos relacionados à segurança legal da cooperação. A clareza e a simplicidade das regras são igualmente importantes para o funcionamento eficiente das comunidades tradicionais. As comunidades estudadas por Ostrom são comunidades camponesas ou indígenas cuja coesão é assegurada por normas consuetudinárias ancestrais com uma forte motivação intrínseca (Tirole, 2016). Essa força imperativa inercial e simples das regras tradicionais deve ser substituída pelo desenho institucional intencional e deliberativo, e isso comporta custos de transação que dificultam a elaboração e a definição das regras.

ii) Congruência entre a provisão e a apropriação dos recursos. Deve haver uma relação direta e transparente entre o aporte de bens ou de trabalho e os benefícios obtidos, de forma a evitar posturas de oportunismo (*free-rider*) ou parasitismo institucionalizado.

iii) Participação. Para que o padrão cooperativo funcione é necessário restringir ao máximo a heteronomia na definição das regras. Para tanto, é necessário que os processos de participação sejam ágeis, claros e pouco custosos. A participação tem que ser tanto criativa, com a possibilidade de criar ou modificar regras, como fiscalizadora, voltada ao controle sobre o cumprimento das regras existentes. A assimetria de informações pertinentes entre os atores envolvidos deve ser minimizada. As regras devem ser definidas por intermédio de processos deliberativos envolvendo os membros da comunidade. Eles devem ter a possibilidade de modificá-las. As restrições e as sanções têm que ser compreendidas como autorrestrições e autossanções pelos atores afetados pelas mesmas.

iv) Monitoramento. Os mecanismos de tomada de decisões relacionados à avaliação e aos controles de fraude devem ser confiáveis, objetivos, econômicos e transparentes. As pessoas encarregadas do monitoramento devem ser membros da comunidade ou prestar contas a ela.

v) Sanções graduais. O regime de sanções deve ser dissuasivo, gradual e internalizado na comunidade. As sanções devem ser aplicadas de forma igualitária dentro da comunidade de usuários dos recursos e devem corresponder aos custos de violação das regras previamente estabelecidos. É preferível aplicar sanções simbólicas ou restaurativas do que sanções estritamente punitivas ou dissuasivas.

vi) Resolução de conflitos. A resolução de conflitos deve ser comunitária ou coletiva. É preferível solucionar conflitos com acordos negociados a fazê-lo com resoluções ou sanções. As instâncias de arbitragem e mediação devem ser comunitárias e prestigiadas. A rapidez na resolução dos conflitos evita agravos e permite uma solução mais satisfatória.

vii) Reconhecimento pelo Estado. As autoridades estatais devem reconhecer os direitos locais, evitando o paternalismo. Isso implica o reforço do princípio da subsidiariedade.

viii) Empresas familiares ou cooperativas. Os sistemas coletivos de gestão econômica devem guardar vínculo direto com o território, com os interesses coletivos e com as gerações futuras.

Esses critérios de desenho institucional favorecem cinco efeitos de suma importância para a gestão coletiva, cooperativa e sustentável dos agroecossistemas:

i) O efeito de localização. O cuidado com os equilíbrios dos agroecossistemas requer uma conexão tanto simbólica (projeção de identidade) como econômica (expectativa de benefícios) sobre o território. A centralização burocrática ou mercantil compromete a conexão cultural e política entre os agricultores e o território.

ii) O efeito de autocontenção. As práticas derivadas da aplicação de regras e critérios cooperativos geram uma economia moral, que estimula a autocontenção gratificante, reduzindo as possibilidades de fraudes e comportamentos oportunistas (*free-rider*). Essa autocontenção das fraudes reduz os custos de vigilância, controle e sanção e a consequente perda da coesão da comunidade acarretada pela aplicação desses instrumentos coercitivos.

iii) O efeito de confiança. Essa economia moral agroecológica promove a confiança entre agricultores e incentiva o desenvolvimento de novas práticas cooperativas. Geralmente, o sistema de incentivos e pagamentos estabelece uma relação clara entre as responsabilidades e os benefícios individuais e coletivos.

iv) O efeito de empoderamento. As regras conduzem a uma espécie de "exaltação emocional" que fortalece uma identidade positiva dos agricultores não só como produtores de alimentos, mas também como guardiões da natureza e agentes promotores da saúde e da qualidade de vida. O *status* social dos agricultores, deteriorado com o processo de modernização agrícola, industrialização e urbanização acelerada, é recuperado.

v) Efeito da solidariedade intergeracional. Graças a Robert Axelrod (1996), sabemos que o reforço às expectativas de futuro é um poderoso incentivo para que os atores sociais apostem em estratégias cooperativas e responsáveis no que se refere às consequências de suas escolhas. Ao reforçarem o efeito de localização, o caráter comunitário ou familiar da propriedade, a participação e a gestão coletiva, os princípios antes apresentados para o desenho institucional também estimulam a solidariedade intergeracional.

A Agroecologia Política orienta o desenvolvimento de um marco institucional que reforça ideologicamente e estimula social e politicamente a Agroecologia como uma alternativa global para a produção, distribuição e consumo de alimentos e não como um setor complementar ou subordinado ao RAC. É possível haver produção de base ecológica de forma desassociada da dimensão ideológica e institucional proposta pela Agroecologia Política. Em que pesem suas virtudes, diante dos riscos de colapso socioecológico discutidos no capítulo anterior, essas práticas isoladas são irrelevantes social e ecologicamente. Sem as mudanças no marco institucional propostas pela Agroecologia Política, a produção de base ecológica só pode aspirar atender o estreito segmento de mercado da chamada "produção de qualidade diferenciada". Ao influenciar os níveis cognitivo e comportamental, o fortalecimento ideológico e institucional da perspectiva agroecológica, induz uma relação de retroalimentação positiva entre o que se acredita (ideologia) e o que se faz (comportamento), fortalecendo a estabilidade das unidades de produção e o consumo agroecológico de forma independente das flutuações do mercado (preços) e da ação governamental (leis e subsídios públicos).

A abordagem da complexidade é uma das características metodológicas da Agroecologia, principalmente no que diz respeito à conservação da biodiversidade nos agroecossistemas. A Agroecologia Política fundamenta epistemologicamente o manejo da complexidade física dos agroecossistemas, ao mesmo tempo que aporta instrumentos institucionais para a gestão da complexidade social e política. Um exemplo da eficiência da interação entre estruturas cognitivas e institucionais é apresentado por Altieri e Nicholls (2007), em trabalho que relaciona o manejo de insetos-praga e a agrobiodiversidade. Os autores argumentam que a estratégia de manejo não pode se restringir ao "controle biológico" de insetos-praga específicos, mas deve se basear em uma abordagem sistêmica voltada para a restauração da biodiversidade na paisagem agrícola. A abordagem agroecológica, portanto, não se orienta pela simplificação ecológica, mas pela reconstrução da complexidade natural. A abordagem de Altieri e Nicholls (2007) é própria de um enfoque ecossistêmico complexo, em oposição ao enfoque mecanicista de "controle biológico". Uma gestão ecossistêmica para o controle dos insetos-praga e organismos patogênicos requer, portanto, um desenho institucional voltado à gestão cooperativa da produção agrícola, mobilizando a comunidade para esse objetivo compartilhado só alcançável na escala da paisagem.

Desenho institucional para a resiliência agroecológica

A transição agroecológica, como visto, não pode ser abordada de forma desvinculada do desenho de um marco institucional que favoreça as mudanças nas práticas e condutas sociais que, por sua vez, tornarão possível a transformação gradual do RAC. A evolução das sociedades humanas obedece a um padrão denominado "mosaico" (Barton; Harvey, 2000). Esse padrão combina três processos: o primeiro, designado de "exaptação" (Gould; Vrba, 1982), é o que possibilita a recuperação de antigas características com a incorporação de novas funções adaptativas. O segundo é a "coevolução" (Margalef, 1993) e refere-se à alteração simultânea das funções adaptativas de dois ou mais organismos. O terceiro é a "emergência" (Bunge, 2015) e corresponde ao surgimento de novas características evolutivas. Esse padrão de evolução em mosaico opera igualmente nos dispositivos de seleção cultural, como as instituições, de tal forma que a resiliência institucional é desenvolvida por meio do acionamento desses processos evolutivos, em uma combinação ótima entre exaptação, coevolução e emergências. Uma proposta de desenho de instituições resilientes deve, portanto, considerar: i) a recuperação de antigas instituições dotadas de novas funcionalidades adaptativas (exaptação) como, por exemplo, a agricultura camponesa, a gestão de bens comuns etc.; ii) a modificação de instituições que interatuam entre si, alterando assim suas funções evolutivas (coevolução) como, por exemplo, entre o mercado e os bens comuns ou entre bens comuns e o Estado; iii) o desenho de novas instituições (emergência), como organizações cooperativas, as moedas digitais locais, as vendas por internet, as redes territoriais de agroecologia etc.

Sabemos que a cooperação tem sido historicamente um elemento-chave para a alta resiliência das instituições camponesas frente a eventos climáticos extremos. Padrões de confiança se desenvolveram como resultado de experiências cooperativas organizadas para fazer frente a esses eventos (Buggle; Durante, 2017). Essas instituições cooperativas permaneceram ativas mesmo após as condições climáticas deixarem de afetar a estabilidade das atividades econômicas. As regiões que apresentam maior variabilidade interanual nos índices de precipitação e temperatura exibiam igualmente os níveis mais elevados de confiança social e de conexões entre os circuitos locais de comercialização. Essas regiões eram também mais propensas a adotar instituições políticas inclusivas e até hoje se caracterizam por possuírem governos locais de maior qualidade. Essas descobertas de Buggle e Durante (2017) sugerem que, ao promover o surgimento de normas e instituições cooperativas que se reforçam mutuamente, a exposição aos riscos ambientais exerceu um papel positivo e duradouro sobre a cooperação humana. Mas os autores também mostraram que somente a partir da criação de um marco institucional cooperativo plural e multiescalar torna-se possível criar as adaptações sociotécnicas bem-sucedidas às mudanças no contexto (por exemplo, crises climáticas e ecológicas) ou as intencionalmente induzidas (por exemplo, decrescimento econômico e transição agroecológica).

Se as altas taxas de variabilidade climática levaram ao surgimento e consolidação de redes institucionais cooperativas como a estratégia adaptativa, a estratégia para construção da resiliência em face da atual entropia metabólica deve ser igualmente a criação de redes institucionais cooperativas. A maior eficiência adaptativa da cooperação quando comparada com outros mecanismos de integração social é verificada não somente na seleção cultural que leva ao desenvolvimento de instituições resilientes, mas também na seleção natural. Na coevolução entre espécies, o sucesso adaptativo é maior na coevolução mutualística não conflitiva do que nos modelos competitivos ou predatórios (Northfield; Ives, 2013). Nesse sentido, o isomorfismo entre o mutualismo social e o mutualismo ecológico confirma a maior eficiência adaptativa da cooperação sobre a competição.

Origem e função neguentrópica das instituições
Como vimos no primeiro capítulo, as instituições correspondem a um conjunto de regras (rotinas, procedimentos, códigos, crenças compartilhadas, práticas) formais (explícitas) ou informais (implícitas) que têm como origem e função a regulação da entropia gerada nas interações sociais (Schotter, 1981). Essa perspectiva para o entendimento das instituições implica uma dupla dimensão, sendo uma explicativa e outra normativa: a entropia indica tanto a origem evolutiva das instituições quanto sua função teleológica. Em todas as interações ocorridas nos processos de conversão biofísica há um aumento da entropia, desordem e perda de capacidade de trabalho. No entanto, nos sistemas vivos, a interação é realizada com uma intencionalidade (Dennett, 1996), que pode ser reflexiva ou não, mas que inevitavelmente leva a um incremento da complexidade.[2] No caso dos sistemas sociais humanos, nos quais operam mecanismos de seleção cultural, a regulação da entropia adquire maior sofisticação e se expressa em regras, flexíveis e contingentes, isto é, em instituições. Nesse sentido, na evolução das instituições existem procedimentos aparentemente irracionais que perduram, tais como crenças religiosas, rituais, tabus ou tradições de origem desconhecida, que contêm informações não significativas nem reflexivas. Elas perduram porque desempenham papéis fundamentais do ponto de vista evolutivo, pois preservam a memória biocultural das comunidades (Hendrich, 2017).

---

[2] Estabelecemos uma distinção entre intencionalidade reflexiva e não reflexiva para distinguir entre um tipo de ação causada por um simples impulso teleológico (intencionalidade não reflexiva) e a intencionalidade que responde a uma causa teleológica complexa filtrada ou produzida por dispositivos metacognitivos ou de autocontrole (Luhmann, 2006). Esta diferença é aplicável também ao tipo de informação que produzem as instituições.

As escalas e os limiares sociais das instituições cooperativas

O retorno a padrões de coordenação muito mais simples é um objetivo impossível dada a complexidade social alcançada nas sociedades contemporâneas. Porém, a preservação das formas remanescentes de institucionalidade cooperativa é uma necessidade inevitável se queremos recuperar a função neguentrópica das instituições sociais, muito deteriorada pela divisão social do trabalho institucional. Isso não significa que se deve investir no desenvolvimento de um padrão de instituições cooperativas simplificadas, partindo das unidades básicas e, de forma acumulativa, ir ampliando a escala. Esta estratégia unilateral e cumulativa está fadada ao fracasso. Não existem (ou, se existem, sua magnitude é irrelevante) "ilhas de complexidade reduzida" que podem ser interligadas autonomamente para formar arquipélagos de arranjos cooperativos de mínima complexidade sem relação alguma com a "estrutura institucional profunda" dominante.

Existem limiares críticos (criticidade exógena) para o crescimento das formas institucionais antagônicas à institucionalidade dominante. Esses limiares só podem ser transpostos por meio da ação coletiva cooperativa multinível – em outras palavras, por meio da ação política orientada a promover mudanças sistêmicas globais, isto é, exógenas ao contexto de aplicação imediata (e não as mudanças locais, endógenas e autoaplicadas pelos atores sociais).

Por meio de ensaios experimentais, foi possível identificar esses limiares críticos, cuja superação implica mudanças sociais amplas. Em um estudo empírico conduzido com metodologia da economia experimental, pesquisadores das Universidades de Londres e da Pensilvânia identificaram um limiar social (*social point*) como uma barreira à mudança (Centola *et al.*, 2018). Durante dez anos eles testaram experimentalmente um modelo teórico que localizava o limiar social ou ponto de inflexão em 25% da massa crítica necessária, após o qual uma nova instituição, regra, crença ou convenção até então minoritária se tornaria majoritária. Essa é uma espécie de barreira quantitativa à hegemonia social. A partir desse limiar, uma ideia, opinião ou crença se dissemina e se converte em um elemento do "sentido comum". Surpreendentemente, essa álgebra da mudança social só é viável caso opere em um ambiente neutro, no qual inexistem incentivos poderosos capazes de rechaçar as mudanças. Além da poderosa evidência empírica desse modelo, o que parece inquestionável é que existe um limiar social escalar que torna a mudança sistêmica impraticável caso ele não seja superado.

É improvável que iniciativas agroecológicas realizadas em escalas locais (em estabelecimentos familiares, em comunidades, em territórios) se multipliquem a ponto de alcançar esse limiar social caso esse processo não seja apoiado por um desenho institucional cooperativo, democrático por meio da ação coletiva multinível. Isso implica a necessidade de intervenção combinada na esfera mais imediata e próxima (do estabelecimento agrícola ao território), mas também em esferas mais agregadas e complexas (o Estado). Sem esse salto na escala política e sem a aproximação ao limiar social, será praticamente impossível a transformação do RAC e do regime metabólico industrial. O enclausuramento em níveis locais de ação coletiva, ou em "arquipélagos de núcleos de inovação agroecológica de mínima complexidade", implica permitir que as experiências agroecológicas estejam vulneráveis à entropia social proveniente de um ambiente institucional dominante altamente entrópico.

Diante dessa realidade, ou se intervém nesse ambiente institucional estatal ou esse mesmo ambiente, dotado de alto grau de complexidade, acaba impondo o caos, com o ruído comunicacional se expandindo até neutralizar o marco microinstitucional criado pelas e para as experiências agroecológicas. A "institucionalidade oculta" do RAC dissemina a divisão social do trabalho institucional e gera um conjunto de prescrições normativas não explícitas, que governam em um sentido não cooperativo a gestão e o desenho das instituições. A ação coletiva multinível deve estar orientada para um duplo objetivo: de um lado, deve intervir na promoção ou na construção de instituições cooperativas locais de informação mista, mas altamente reflexiva; de outro, deve atuar em uma escala mais agregada e complexa (política/estatal) como movimento social que intervém nos conflitos, com o objetivo de modificar o ambiente institucional hostil. Da gestão do estabelecimento agrícola ao movimento social, dos mercados locais às prefeituras ou aos governos regionais, a ação coletiva multinível permite ampliar a diversidade do marco institucional informado por práticas de cooperação.

Diversidade de instituições agroecológicas nas escalas básicas

Na teoria convencional sobre empreendimentos econômicos, ignora-se a correlação entre o desenho institucional do empreendimento e o modo de produção, e entre as regras e rotinas institucionais e seus impactos na desigualdade social ou no metabolismo social. A estrutura interna assimétrica dos empreendimentos foi sistematicamente ignorada, assim como foram invisibilizados os marcos institucionais radicalmente assimétricos dos entornos pelas teorias do equilíbrio geral dos mercados. O poder não é objeto de estudo da economia neoclássica (Anisi, 1992). Mas essas correlações não foram negligenciadas apenas pela economia neoclássica; também o foram, em grande medida, pela Economia Ecológica. Se existe uma inter-relação permanente entre as instituições e o meio ambiente, não é possível dissociar o modelo da instituição do impacto nos meios econômico, social ou metabólico. Dessa forma, o desenho institucional adquire enorme relevância na Agroecologia, especialmente nas escalas mais básicas, como, por exemplo, o estabelecimento agrícola.

Por essa razão, é conveniente desenvolver uma tipologia de padrões institucionais mais apropriados às especificidades do estabelecimento agrícola. Evitamos aqui adentrar na discussão sobre o regime de propriedade da terra em razão da diversidade dos contextos normativos nacionais. Não obstante, cabe assinalar que o regime de propriedade mais adequado seria aquele que mais se aproximasse das formas comunais tradicionais de posse e gestão de bens. Isso implica uma releitura ecológica do conceito de propriedade como direito de uso, usufruto ou tutela (Garrido Peña, 1998).

A instituição familiar como unidade econômica agroecológica preferencial

A instituição familiar democrática, não heteronormativa, e com igual nível de participação de homens e mulheres, constitui o modelo ótimo do desenho institucional agroecológico na escala básica (estabelecimento agrícola). O lar, como uma instituição, com uma configuração cooperativa interna, com distribuição equitativa de tempo, custos e trabalho e com direitos iguais na tomada de decisões, é fundamental para que a instituição familiar não incorra em assimetrias semelhantes às das unidades econômicas convencionais, as empresas capitalistas por exemplo, gerando um modelo altamente entrópico do ponto de vista social. Nesse sentido, o papel do movimento ecofeminista e do movimento LGBTQIA+ é fundamental, visto que a família e o trabalho reprodutivo são um campo de tensão onde estão localizadas as lutas práticas (esse aspecto será desenvolvido nos capítulos seguintes).

O prestígio da economia de base familiar é enorme, e é vasta a literatura científica a esse respeito. Quatro aspectos centrais destacam as peculiaridades da família como instituição econômica: i) é uma instituição que gera dinâmicas internas de confiança muito fortes nas interações entre seus membros; ii) proporciona estabilidade e autonomia frente às turbulências do ambiente institucional financeiro globalizado; iii) favorece a interconexão entre a cultura e o ambiente econômico; iv) constitui a forma de organização institucional mais frequente na economia mundial (Amore; Epure, 2018; La Porta *et al.*, 1999; Alesina *et al.*, 2015).

Do ponto de vista agroecológico, essa preferência se deve a um conjunto de fatores: i) a instituição familiar estimula a solidariedade intergeracional por intermédio da gestão com base em informações intencionais não reflexivas (Axelrod, 1996), bem como pela reiteração e continuidade das interações entre seus membros no decorrer do tempo (Garrido Peña, 1996); ii) favorece o aumento da taxa de desconto intertemporal, graças às expectativas de futuro compartilhadas (Gintis, 2006); iii) promove a conexão e a continuidade da memória biocultural (Toledo; Barrera-Bassols, 2008); iv) estimula as conexões comunitárias e a construção do capital ecológico e social ao estabelecer e proteger espaços para atividades não mercantilizáveis e de apoio mútuo; v) favorece a articulação orgânica entre interações reflexivas e não reflexivas, produção e reprodução, identidade individual e coletiva, trabalho mecânico e trabalho intelectual; vi) implica e estimula comportamentos performativos nos quais a ação e os resultados se inserem em um "modo de vida comum". Todas essas são, como veremos nos capítulos seguintes, características dos modos de vida e de produção camponeses.

*A instituição cooperativa como modelo preferencial
de empreendimento econômico*

Os empreendimentos econômicos cooperativos podem ser de dois tipos: endógenos, quando o impulso para a coesão e coordenação cooperativas é interno, histórico e de base comunitária. Como exemplo, citam-se as instituições comunitárias consuetudinárias estudadas por Elinor Ostrom (2015a); exógenos, quando o impulso à coesão e coordenação cooperativas vem de fora e é contemporâneo. Essas instituições são formais, normativas e reguladas, das quais os indivíduos participam por decisão voluntária. Por essa razão, esse tipo de cooperativa seria classificado, segundo o binômio comunidade/associação proposto por Parson (1976), como "associações igualitárias voluntárias".

No modelo endógeno, o peso da informação não reflexiva é muito maior do que no modelo exógeno, no qual a normatividade reflexiva é muito maior, embora sua força performativa seja muito menor. Em qualquer caso, e devido aos processos de hibridização transcultural, as formas cooperativas endógenas e exógenas estão inexoravelmente condicionadas a arranjos mistos que envolvem informação reflexiva e não reflexiva. Ostrom destaca isso quando indica que a gestão comunitária baseada em práticas e normas consuetudinárias necessita de instituições formais exógenas, com marcos jurídicos mais abrangentes e complexos, que protejam a autonomia dessas formas de gestão comunitária. As políticas públicas de reconhecimento e proteção de territórios de povos e comunidades tradicionais são um exemplo nesse sentido.

Mercados territoriais

A história dos intercâmbios mercantis é carregada de mitologias autojustificativas, que em nada correspondem ao caráter original disso que chamamos de "mercados": na realidade, trata-se de uma instituição, entre outras, que regulam (coordenam) as interações sociais geradas pela troca de bens materiais. Os mercados de serviços, de trabalho ou financeiro são criações muito mais recentes que resultam da capacidade regulatória e coercitiva do Estado (Polanyi, 2001). Em sua origem, os mercados se estabeleciam e funcionavam como dispositivos primitivos de cooperação, baseados em uma das modalidades mais simples de cooperação e altruísmo, a reciprocidade direta (Gintis, 2010; Nowak, 2006). Em seus estágios iniciais, os mercados faziam parte das "economias de troca", distintas das "economias do terror" (Estado) e das "economias do amor" (doação) (Boulding, 1994). Com o aumento da complexidade social, a divisão social do trabalho e a mediação do dinheiro como instrumento político do Estado, o mercado se tornou uma instituição de troca de títulos cada vez mais abstrata e dependente da "economia do terror" estatal. Por sua vez, a "economia do amor" (Mauss, 2011 [1925]) foi relegada às trocas locais e familiares e continuou desempenhando um papel relativamente importante nas economias indígenas e camponesas (Toledo; Barrera-Bassols, 2017). Pela perspectiva agroecológica, torna-se importante recuperar a funcionalidade evolutiva e cooperativa que subjaz a esses três tipos de economias: a cooperação por reciprocidade direta (mercado), a reciprocidade indireta (doação) e seleção multinível (Estado). Essa recuperação exaptativa requer uma profunda e complexa governança democrática multiescalar, centrada no princípio federalista de subsidiariedade.

O mercado é, portanto, uma instituição muito anterior ao capitalismo e ao regime metabólico industrial. Não há nada mais antagônico aos mercados globais do agronegócio financeirizado do que os mercados locais autônomos. Como formas de troca não capitalista, os mercados territoriais[3] (locais, de proximidade) são e devem ser um espaço institucional muito relevante em regimes agroalimentares alternativos ao RAC. Portanto, um dos desafios da transição agroecológica é conservar, recuperar ou construir mercados territoriais que contribuam para a construção de circuitos endógenos de desenvolvimento e valorização da produção camponesa. Esses canais curtos de comercialização reduzem a pegada de carbono e o consumo de matéria e energia; favorecem a diversificação institucional das modalidades de troca (trocas de tempo ou serviços, troca mercantil, atividades de doação); favorecem a diversificação produtiva dos agroecossistemas graças à demanda não específica de alimentos pela população local e a desvinculação com relação à demanda hiperespecífica dos mercados globais; conduzem à democratização do regime agroalimentar, visto que transferem para produtores e consumidores o poder de decisão sobre os padrões de produção e consumo ao converterem os preços em um sistema de informação transparente.

Outras funções positivas dos mercados territoriais podem ser alinhadas: a diversificação produtiva por eles estimulada contribui para reverter o processo de erosão genética e para conservar e recuperar variedades locais, com o consequente aumento da agrobiodiversidade; a promoção do consumo de alimentos sazo-

---

[3] A noção de "mercados territoriais" deriva da imbricação sociotécnica dessas instituições em sistemas econômico-ecológicos enraizados nos ecossistemas e em relações sociais de proximidade. Não se trata apenas da proximidade física entre quem produz e quem consome os alimentos. Embora essa seja também uma característica intrínseca na configuração desses mercados, não é este o aspecto principal que os demarca em relação aos mercados capitalistas. O elemento peculiar que de fato singulariza os mercados territoriais são as relações de poder estabelecidas na regulação de suas dinâmicas de funcionamento. Portanto, são as relações sociais diretas (ou de grande proximidade) e sob controle entre os agentes econômicos estabelecidos nos polos da produção e do consumo o aspecto definidor dos mercados territoriais (Lopes *et al.*, 2022).

nais, com consequências sobre os hábitos e a demanda alimentar, sincronizando a produção com o biorritmo metabólico da população. Dessa forma, os mercados territoriais proporcionam uma alimentação mais saudável e orientam a demanda para um tipo de consumo mais sustentável; constituem o espaço de trocas simbólicas no qual são firmados pactos tácitos de cooperação cidadã entre produtores e consumidores, promovendo e dando sustentação ao movimento social de politização do consumo alimentar que, como veremos adiante, é condição política essencial para a transformação do regime agroalimentar. Em suma, ao descentralizarem os circuitos econômicos que vinculam a produção ao consumo, esses mercados promovem a soberania e a segurança alimentar e nutricional.

Como instituições de intercâmbio econômico, os mercados territoriais são um poderoso instrumento institucional nas estratégias de transição agroecológica, sendo por isso foco de atenção e investimento prático e político por parte das organizações que integram o movimento agroecológico. No entanto, para que seja evitada a insignificância social ou, pior, o reforço ao RAC, reduzindo-os a nichos de mercado, os mercados territoriais devem ser assumidos como objeto de intervenção política supralocal por parte dos poderes públicos democráticos. Por meio de políticas públicas, o Estado deve proteger a autonomia e a auto-organização democrática e cooperativa desses mercados. Para tanto, pode lançar mão de instrumentos fiscais e regulatórios e prestar serviços públicos (facilitação de espaços públicos para instalação de mercados, promoção de infraestruturas para transporte e venda, promoção de dietas saudáveis por meio de campanhas ou pela compra institucional direta da agricultura familiar para o consumo em equipamentos públicos – escolas, hospitais etc.). Esses aspectos serão desenvolvidos no Capítulo 6. No momento, cabe reiterar que o apoio do Estado democrático e de direito é condição para que as iniciativas das organizações da sociedade civil vinculadas ao movimento agroecológico não se consolidem de forma isolada como espaços de resistência. A intervenção estatal em apoio a essas iniciativas é indispensável para que o "efeito rechaço sistêmico" gerado pelo RAC que impede a ampliação da escala da produção e do consumo de base agroecológica seja gradualmente removido.

No entanto, os padrões institucionais dos mercados territoriais não dão solução a problemas que se manifestam nas diferentes escalas reguladas pelo RAC. O princípio da diversidade institucional, que propomos com base na conhecida tese de Ostrom (2013), assume especial relevância para a construir resiliência frente às turbulências geradas pela crise sistêmica do sistema agroalimentar globalizado. Essa diversidade institucional deve preservar e fortalecer os espaços desconectados da dinâmica global de produção e abastecimento alimentar que podem servir de inspiração para inovação sociotécnica no sentido de enfrentar as crescentes "lacunas nutricionais" provocadas pela crise climática, ecológica e alimentar. Não é nossa intenção aqui apresentar um modelo teórico fechado, acabado e perfeito das redes de distribuição alimentar de base agroecológica. Nos limitamos tão somente a indicar padrões concretos de organização institucional desenvolvidos por extensa prática social acumulada e que podem servir como um sistema de sinais (Schelling, 1989) para inspirar futuros desenvolvimentos de instituições econômicas neguentrópicas.

Circuitos longos de comércio agroecológico

Os canais longos de comercialização de alimentos são altamente ineficientes, social e ecologicamente. O fato de os alimentos serem produzidos em bases agroecológicas não impede que aqueles que chegam aos pratos possuam alta carga de materiais e energia. Qualquer estratégia para a transição agroecológica não pode ignorar a hegemonia do RAC.[4] Não é razoável que as instituições locais sejam apresentadas como modelos capazes de substituir total e imediatamente as instituições que regulam os mercados globais. A caracterização das instituições agroecológicas como instituições resilientes (exaptativas), e não como alternativas ou substitutivas, ressalta a necessidade de profundas reformas nos mercados globais e nos circuitos longos de comercialização.

Em coerência com a Economia Ecológica, três linhas de reforma são propostas. Elas contribuiriam para a redução do peso relativo do modelo dominante, servindo também como critérios para orientar uma futura regulação do comércio agroalimentar internacional. Em primeiro lugar, trata-se de adotar instrumentos fiscais a fim de internalizar os custos ambientais, sociais e sanitários da agricultura e da pecuária convencionais, reduzindo as vantagens comparativas que estes desfrutam. Em segundo lugar, favorecer a criação transitória de circuitos híbridos que articulam canais de circulação curtos, médios e longos enquanto se consolidem canais de distribuição mais sustentáveis, ou seja, de maior proximidade. Esses canais poderiam ser categorizados em função de indicadores de energia (MJ/t-km) e de pegada de carbono para fins de cobrança fiscal, com a adoção de uma carga tributária progressiva. Em terceiro lugar, restringir o "comércio intrain-

---

[4] A imposição do atual regime agroalimentar não se deve exclusivamente à coerção direta de Estados e corporações transnacionais por meio de normas, instituições e regras (dominação). Também concorre para ela a disseminação cultural de preferências e demandas funcionais ao RAC. As "guerras culturais" ou entre marcos cognitivos antagônicos são essenciais na mobilização política em favor da Agroecologia, pois é por esse meio que a hegemonia é disputada (esse aspecto será desenvolvido no Capítulo 5).

dustrial" e regular o "comércio interindustrial" – uma distinção clássica proposta na macroeconomia política (Krugman; Obstfeld, 2010). O comércio interindustrial é focado na troca de bens não homogêneos entre biorregiões, ou seja, produtos identificados com base na singularidade dos fatores de produção (dotação específica de recursos como clima, variedades, solo ou hábitos agrícolas). Já o comércio intraindustrial se ocupa das trocas de produções similares (bens homogêneos). Nos mercados agroalimentares, os circuitos de longa distância só seriam justificáveis, com restrições regulatórias, no caso do comércio interindustrial.

Esse tipo de medida só seria plenamente eficaz no âmbito das políticas e instituições democráticas internacionais que tivessem a real competência normativa para regular o comércio internacional. Portanto, o foco da Agroecologia Política deve se dirigir também para a democratização de políticas e instituições multilaterais, favorecendo o estabelecimento de mecanismos de regulação ecológica e justa do comércio mundial. Esse foco se opõe ao unilateralismo na política internacional, fortalecido desde a década de 1990 pelas potências agroindustriais mundiais, especialmente pelos Estados Unidos, e pela tendência do RAC de privatizar o direito internacional público sobre o comércio por intermédio de acordos e tratados comerciais.

O desenho de instituições globais de regulação democrática envolve enormes dificuldades teóricas e práticas para a comunidade internacional. No entanto, a necessidade ecológica e social de avançar em direção a um Estado de direito global é tão evidente e urgente que não pode ser ignorada. Portanto, não se justifica a exclusividade da ação política na escala local, invocando-se um caminho de transformação estrutural baseado na simples progressão cumulativa de experiências e instituições geradas nesse âmbito. Essa estratégia é idealista e está fadada ao fracasso por uma razão bem conhecida nas Ciências Sociais: as mudanças sociais funcionam por saltos qualitativos (emergência) de escala. O aprofundamento da crise agroalimentar e ecológica ocorre em um ritmo muito mais acelerado do que o acúmulo de experiências sociais. É nesse sentido que o fortalecimento de estruturas políticas supranacionais intermediárias, como a União Europeia ou Mercosul e Unasul, torna-se altamente relevante no contexto atual (Bermudez Gómez, 2011; Rosset; Altieri, 2017). Com todas as suas imperfeições, que são muitas, essas estruturas representam um laboratório institucional do que pode vir a se constituir como uma democracia e um Estado cosmopolita, caso operem de fato como atores normativos e políticos capazes de impor limites ao poder das corporações transnacionais. Articulações internacionais da sociedade civil reunidas em torno do movimento agroecológico deveriam atuar no sentido de promover tais reformas democratizantes nessas estruturas intermediárias supranacionais.

Redes territoriais de Agroecologia

As redes territoriais de agroecologia são arranjos institucionais de cooperação supra e interlocal. Estão organizadas na escala de regiões (biorregiões) com a finalidade de promover formas de cooperação e coordenação democráticas visando otimizar os bens ecológicos, tecnológicos e institucionais segundo uma perspectiva agroecológica. As redes territoriais representam um esforço de integração da produção e do consumo de base agroecológica em escalas supralocais, comportando, portanto, maior grau de complexidade nos processos de governança. Elas se configuram também como um espaço institucional de interface entre o Estado e as organizações da sociedade civil visando à coprodução de bens e serviços públicos. A delimitação territorial abrangida pelas redes de agroecologia não corresponde mecanicamente aos critérios oficiais de demarcação das regiões administrativas, das biorregiões ou do zoneamento biogeográfico (Vilhena; Antonelli, 2015). As redes territoriais de agroecologia são inovações institucionais cuja territorialidade é definida com o objetivo de promover a integração e a eficiência dos circuitos que vinculam a produção ao consumo de alimentos. Portanto, o papel dessas redes é o de fomentar ambientes institucionais favoráveis à produção, à transformação, à distribuição e ao consumo em escalas supralocais, uma abrangência geográfica para a ação coletiva pouco enfatizada nas políticas públicas, mas determinante para a Agroecologia Política.

Além de combinarem economias de escala e de escopo, como mutualização de serviços e outras vantagens advindas das sinergias e complementariedades entre atividades econômicas, as redes territoriais contribuem com o surgimento de uma cultura política de base agroecológica. A complexidade organizativa das redes estimula a formação e exercita arranjos institucionais e habilidades para a cooperação abstrata que extrapolam em muito as redes de cooperação imediata, cara a cara, baseadas nas trocas por reciprocidade direta ou por doação. Como já assinalamos, a crise do regime agroalimentar global não pode ser equacionada com estratégias de ação limitadas à dimensão local. Tampouco com instituições reguladoras da reciprocidade direta. Discutiremos nos próximos capítulos como essas redes territoriais poderão ser implementadas, contribuindo para o desenvolvimento de regimes agroalimentares locais de base agroecológica.

Moedas sociais

As moedas sociais possuem uma série de virtudes que facilitam a recuperação da dimensão informativa do dinheiro em detrimento da dimensão especulativa e entrópica. A moeda social é ao mesmo tempo um movimento social (cooperativo e autônomo) e uma instituição comunitária para a conversão pactuada do valor social e do método para sua conversão em preço. Dependendo da conjuntura política, a sua plasticidade formal adaptativa lhe permite funcionar ou não como moeda complementar às moedas de curso legal e ser um modelo piloto extrapolado para a produção de moeda estatal. Garante o controle coletivo (democrático) do sistema monetário e permite transações econômicas com taxa de juros zero. Facilita a composição de fundos de créditos rotativo solidário, adotando critérios de concessão relacionados a interesses sociais ou ambientais. Em sua primeira fase, surge da livre vontade dos participantes, adotando a forma de cooperativa de crédito; portanto, tem custos de transação iniciais muito baixos. A participação no fundo de capital inicial não precisa ser monetária ou patrimonial. Possui mecanismo de participação e controle simples e transparente. Restringe a acumulação por meio da desvalorização da moeda (limitação do tempo de validade) e limitação regulada das taxas de capital. Não está sujeita aos riscos de inflação e deflação, uma vez que está indexada à produção de bens e serviços na comunidade. É uma moeda de proximidade e vizinhança, que promove relações endógenas. Permite a coprodução e cogestão conjunta entre organizações sociais e instituições públicas democráticas de abrangência municipal e regional. Por fim, envolve uma desconexão não traumática, parcial e gradual com o sistema monetário global, pois tolera conexões parciais, como os microcréditos dentro do sistema de crédito mutualista.

Governança democrática e Estado difuso para a transição agroecológica

O conceito de governança surge como referência à harmonização das relações entre os poderes públicos do Estado e a sociedade civil, transformando a tradicional relação de hierarquia coercitiva em favor da colaboração horizontal. Isso ocorre no âmbito do Estado de bem-estar e de uma crescente democratização tanto da administração pública (transparência, participação) quanto da atividade privada (igualdade de gênero, família democrática, cogestão nas empresas etc.), na qual o fortalecimento dos serviços públicos como a educação e a saúde construíram um espaço intermediário democrático entre a sociedade civil e a sociedade política. A proletarização e a generalização das antigas e minoritárias profissões liberais (nos campos da saúde, educação e direito, por exemplo) significou uma importante mudança sociológica, gerando novos vínculos entre o Estado social e democrático e os atores sociais que alteraram a cultura política (Offe, 1988).

A crescente socialização do Estado e a progressiva democratização da chamada sociedade civil obrigam a construir categorias políticas não dicotômicas (sociedade política/sociedade civil) que integram, em conceitos comuns, a democracia e a produção de bens públicos, entendidos como função compartilhada entre o Estado e a sociedade civil. A contrarreforma neoliberal se ergueu precisamente contra essa ideia incipiente de governança democrática que ameaçava o *status quo* do capital. Foi justamente essa reação neoliberal que colonizou a ideia de governança e a utilizou como aríete para enfraquecer o Estado e os atores sociais democráticos, como sindicatos e movimentos sociais. Boltkansky e Chiapello (2009) descreveram como a estratégia neoliberal de ressignificação e captura de argumentos e semânticas antagônicas para que sejam utilizados em um sentido diametralmente oposto. Enquanto a governança democrática significava cooperação entre atores públicos e atores sociais na coprodução de bens públicos, a apropriação neoliberal significou a penetração do empresariado na esfera pública para produzir mercadorias e renda privada.

Urge, portanto, retomar decisivamente o conceito de governança democrática para designar novas relações entre o Estado e a sociedade civil a partir de padrões horizontais e cooperativos entre os atores democráticos. Para que a crise socioecológica na qual estamos imersos seja enfrentada, o Estado não pode estar alheio aos comportamentos, às crenças e às instituições sociais, tal como funcionava a burocracia do socialismo real ou funciona a dos Estados autoritários; tampouco pode ser governado seguindo a caótica desregulamentação privatizante do neoliberalismo. Faz-se necessário um novo marco institucional de cooperação entre Estado e sociedade, lubrificado por fluxos democráticos. O estatismo burocrático aumenta a entropia política a limites insustentáveis, reduzindo a entropia social, mas aumentando a entropia física. Já a privatização liberal aumenta a entropia social, diminuindo a entropia política, também aumentando a entropia física. O socialismo real e o neoliberalismo acabam aumentando a entropia física (metabólica) para que os outros dois tipos de entropia sejam reduzidos.

A teoria evolutiva e ecológica das instituições sugerida ao longo deste texto contribui para a superação do suposto abismo ontológico entre a sociedade e o Estado. A governança democrática permite que os atores sociais e públicos administrem a entropia física de forma abrangente e coordenada. Ela evita os riscos resultantes da "monocultura institucional" apontados por Ostrom (2009). Na era da inteligência coletiva, não faz sentido que um grupo de especialistas ou de burocratas concentre todas as decisões, empobrecendo a enorme riqueza e criatividade dispersa em uma infinidade de sensores e nós sociais, com capacidade de processar enormes volumes de informação a uma velocidade até então desconhecida.

A Agroecologia como ação coletiva multinível

O movimento agroecológico é um movimento social que se auto-organiza segundo uma lógica de ação coletiva. Como tal, não está imune aos múltiplos custos e conflitos que isso acarreta. Quando falamos de ação coletiva, nos referimos a um padrão coordenado de ações individuais voluntárias e cooperativas com fins compartilhados pelos envolvidos na ação. Portanto, não estamos tratando de ações cuja coordenação resulte da coerção ou da imposição de um regulador externo. O movimento agroecológico teve sua origem impulsionada fundamentalmente por ONGs portadoras de uma crítica socioecológica à modernização agrícola em estreita relação com organizações camponesas e indígenas e por acadêmicos críticos. Pouco a pouco, em seu desenvolvimento, ele foi incorporando novos aliados (esse aspecto é abordado no Capítulo 5).

Como todos os movimentos sociais, o movimento agroecológico experimenta os problemas da gestão da ação coletiva. Entre eles estão os custos e efeitos perversos da coordenação intencional de ações individuais cooperativas, descritos por Mancur Olson (1971), ou os "custos de transação" descritos por Coase (1994). Esses custos de transação e coordenação são "ruídos" (entropia) que dificultam e reduzem a eficiência da ação coletiva. De acordo com o marco teórico apresentado no Capítulo 1, poderíamos entendê-los como consequências da entropia social gerada por interações individuais em contextos sociais complexos formados por objetivos e padrões coletivos. Como já ressaltado, a função das instituições é precisamente a de administrar e reduzir os níveis de entropia social, de tal forma que a produção de bens públicos seja o mais eficiente possível.

O emprego de um critério biomimético, oriundo da teoria da seleção evolucionista multinível, entendida como a ação sincrônica da seleção natural em pelo menos dois níveis da hierarquia evolutiva (Okasha, 2006), nos ajuda a compreender o caráter original do movimento agroecológico e a definir uma perspectiva coerente para a transição agroecológica: a ação coletiva multinível. É essa perspectiva que incide e modifica sincronicamente pelo menos dois níveis da escala de complexidade social[5] como, por exemplo, o estabelecimento agrícola e a comunidade rural na qual o primeiro está inserido.

A ação multinível pode ser analisada em termos sincrônicos ou diacrônicos. Como na seleção biológica, o relevante não é a interação em escalas diferentes, mas se a ação coletiva é autoconcebida e autoprogramada como síncrona, ou seja, simultaneamente em várias escalas, ou diacrônica, em escalas cumulativas ao longo do tempo: primeiro o estabelecimento agrícola, depois a comunidade local e assim por diante, em um esquema sequencial, mecanicista e cumulativo. Seja para gerar mudanças efetivas, seja pelo próprio caráter do movimento, a ação coletiva multinível se autoprograma para alcançar seus objetivos no maior número de escalas possível e de forma síncrona. Isso significa que a ação coletiva no campo agroecológico também deve estar orientada para o desenho e a implementação de políticas públicas, especialmente aquelas executadas pelo Estado. As dicotomias entre ação social e ação político-institucional e entre gestão administrativa e mobilização social são armadilhas intelectuais e políticas que devem ser evitadas. A ação coletiva multinível não se processa em detrimento de nenhum dos níveis em que incide. Ao contrário, potencializa

---

[5] Preferimos nos referir a "escalas de complexidade social" do que a "hierarquia social". A primeira expressão se refere diretamente aos níveis de complexidade, de densidade conectiva entre nós ou elementos das redes sociotécnicas aninhadas umas às outras, enquanto a última se refere a uma relação de dependência ou dominância entre escalas.

os esforços de transformação realizados nas diferentes escalas. A ação descoordenada entre escalas, por sua vez, condena uma parte do movimento agroecológico ao isolamento na esfera local e a outra parte a uma institucionalização burocrática impotente.

Segundo a teoria evolucionária e ecológica das instituições aqui sugerida, uma ação pode ser entendida como um impulso de transmitir informação (neguentropia) ou transmitir ruído (entropia). Sendo a ação coletiva o resultado da coordenação das ações de vários indivíduos orientada por objetivos comuns, a função na ação coletiva multinível é a de transmitir informações em diferentes escalas por intermédio de três tipos de circuitos: 1) circuitos autônomos de produção de bens públicos locais, compreendendo estabelecimentos agrícolas, mercados locais, moedas sociais, cooperativas locais de produção e serviços, redes territoriais etc.; 2) circuitos exógenos de inovação sociotécnica, o que inclui a cooperação com a comunidade científica e alianças com outros atores e movimentos sociais (consumidores, profissionais da saúde, ambientalistas, sindicalistas urbanos); 3) circuitos de interação com o Estado para a coprodução de políticas públicas em diferentes níveis da administração pública. Esses três circuitos correspondem a diferentes escalas de ação coletiva multinível, indo desde a mais básica, do estabelecimento agrícola, até o Estado, passando pelas escalas comunitárias e territoriais intermediárias. O movimento agroecológico tem o poder de gerar sinergia e retroalimentação positiva entre esses três circuitos de ação (informação) para promover mudanças simultâneas nas diferentes escalas da transição agroecológica.

Inteligência coletiva e democracia

A inteligência coletiva é a capacidade que múltiplos agentes possuem para estabelecer relações causais, construir padrões e fazer previsões e generalizações de forma coordenada e cooperativa com base em um volume reduzido de informações. Embora a inteligência tenha sido compreendida pela tradição do pensamento ocidental como um atributo individual de cognição e como uma excepcionalidade antropocêntrica, o fato é que a inteligência individual resulta da inteligência coletiva da espécie, além de não ser uma singularidade exclusivamente humana, mas compartilhada, ao menos, com todas as espécies eussociais (Hendrich, 2017; Wilson, 2012). A inteligência das multidões faz parte das redes da vida desde o nível microscópico (vírus e bactérias) até o nível macroscópico (biosfera). Lynn Margulis (1970) demonstrou, na teoria da endossimbiose, como o mutualismo é o fundamento do salto do inorgânico para o orgânico, dando origem ao nascimento dos primeiros organismos celulares.

As formas mais complexas de exercício desse mutualismo cognitivo, que é a inteligência coletiva, ocorrem em espécies onde o peso da seleção cultural é maior. Este é o caso da espécie humana, que precisa internalizar descobertas bem-sucedidas por meio de padrões cognitivos estáveis e ao mesmo tempo plásticos, tais como os mitos, os símbolos, os rituais, as normas ou as instituições. Os fundamentos do que entendemos por democracia (tomada de decisão coletiva em condições de igualdade) são a cooperação e o exercício da inteligência coletiva. O conhecimento privativo – como os teóricos do *software* livre o denominam – é um desperdício cognitivo que compromete o sucesso adaptativo de qualquer espécie. Esse desperdício é ainda mais pernicioso no caso da espécie humana diante de cenários culturais e ambientais extremamente entrópicos com os quais se defronta.

Um exemplo de inteligência coletiva é a memória biocultural das comunidades indígenas e tradicionais e as práticas e instituições camponesas (Toledo; Barrera-Bassols, 2008). A própria ciência institucionalizada é um exemplo formidável de conhecimento mutualístico, na qual a pesquisa individual é um nó dentro de uma rede de pesquisa necessariamente cooperativa. Nesses exemplos, a inteligência coletiva implica cooperação ao longo do tempo e entre diferentes gerações. Isso também é observado nos jogos evolutivos cooperativos: as decisões racionais dos agentes, em escala intertemporal, obrigam à cooperação como produto de uma racionalidade compartilhada (Axelrod, 2006). Uma das grandes críticas de Marx à lógica do capital é que lhe faltava um "Intelecto Geral" (*General Intellect*), sendo isso o que fatalmente condenaria o capitalismo a se tornar, mais cedo ou mais tarde, uma lógica suicida (Marx, 1976 [1858]).

As duas bases evolutivas da democracia, cooperação e inteligência coletiva, estabelecem três limites para a governança e a institucionalidade democrática e sustentável: a) os limites intertemporais e intergeracionais na tomada de decisões coletivas (soberania popular como procedimento); b) os limites nas assimetrias sociais na distribuição dos recursos (igualdade cooperativa); c) os limites cognitivos nas decisões coletivas que devem se basear em comportamentos coletivos complexos. Decidir coletivamente não é apenas um ato (votar, levantar a mão, consentir), mas um processo dialógico comunitário.

Nesse sentido, a democratização dos sistemas agroalimentares se materializa em processos decisórios coletivos e eficientes relacionados à produção, distribuição e consumo de alimentos (Hassanein, 2008). Nesse tipo de decisão coletiva intervêm múltiplos agentes institucionais (reguladores públicos, movimentos sociais, consumidores, produtores, entre outros) presentes em diferentes escalas. Na formulação proposta por Hassanein (2008), é apresentado um polígono de decisão onde há uma intersecção entre três dimensões da ação coletiva: a cooperação na ação prática, a cooperação cognitiva por meio do exercício de formas de inteligência coletiva e a cooperação na intencionalidade, mediante uma orientação teleológica para o bem comum.

Por meio de intervenções de múltiplos agentes nos variados níveis de agregação escalar, as informações relacionadas aos mercados privados tornam-se amplamente disponíveis numa democracia agroalimentar. As condicionantes ecológicas (limites biofísicos) e sociais (bem comum) são referências do planejamento público da transição agroecológica, verificando-se a projeção transpolítica, uma vez que são eliminadas as barreiras fictícias entre a esfera política (democracia) e a esfera privada (economia) e entre a produção (economia monetarizada) e a reprodução social (cuidados, trabalhos ocultados, serviços ambientais) (Garrido Peña, 1996).

A ação normativa e a soberania popular como procedimento

A cooperação e coordenação eficientes entre atores sociais, movimentos sociais e atores políticos (instituições públicas) é a base da governança democrática como um horizonte normativo desejável para que a transição agroecológica seja o menos conflituosa possível. Até este ponto, nos detivemos em detalhes relacionados ao desenho institucional ideal de micropolíticas para a promoção da Agroecologia e ignoramos deliberadamente a esfera macropolítica estatal. Em grande medida, essa sequência de exposição reproduz o roteiro adotado por parcelas importantes do movimento agroecológico que, dada sua tradição original comunitária e autogestionária, se mostra relutante a adentrar nas disputas na arena do Estado. Tal relutância política pode ser explicada pela guerra que o Estado travou historicamente e segue travando contra os povos indígenas, a agricultura camponesa e, mais especificamente, contra o próprio movimento agroecológico.

A Agroecologia nasceu e sobrevive em muitos países apesar dos poderes públicos oficiais. Portanto, não é surpreendente que, para muitos ativistas, o Estado se apresente mais como um inimigo a ser derrotado ou um perigo a ser evitado do que uma instituição a ser politicamente conquistada.

A ação coletiva é uma das funções centrais dos atores sociais. Já os atores políticos se caracterizam por sua ação normativa ou reguladora. A ação coletiva é autorregulada, enquanto a ação normativa é heterorregulada. Isso significa que os reguladores são sempre externos às condutas reguladas. O Estado regula por meio de normas legais e pela emissão de moeda (Luhmann, 1995; Bicchieri, 2016). Sua capacidade normativa é legitimada por um conceito central da teologia política romana e medieval (Kantorowicz, 1985; Agamben, 2006): a soberania. Trata-se de um poder supremo sobre o qual não há outro. O contrato social que deu origem aos Estados modernos se concentrou na propriedade, sendo o proprietário o seu sujeito.

O estabelecimento de um regime de segurança jurídica para a proteção da propriedade foi o primeiro consenso que justificou a autolimitação voluntária do poder de autonomia dos indivíduos. Esse contrato social autorrestritivo se justificava, na ausência de um fundamento teocrático de poder, pela necessidade de evitar o "estado de natureza" (Hobbes, 1984 [1651]) e, consequentemente, a violência e a insegurança generalizada. O desenvolvimento democrático dessa legitimação contratual do poder político buscou na construção de um sujeito coletivo, o povo, o novo corpo do soberano destronado. Mas a característica que definia o conceito de soberania era a de poder absoluto, algo ou alguém sobre o qual não há ninguém. Na soberania popular, o povo passou a ser o novo soberano. No entanto, as origens absolutistas desse conceito criaram contradições no discurso democrático. A encarnação do povo numa "vontade geral" em Rousseau (2004) ou na nação (Sieyès, 2007) prenunciou uma série de perversões totalitárias e autoritárias. O organicismo coletivista ou o despotismo da maioria são exemplos históricos dessas perversões. Contra as perversões autoritárias da soberania popular, um imponente edifício conceitual e institucional foi construído. O constitucionalismo e o garantismo trataram de elaborar uma rede de poderes e contrapoderes e a delimitação constitucional de garantias e direitos fundamentais que pretendem estabelecer uma fronteira intransponível para o totalitarismo e o despotismo.

Para enfrentar os desafios colocados pela Agroecologia, torna-se necessário estabelecer um novo sistema de valores e princípios que possibilite a ampliação da comunidade moral, incluindo toda a comunidade biótica, bem como as gerações futuras (Singer, 1985). A necessidade de considerá-los como parte integrante do sujeito soberano é essencial do ponto de vista da sustentabilidade, uma vez que eles não têm palavra e, devido às suas condições na arena pública, seus assentos estão vazios. Somente expandindo os limites da comunidade moral, para além de nossa geração e de nossa espécie, poderemos assumir compromissos éticos e políticos capazes de enfrentar a renúncia ao crescimento para não sucumbir aos cenários mais indesejáveis da crise socioecológica.

Para abordar esses desafios, devemos buscar formas para delimitar a soberania por perspectivas que superem as fórmulas liberais e republicanas, sem abandonar as garantias que elas oferecem. Tais formas podem ser encontradas, por exemplo, na proposta de Habermas (2010) de "soberania popular como procedimento". A ideia original vem do filósofo alemão Julius Fröbel (*apud* Habermas, 1989) que propôs a substituição do conteúdo substancialista da soberania popular por um conjunto de procedimentos que garantam a formação deliberativa e racional da opinião e das decisões públicas. As condições pragmáticas da deliberação racional devem ser salvaguardadas constitutivamente como possibilidade para o exercício da soberania. Essas condições pragmáticas de comunicação coincidem com as intuições éticas e políticas da democracia (autonomia, liberdades, igualdade de acesso ao espaço público, busca da verdade, bem comum e consenso etc.).

A proposta consiste em reformular a soberania popular como procedimento constituinte e constitucional, por meio do qual o exercício das autonomias individuais é assegurado de forma permanente, incluindo membros das gerações futuras, em igualdade de direitos e condições. Essa obrigação diacrônica de preservar os direitos de todas as gerações também leva a uma obrigação sub-rogada de preservar os direitos de toda a comunidade biótica, sem a qual a proteção das gerações futuras seria ecologicamente impossível.

Democracia cooperativa

Se a cooperação e a democracia são formas organizativas evolutivamente eficientes da espécie humana, cabe se perguntar: por que a democracia foi aparentemente tão limitada como regime político até o século XX? Onde estavam essas tendências evolutivas no amplo período histórico entre os impérios hidráulicos e a Revolução Francesa? Na realidade, esse período não é tão longo se considerarmos os milhares de anos de existência de nossa espécie. Cabe analisarmos então como a filosofia política moderna compreendeu esse interregno anticooperativo.

Segundo Rousseau, o surgimento de formas de propriedade privada marcou o fim do "estado de natureza". Ao contrário da interpretação de Hobbes, Rosseau (2004 [1762]) não concebia esse estado como o reino "de todos contra todos", mas como o de "todos com todos". A propriedade privada teria sido o pecado original que nos expulsou do paraíso comunitário primitivo. Ele entendia o contrato social como uma forma institucional de recuperar a liberdade natural por meio da liberdade política. Os indivíduos não assinam o contrato social para se protegerem das ameaças do "estado de natureza", como defendia Hobbes, mas para recuperar a liberdade existente no "estado de natureza" original. A propriedade privada destruiu a comunidade com a formação do Estado e das classes sociais, com a fragmentação da unidade entre política e comunidade.

Essa fragmentação foi o resultado de um salto da complexidade demográfica, política e tecnológica marcada pela passagem do Paleolítico ao Neolítico e pelo surgimento de grandes excedentes agrícolas que tiveram de ser administrados. Como forma simbólica universal, o dinheiro surgiu a partir de necessidades técnicas para administrar a complexidade das trocas, configurando-se como instrumento político de dominação e geração de desigualdades. Essas inovações institucionais são resultado da quebra do regime metabólico fechado e circular verificado nas comunidades primitivas. Essa mesma ruptura se apresenta como a causa remota da atual crise socioecológica. Com o início da agricultura, iniciou-se uma desarticulação progressiva da cooperação social. Em paralelo, verificou-se o aumento da desigualdade e das divisões políticas. Dinheiro e insustentabilidade ecológica avançaram historicamente de mãos dadas na geração de profundas assimetrias sociais. Isso significa que o padrão do metabolismo social e o padrão de organização institucional se condicionam mutuamente (González de Molina; Toledo, 2011). Um metabolismo circular manteve por centenas de milhares de anos formas de organização cooperativas e igualitárias.

A democracia não surgiu com os sistemas parlamentares modernos. Inúmeras culturas desenvolveram sistemas igualitários, cooperativos e participativos de organização social muito antes das revoluções do século XVIII (Guaman, 2015). Embora a recuperação moderna da democracia tenha ocorrido no bojo do desenvolvimento do capitalismo, esse caminho comum tem se tornado cada vez mais conflitivo em função do aumento desmesurado das desigualdades sociais e do aprofundamento da crise ecológica. O crescimento econômico possibilitou um relaxamento dos sistemas de coerção e empoderou atores sociais na luta por direitos e conquistas democráticas. O socialismo de Estado falhou gravemente ao empregar um regime de coerção igualitária em vez de um baseado na cooperação democrática. Atualmente, a base material da democracia exige que se leve em conta a acentuação das desigualdades sociais e o inelutável fim do crescimento econômico como objetivos centrais da agenda pública. Não conhecemos nenhuma experiência democrática moderna sem crescimento econômico. Mas conhecemos a democracia e a cooperação primitiva sem crescimento. Por essa razão, torna-se tão importante conhecer as bases evolutivas da democracia e da cooperação. Não que a democracia seja incompatível com a sustentabilidade. Ao contrário: ela só será possível com sustentabilidade, ao passo que esta só será socialmente realizável com a democracia (Garrido Peña, 2009). Os sonhos totalitários de um comunismo autoritário de crescimento zero, como proposto por Harich (1978), são não apenas indesejáveis, mas impossíveis.

A história e a fundamentação biopolítica da democracia nos mostram como ela está solidamente ancorada em nossa espécie. Mas também expõem os limites e as condições nas quais ela será factível em um futuro não muito distante. A brutal assimetria entre a cooperação nas comunidades primitivas e as possíveis formas de cooperação em sociedades pós-industriais aconselha escaparmos de qualquer intento de neoprimitivismo no desenho institucional do futuro. A democracia do decrescimento e da sustentabilidade deverá ser altamente cooperativa e participativa, algo muito diferente da "democracia de mercado", coercitiva e elitista.

Democracia deliberativa

A seleção cultural é na humanidade a forma mais frequente e dominante de seleção natural, seja por mecanismos individuais de racionalidade reflexiva ou por dispositivos culturais coletivos, como a memória biocultural. Portanto, as decisões racionais e razoáveis, segundo distinção proposta por Rawls (1993), têm um papel fundamental na formação de preferências, julgamentos e escolhas individuais, mas também, e principalmente, coletivas. Essa é a base da denominada "democracia deliberativa", na qual uma decisão não é democrática caso não esteja amparada por uma deliberação prévia e livre, baseada em razões públicas, em meio à comunidade de iguais: sem raciocínio dialógico e público não há decisão democrática. A deliberação é um pré-requisito formal e material que tem sido assumido como condição de validação na elaboração e aprovação parlamentar das leis ou na motivação de sentenças judiciais no Estado de direito (Ferrajoli, 2010). Uma lei não debatida não é válida, ou uma sentença ou ordem judicial que não possua motivação razoável são invalidadas de pleno direito.

A deliberação parece estar inscrita na própria gênese das decisões coletivas humanas e não pode ser negligenciada sem que a própria democracia seja comprometida. Mas a democracia deliberativa deve necessariamente levar em conta os interesses daqueles que não podem falar (a comunidade biótica silenciosa) ou aqueles que ainda não podem falar (a comunidade ausente das gerações futuras). Essa é uma exigência inscrita nas demandas da ética ecológica (Garrido Peña, 2012) e nas reivindicações factuais da crise ambiental. É certo que não existe uma relação direta entre democracia e sustentabilidade. No entanto, isso não significa a inexistência de uma relação de possibilidade e, inclusive, de probabilidade (Bronley, 2016). De todas as formas de decisão coletiva, especialmente as que incidem sobre os bens comuns, a democracia deliberativa é a única capaz de vincular democracia e sustentabilidade, incorporando inclusive os interesses dos sujeitos sem voz. De todos os modelos, a democracia deliberativa é o que oferece os maiores recursos para coordenar com eficiência a democracia e a sustentabilidade (Wironen *et al.*, 2019). Isso porque utiliza dispositivos de tomada de decisão baseados na inteligência coletiva e na razão pública, inerentes à racionalidade dialógica da linguagem humana, na qual a estimativa e a avaliação sempre excedem aos interesses e às perspectivas estritamente individuais. Portanto, se afirma como uma reivindicação de validade objetiva e universal (Habermas, 2010). Por isso, é necessário ativar ao máximo os dispositivos do altruísmo por meio da seleção multinível, incluindo a representação de uma comunidade abstrata própria (a humanidade, a biosfera etc). Essa é uma atribuição da ética ecológica que leva à ampliação da comunidade de iguais (Singer, 1976), tal como já argumentado.

Para que a democracia deliberativa tenha incrementadas suas probabilidades de funcionar como uma democracia cooperativa e inclusiva, é necessário reforçar algumas características do desenho institucional nos processos coletivos de decisão: a dimensão representativa da tomada de decisão democrática é uma condição inevitável, mesmo em escalas muito baixas de complexidade. Aceitar que somente os que têm voz podem defender seus interesses, como ocorre em certos programas de democracia direta, é incompatível com o princípio da factibilidade em sociedades complexas (Domenech, 1998) e inviabiliza a inclusão dos interesses de quem não tem voz (o ausente, as gerações futuras, a comunidade biótica etc.). As decisões não podem ser o produto de decisões individuais agregadas, mas de decisões médias. As consequências das decisões coletivas devem ser iguais para todos, qualquer que seja a decisão individual tomada.

Em experimento conduzido por uma equipe liderada por J. Nowak com auxílio de um simples jogo de bens públicos, foi demonstrado que, quando os indivíduos tomam decisões para o futuro com um modelo deliberativo de voto, o resultado favorece os interesses de gerações futuras e não apenas a soma dos interesses privados dos que decidem. Os grupos que tomaram decisões pelo modelo de agregação de votos individuais (sem deliberação) eram cegos com relação às condições futuras (Nowak *et al.*, 2014). Da mesma forma, a tragédia dos comuns é um objeto teórico exemplar descrito por Hardin (1968) que ressalta a catástrofe ecológica provocada por decisões individuais isoladas, sem regras cooperativas, com um sistema de informação sobre custos e benefícios baseado em dinheiro (Mayumi; Gianpietro, 2006) e sem qualquer marco deliberativo. Diante dessas condições de decisão, nas quais o processo deliberativo é inexistente e que se refere ao padrão não cooperativo do dilema do prisioneiro, a conclusão a que Hardin (1968) chegou não poderia ser outra que não a da inviabilidade da economia dos comuns, tese posteriormente questionada por Ostrom (2015a).

Concordando com Wironen *et al.* (2019), a democracia deliberativa pode exercer grande influência em três campos específicos do desenho institucional segundo a perspectiva agroecológica: i) na conformação de preferências coletivas ajustadas com as demandas de sustentabilidade; ii) na avaliação pública de normas; e iii) nos processos de legitimação de instituições e políticas. Somente com decisões fundamentadas racional e razoavelmente por meio de processos de diálogo abertos, regulados, contínuos e livres é possível modificar e introduzir novas preferências compatíveis com a ética ecológica, avaliar as normas com base em parâmetros ecológicos e legitimar as mudanças políticas necessárias para enfrentar o desafio evolutivo da sustentabilidade com altas chances de sucesso. Qualquer outra alternativa autoritária ou não cooperativa incorrerá em custos mais elevados e com menos probabilidade de sucesso evolutivo.

Capítulo 4
Aumento de escala da Agroecologia

Ao descrever e analisar as abruptas mudanças ambientais ocorridas em escala planetária durante o século XX, especialmente após a Segunda Guerra Mundial, McNeill (2001, p. 4) concluiu que a humanidade está imersa em um "experimento gigantesco e sem controle". Poucos anos depois, Rockström *et al.* (2009b) demonstraram que as pressões antropogênicas sobre o sistema terrestre ultrapassaram algumas fronteiras de segurança relacionadas à capacidade de restabelecimento de dinâmicas biofísicas em escala planetária. Do ponto de vista econômico, Pikkety (2014) evidenciou que a evolução recente do sistema de governança econômica global gerou níveis de concentração de renda e de desigualdade social comparáveis aos do século XIX, com claras tendências de agravamento. Como vimos no segundo capítulo, a crise atual é o corolário de todas essas tendências, o que a configura como uma crise singular de caráter estrutural, na qual convergem múltiplas crises (George, 2010), expondo os limites da civilização moderna (Garrido Peña *et al.*, 2007; Toledo, 2012a).

O notável aumento da instabilidade global desde 2008, com a intensificação das turbulências econômicas, políticas, sociais, ambientais e climáticas é uma evidência, segundo Wallerstein

(2005), da crise terminal do sistema-mundo surgido há cinco séculos, na era do expansionismo europeu (Braudel, 1995), quando a rápida expansão das fronteiras de apropriação ecológica e da exploração social, proporcionaram níveis sem precedentes de acumulação de capital e poder. Os sintomas da crise sugerem que presenciamos um fenômeno inédito, cuja solução não será alcançada com o mesmo padrão de resposta aplicado às crises cíclicas do passado, ou seja, "colocando a natureza para funcionar de maneiras novas e poderosas [...] [mediante] novas tecnologias e novas formas de organização do poder e da produção" (Moore, 2015, p. 1).

A magnitude das mudanças necessárias neste momento de "bifurcação histórica" teve, possivelmente, dois precedentes na história da humanidade: a Revolução Neolítica, com o advento da agricultura há cerca dez mil anos; e a Revolução Industrial, processo iniciado há cerca de 300 anos, cujo desdobramento nos conduziu ao atual estado de crise multidimensional em escala global. Esses dois "momentos revolucionários" impulsionaram mudanças em larga escala e de longo alcance nas formas de integração humana na biosfera, assim como nas configurações societárias correspondentes (González de Molina; Toledo, 2011; 2014). Tudo indica que, para enfrentar tanto as causas como os efeitos das mudanças climáticas assim como outros sintomas da crise global, serão necessárias transformações socioecológicas de igual radicalidade. No entanto, diferentemente dos processos anteriores, nascidos localmente e difundidos globalmente, as mudanças necessárias na "era da globalização" (Giddens, 2000) e do "Império" (Hardt; Negri, 2000) exigem profundas transformações na organização e governança do metabolismo agroalimentar em diferentes escalas, desde o âmbito local/territorial até o âmbito global.

A natureza da mudança: a metamorfose do sistema agroalimentar

Deter e reverter a crise a fim de construir um regime metabólico fundamentado na sustentabilidade socioecológica é, portanto, uma tarefa que não permite retardos. Como enfoque sociotécnico, a Agroecologia fornece as bases conceituais e metodológicas para a construção de sistemas agroalimentares sustentáveis, reduzindo os excessos do perfil metabólico do RAC, sem que isso signifique um aumento da desigualdade social ou territorial. Cabe à Agroecologia Política o desenho de instituições que promovam transformações nessa direção. Essas transformações não serão repentinas, mas não podem ser indefinidamente adiadas até que se altere a atual correlação de forças favorável à reprodução do RAC. Tampouco será gradual e acumulativa. As mudanças significativas devem ser impulsionadas pelas iniciativas já existentes.

A Agroecologia Política se distancia da dicotomia reforma/revolução característica do pensamento progressista moderno. No lugar da imagem de uma "revolução agroecológica", uma representação já evocada por proeminentes teóricos da Agroecologia (Altieri; Toledo, 2011; Sosa *et al.*, s.d.), entendemos que a transição é mais bem descrita como uma "metamorfose" dos arranjos técnico-institucionais que regulam os padrões de produção, transformação, distribuição e consumo de alimentos.[1]

A analogia com o processo biológico de metamorfose ressalta dois aspectos interdependentes, sendo um de ordem política (plano de ação coletiva) e outro de ordem intelectual (plano de reflexão). Do ponto de vista político, a noção de metamorfose permite superar

---

[1] A imagem da metamorfose agroecológica é inspirada em Edgar Morin (2007, p. 179; 2010, p. 181): "Quando um sistema é incapaz de tratar seus problemas vitais, ou se desintegra, ou cria um metassistema para tratar de seus problemas: ele se metamorfoseia".

o dilema sintetizado no título do livro *Reforma ou Revolução* de Rosa Luxemburgo (2010 [1900]). Assim como a transformação da lagarta em borboleta, a metamorfose combina o gradualismo das mudanças por dentro do sistema, tal como preconizado pelos reformistas, com a ruptura com a ordem sistêmica, como defendem os revolucionários. Do ponto de vista intelectual, implica reconhecer a inexistência de um centro gravitacional das forças de transformação. Elas estão dispersas pelo mundo e se organizam na forma de redes estruturadas em diferentes escalas, desde os mais remotos rincões, até as incipientes iniciativas de articulação da sociedade civil global, no nosso caso, em torno da agenda política da Agroecologia e da soberania alimentar. Isso significa que os processos de transformação não são orientados por uma teoria universal posta em prática por forças de vanguarda. Significa também que os processos de mudança já estão em andamento e se expressam em uma miríade de práticas sociais que abrem caminhos para a reconstrução de um novo regime agroalimentar. Nesse sentido, a noção de metamorfose se alinha com a tese defendida por Holloway (2011) que afirma a necessidade de romper o sistema hegemônico por meio de experiências sociais concretas, a partir das quais são construídos elevados graus de autonomia em relação aos modos de produção comandados pela lógica do capital. Para o autor, "a única maneira de pensar em mudar o mundo radicalmente é com uma multiplicidade de movimentos intersticiais que fluem a partir do particular" (Holloway, 2011, p. 15).

A Agroecologia se consolidou como uma teoria crítica que questiona radicalmente a agricultura industrial, fornecendo ao mesmo tempo as bases conceituais e metodológicas para o desenvolvimento de sistemas agroalimentares economicamente eficientes, socialmente justos e ecologicamente sustentáveis. Como prática social, a Agroecologia se expressa na diversidade e na criatividade das formas de resistência e luta do campesinato, em particular em suas estratégias de construção de autonomia em relação aos mercados de trabalho e de insumos. Como movimento social, mobiliza sujeitos envolvidos prática e teoricamente em sua construção, assim como setores crescentes da população, mobilizados em lutas por justiça social, saúde coletiva, soberania e segurança alimentar e nutricional, economia social, solidária e ecológica, equidade de gênero, contra o racismo e o colonialismo e por relações mais equilibradas entre o mundo rural e as cidades. Em essência, a Agroecologia produz uma sinergia entre suas três formas de compreensão, condensando sua abordagem analítica, seu *modus operandi* técnico-econômico e sua força política em um todo indivisível.

Efetivamente, a Agroecologia tem inspirado nas últimas décadas e em diferentes partes do mundo uma infinidade de experiências de inovação sociotécnica de âmbito local/territorial que envolvem organizações sociais, pesquisadores, extensionistas, agências de cooperação, agentes econômicos privados, gestores públicos e consumidores. Os resultados técnicos, econômicos, sociais e ambientais dessas experiências são hoje internacionalmente reconhecidos como expressões práticas de uma estratégia consistente para enfrentar os desafios planetários. Desafios identificados na elaboração da "Agenda 2030 – Transformando Nosso Mundo", que definiu 17 "Objetivos de Desenvolvimento Sustentável" (ODS) (UN, 2015b) e em outras iniciativas globais relacionadas à agenda política de desenvolvimento sustentável, como o Acordo de Paris sobre Mudança do Clima (UN, 2015a), a Década de Ação das Nações Unidas para a Nutrição (UN, 2016) ou a XIII Conferência das Partes sobre Biodiversidade.

Desde o recrudescimento da crise alimentar mundial de 2008, várias agências das Nações Unidas publicaram documentos de grande repercussão, confirmando a Agroecologia como abordagem apropriada para oferecer respostas consistentes ao atual agravamento, alastramento global e o mútuo entrelaçamento das crises alimentar, energética, ecológica, econômica, social e climática (Iaastd, 2009; De Schütter, 2011; HLPE, 2012; Unctad, 2013).

Evidências empíricas sistematizadas de experiências de Agroecologia em diferentes regiões do mundo (Brescia, 2017; Oakland Institute, 2018; Mier *et al.*, 2018; Biovision, 2018; Ipes-Food, 2018) mostram que, diferente do projeto de modernização agrícola, as mesmas não são impulsionadas como um megaprojeto de mudança social planejado de cima para baixo (Scott, 1998), a fim de promover transformações abruptas e lineares no RAC. Ao contrário, essas experiências correspondem a trajetórias de transição agroecológica não lineares, multidirecionais, complexas e ajustadas às peculiaridades socioecológicas e históricas locais. São processos de mudança sociotécnica impulsionados pela ação coletiva local (Ipes-Food, 2016; 2018). Além das inovações no plano técnico, elas inovam no campo institucional, inclusive com a organização de novos mercados (Hebinck *et al.*, 2015).

Uma das principais lições que podem ser extraídas do estudo da história da agricultura é que a substituição de um padrão de manejo técnico e econômico dos agroecossistemas por outro nunca é consequência automática da inovação tecnológica. A adoção em larga escala de inovações técnicas tende a enfrentar fortes obstáculos político-institucionais e culturais, mesmo quando já tenham demonstrado capacidade de solucionar críticos dilemas produtivos enfrentados pelas sociedades (Thirsk, 1997; Mazoyer; Roudart, 2010). Essa é a razão pela qual a Agroecologia permanece confinada a nichos de inovação social, sem que de fato ameace as bases político-institucionais e ideológicas que sustentam o RAC.

As trajetórias de transição agroecológica não podem, portanto, ser representadas como processos de mudança binários, unidirecionais e determinísticos. Em muitas situações, elas são bloqueadas por situações contingentes hostis, podendo mesmo sofrer retrocessos inesperados, para depois avançarem com base na ação coordenada de atores locais. A conversão dessas iniciativas desenvolvidas nas fissuras do sistema em força motriz da metamorfose agroecológica não é uma tarefa fácil e não se dará pela simples multiplicação de iniciativas isoladas. Faz-se necessário articular os agentes protagonistas dessas experiências sociais para que, orientados por estratégias comuns, possam desenvolver todo o seu potencial transformador.

Princípios estratégicos para a transformação dos sistemas agroalimentares

Paisagens sociotécnicas turbulentas, como as que presenciamos no atual momento histórico, criam condições excepcionalmente favoráveis para que o RAC seja contestado e influenciado pelas propostas que emergem dos nichos de inovação sociotécnica, nos quais a perspectiva agroecológica vem sendo socialmente experimentada e desenvolvida. A crise sistêmica global abre "janelas de oportunidade" para que práticas e ideias elaboradas nos nichos influenciem transformações no regime. "Janela de oportunidade" foi precisamente o termo empregado pelo diretor-geral da FAO, José Graziano da Silva, na abertura do I Simpósio Internacional de Agroecologia para Segurança Alimentar e Nutricional, em 2014, atividade realizada no bojo do Ano Internacional da Agricultura Familiar. Poucos anos depois, em abril de 2018, a direção da FAO reiterou e aprofundou essa afirmação com a celebração do II Simpósio Internacional de Agroecologia, dessa vez dedicado a discutir as condições político-institucionais para o aumento de escala da Agroecologia e suas possíveis contribuições para o alcance dos Objetivos de Desenvolvimento Sustentável (FAO, 2018).

O agravamento acelerado da crise global nos últimos anos, evidenciado pelos efeitos da pandemia da Covid-19 sobre os sistemas alimentares, não deixa margem a dúvidas sobre a necessidade do imediato reconhecimento e apoio institucional às experiências agroecológicas para que elas se multipliquem e se consolidem. Na literatura acadêmica sobre o tema, esses dois processos (o reconhecimento e o apoio institucional; a multiplicação e a consolidação) são descritos respectivamente como "escalonamento vertical" (*scaling up*) e "escalonamento horizontal" (*scaling out*) (Holt-Giménez, 2001; Gonsalves, 2001; Gónzalez de Molina, 2013; Rosset, 2013, Parmentier, 2014; Levidow *et al.*, 2014; Gliessman, 2018). O segundo processo é estruturante do primeiro, de forma que o avanço na metamorfose agroecológica, com o crescimento tanto em número quanto em dimensão das experiências agroecológicas, dependerá do desenvolvimento de uma nova institucionalidade inspirada nos princípios do desenho institucional apresentados no capítulo anterior.

Um número crescente de estudos tem documentado e analisado processos de aumento de escala da Agroecologia. Essa crescente visibilidade e aceitação da perspectiva agroecológica nos espaços institucionais e acadêmicos tem levado diversos autores a observar a existência de riscos de cooptação por parte de atores políticos e acadêmicos alinhados ao RAC (González de Molina, 2013; Méndez *et al.*, 2013; Levidow *et al.*, 2014, Gliessman, 2014; Giraldo; Rosset, 2016). A preocupação com esses riscos vem sendo sistematicamente alimentada pela frequência das manifestações oficiais que reduzem o escopo da Agroecologia a um enfoque orientado ao desenvolvimento de conhecimentos e tecnologias capazes de tornar a agricultura moderna mais sustentável.

Diante desse quadro, cabe à Agroecologia Política aportar referências teóricas e metodológicas para apoiar os processos de inovação institucional voltados à ampliação de escala da perspectiva agroecológica, prevenindo que esta não seja capturada como um segmento complementar e subordinado ao RAC e que tampouco as experiências agroecológicas contra-hegemônicas sejam encapsuladas (socialmente isoladas) ou sofram rechaço sistêmico (politicamente hostilizadas).

O desenho de estratégias adequadas para que os princípios e valores fundamentais do paradigma agroecológico sejam colocados em prática em contextos sociais, ecológicos e políticos muito diversos e peculiares é um tema polarizador dos debates sobre o escalonamento da Agroecologia. Um princípio emerge desses debates: devido à natureza contextualizada (*site-specific*) das práticas agroecológicas, os processos de transição devem ser impulsionados de baixo para cima. Nesse sentido, contrastam com os fundamentos intelectuais, técnico-econômicos e políticos da modernização agrícola, um projeto ativamente promovido nos países "desenvolvidos" após a Segunda Guerra Mundial, para posteriormente ser disseminado para o Terceiro Mundo por meio da chamada Revolução Verde.

Em termos teóricos, a metamorfose agroecológica supõe a necessidade de uma ruptura paradigmática com os modelos estruturalistas de desenvolvimento que concebem as mudanças sociotécnicas como resultado das intervenções do Estado e/ou de agentes econômicos externos, seguindo um caminho predeterminado e universal, orientado por estágios de desenvolvimento ou pela sucessão dos modos de produção dominantes. Apesar das diferenças ideológicas entre a teoria da modernização e a teoria neomarxista, ambas apresentam semelhanças paradigmáticas, sobretudo pelo fato de serem orientadas por enfoques determinísticos, lineares e externalistas de mudança técnica e social (Long; Ploeg, 1994). Ambos os projetos teórico-políticos idealizaram e promoveram processos massivos de descampesinização em nome de uma suposta superioridade produtiva e econômica da lógica industrial da organização social do trabalho. Do lado soviético, o regime comunista impôs extensos processos de coletivização de terras expropriadas de camponeses e de grandes proprietários. No polo oposto do espectro ideológico, a desaparição do campesinato ocorreria por meio da modernização agrícola, aqui entendida como a conversão dos camponeses em empresários agrícolas.

Tendo recebido dos Estados amplo apoio político, ideológico, financeiro e, em muitos casos, militar, o projeto de modernização agrícola se disseminou amplamente, levando a acelerados processos de descampesinização nos países do Norte e do Sul global. Para Hobsbawm (1994, *apud* Bernstein, 2010), a mudança social mais dramática na segunda metade do século XX foi a morte do campesinato. Ecoando o historiador britânico, muitos acadêmicos e políticos previram o "fim dos camponeses" (Mendras, 1967) como um processo inexorável em face da penetração das relações capitalistas na agricultura. Entretanto, a realidade empírica mostrou que a história da agricultura não seguiu os destinos teoricamente previstos segundo o paradigma da modernização. No lugar de um roteiro único de desenvolvimento rural determinado pelas forças de mercado e tendente à homogeneização das realidades agrárias, verificou-se em escala global a diversidade de trajetórias de transformação dos agroecossistemas. Como resultado de roteiros de desenvolvimento definidos a partir de repertórios culturais locais, essa heterogeneidade expressa as criativas formas de resistência e luta pela emancipação do campesinato.

A agricultura camponesa: os casulos da metamorfose agroecológica

As experiências de campesinização ou recampesinização da agricultura, presentes em todas as partes do planeta, constituem a base mais sólida do escalonamento da Agroecologia. De fato, as trajetórias de transição agroecológica podem ser assimiladas a esses processos que, por sua vez, significam "contramovimentos de desmercantilização dos sistemas agroalimentares" (Petersen, 2018). Não em vão, contando com o trabalho de dois bilhões de pessoas, a agricultura camponesa segue sendo a maior categoria profissional no mundo e a forma majoritária de organizar a produção mundial de alimentos. Como apontado no Capítulo 2, cerca de 75% das terras agrícolas são manejadas por agricultores familiares e produzem a maior parte dos alimentos (Lowder *et al.*, 2016). Isso significa que a agricultura familiar camponesa é a força sociomaterial e cultural na qual a proposta agroecológica deve se basear. Entre outras razões, porque é portadora de uma racionalidade econômico-ecológica compatível com a reprodução dos bens-fundo dos agroecossistemas. Em escalas mais agregadas, em comunidades e territórios, essa racionalidade é responsável pela conformação de estilos de gestão cooperativa e comunitária de recursos locais (Ostrom, 1990; 2001), aspecto igualmente determinante para o desenvolvimento de sistemas agroalimentares organizados segundo a perspectiva agroecológica. Portanto, as trajetórias de recampesinização constroem soluções locais para os problemas globais gerados pelo RAC. Nesse sentido, são processos que vão muito além de meros movimentos de resistência defensiva (Ploeg, 2008).

As características intrínsecas da agricultura camponesa reproduzem economias locais relativamente autônomas em relação aos mercados e explicam sua continuidade histórica em um mundo cada vez mais hostil à sua existência. A análise dessas economias lança luz sobre partes importantes da realidade agrária invisibilizadas pelas abordagens estruturalistas dominantes, oferecendo elementos valiosos para a elaboração de uma teoria da transição agroecológica (ou da Agroecologia Política). Embora a agricultura camponesa seja uma instituição multimilenar e em permanente reinvenção, o paradigma científico dominante, com seus postulados positivistas e suas abordagens metodológicas reducionistas e mecanicistas, encontra dificuldade para captar a essência de seu *modus operandi*. Em que pese essa invisibilidade teórica e institucional, existe uma realidade concreta que insiste em não desaparecer graças às capacidades de resistência e luta por emancipação. Essas capacidades extrapolam as especificidades de tempo e de espaço. Se manifestaram nas sociedades agrárias do passado e no período de emergência do capitalismo mercantilista. Manifestam-se também na atualidade, em plena vigência do RAC, tanto no Sul como no Norte global. Diante dessa incômoda evidência para o *mainstream* acadêmico e institucional, Shanin (1966, p. 5) escreveu: "Dia a dia, os camponeses fazem os economistas suspirarem, os políticos suarem e os estrategistas praguejarem, contradizendo seus planos e profecias em todo o mundo".

Em diálogo com teorias da economia crítica (economia política, economia feminista, economia ecológica, economia neoinstitucional) e inspirada na abordagem chayanoviana da análise da economia camponesa, a análise agroecológica da produção camponesa lança luz sobre a "parte oculta do iceberg"; isto é, nos circuitos econômicos não mercantis, pelos quais a agricultura camponesa mobiliza parte importante de seus meios de reprodução. Além de assegurar para si maiores graus de resiliência frente a contextos socioecológicos cada vez mais turbulentos e imprevisíveis, a agricultura camponesa é portadora de respostas consistentes a dilemas enfrentados pelas sociedades contemporâneas. Dilemas esses, em grande medida, resultantes da expansão do autodenominado "agronegócio", ou seja, da agricultura comandada exclusivamente pela "lógica dos mercados".

Alexander Chayanov (1966a, [1928]) foi um dos principais autores que se desviaram do consenso anticamponês imposto em seu país pela revolução bolchevique no início do século XX. Ao descrever os princípios que regem o funcionamento econômico das unidades camponesas e que as diferenciam do modo de produção capitalista, Chayanov explicou porque elas não são diretamente governadas pelas regras dos mercados, embora estejam condicionadas e influenciadas pelo contexto capitalista em que operam. O aspecto essencial que distingue a organização econômica camponesa de seu entorno institucional é que a força de trabalho que aciona o capital envolvido na unidade produtiva é a própria família. Isso significa que a agricultura camponesa não se organiza para extrair e se apropriar da riqueza gerada pelo trabalho alheio, ou seja, pela geração de mais-valia. Por ser proprietária dos meios de produção e do trabalho, sua economia depende da conservação – e, sempre que possível, da expansão – do patrimônio produtivo (bens-fundo), o que implica uma racionalidade específica na gestão dos recursos locais (Toledo, 1993). Essa racionalidade lhe assegura relativa autonomia em relação aos mercados e não pode ser explicada exclusivamente pelos mesmos fatores que determinam o funcionamento das unidades capitalistas, ou seja, o mercado, os meios tecnológicos, a disponibilidade de terras etc.

Chayanov demonstrou de forma convincente que a unidade de produção camponesa se estrutura de maneira sociomaterial de acordo com deliberações estratégicas da própria família, tomadas no transcurso de seu ciclo de vida.

> Só compreenderemos plenamente os fundamentos e a natureza da unidade camponesa quando em nossas construções teóricas deixarmos de considerá-la um objeto de observação e passarmos a entendê-la como um sujeito que cria sua própria existência, tentando esclarecer os critérios internos e as razões por meio das quais definem e colocam em prática seu plano de produção. (Chayanov, 1966b [1925], p. 118)

Apesar de ocultadas por décadas, as contribuições teóricas de Chayanov seguem exercendo importância primordial no debate contemporâneo sobre sustentabilidade agrária. Empregando uma abordagem chayanoviana, Ploeg (2010, 2013, 2018b) elaborou uma interpretação de grande relevância para a perspectiva agroecológica sobre as condições objetivas da presença histórica do campesinato no início do século XXI. Segundo seu entendimento,

> é central na abordagem chayanoviana a observação de que, apesar de ser condicionada e afetada pelo contexto capitalista em que opera, a unidade de produção camponesa não é diretamente governada por ele. Ao contrário, é regida por um conjunto de equilíbrios. Estes equilíbrios vinculam a unidade camponesa, seu funcionamento e seu desenvolvimento ao contexto capitalista mais amplo, mas de uma forma complexa e definitivamente diferente. (Ploeg, 2013, p. 5)

Nessa perspectiva analítica, a unidade de produção camponesa pode ser interpretada como a expressão sociomaterial de uma estratégia de reprodução social ativamente construída ao longo do tempo, em função de variáveis internas (como o ciclo de vida da família, disponibilidade de acesso a bens naturais e conhecimentos, equipamentos e infraestruturas etc.) e externas (participação em organizações locais, vínculos específicos a mercados, acesso a políticas públicas etc.). Como o produto de projetos estratégicos de núcleos camponeses (sejam famílias ou comunidades rurais) em estreita interação com a dinâmica dos ecossistemas e das condições político-institucionais, os agroecossistemas são compreendidos como construções socioecológicas.

Segundo Scott (1976), a capacidade do campesinato de "reexistir" em um mundo sistematicamente hostil à sua perseverança histórica é explicada pela adoção de uma lógica de organização do processo de trabalho que responde a uma "economia moral"[2]. Ao integrar valores, normas, memórias coletivas, crenças e experiências compartilhadas, a racionalidade econômica camponesa é fortemente influenciada por referências culturais que condicionam as formas de perceber, interpretar e agir na realidade em que vivem e produzem. Desse ponto de vista, é radicalmente diferente da lógica do *Homo œconomicus* empresarial motivado pelo interesse próprio e pela ideia de maximização de oportunidades.

Dois componentes são centrais nessa economia moral: uma lógica de organização do trabalho que prioriza a subsistência; e o controle sobre os meios de produção (Bernstein, 2001). Nesse sentido, a racionalidade econômica camponesa incorpora organicamente uma racionalidade ecológica (Toledo, 1990) para a gestão dos bens ecológicos (elementos-fundo) mobilizados em seu processo de trabalho (seus objetos de trabalho). Embora o aumento dos rendimentos físicos da terra seja um objetivo importante da economia moral camponesa, esse é apenas um dos vários objetivos considerados no planejamento e avaliação do processo de trabalho em suas unidades de produção. Esses objetivos são definidos e redefinidos continuamente, levando em consideração as condições ecológicas, demográficas, culturais, institucionais, econômicas e políticas nas quais operam os núcleos camponeses. Esse é exatamente o sentido dos equilíbrios identificados por

---

[2] Para Scott (1976), o conceito de economia moral do camponês é baseado em três princípios básicos: a segurança em primeiro lugar (evitar riscos), a ética da subsistência e a justiça associada à reciprocidade.

Chayanov, que o levou a concluir que a agricultura camponesa deve ser concebida como uma arte.

Movida por uma racionalidade econômica que contrasta radicalmente com a lógica empresarial e capitalista de gestão dos agroecossistemas, a agricultura camponesa organiza seus processos de trabalho para evitar laços de dependência estrutural com os mercados. Para tanto, atua sistematicamente para defender e ampliar uma base de recursos autocontrolada (os bens-fundo), a partir da qual mobilizam os fatores de produção para o processo de trabalho. Além dos objetos de trabalho apropriados diretamente da natureza (animais, sementes, solo, água etc.), a base de recursos autocontrolada é composta por recursos sociais (conhecimentos associados ao trabalho agrícola, redes sociais de reciprocidade etc.) e instrumentos de trabalho (máquinas, equipamentos, infraestruturas). Os recursos sociais e materiais se integram em uma unidade orgânica e indivisível, na qual não há espaço para a separação analítica entre "trabalho e capital", "produção econômica e reprodução ecológica" e "trabalho manual e trabalho intelectual".

O elemento peculiar desse modo de produção é que parte significativa dos recursos empregados, senão todos, não são mobilizados para o processo produtivo como mercadorias (como capital). Isso significa que a produção é largamente viabilizada por meio de recursos reproduzidos em ciclos produtivos anteriores, ressaltando o papel central do trabalho e da informação na gestão do agroecossistema. Portanto, a eficiência técnica do processo de conversão de recursos em produtos (nível de intensidade) depende essencialmente da quantidade e da qualidade do trabalho e do conhecimento contextual (fluxos de informação) investidos e não da aquisição de fatores de produção e conhecimento especializado nos mercados. Essa forma de estruturar o processo de trabalho está orientada à geração de valor agregado, seja ele convertido em dinheiro ou não. Esse "crescimento autônomo" do valor agregado na escala das unidades familiares de produção é impulsionado pelo investimento em trabalho ao longo dos vários ciclos de produção. "Isso ocorre por meio do crescimento lento, mas persistente da base de recursos, ou por meio de uma melhor 'eficiência técnica'. No entanto, na maioria dos casos, os dois movimentos são combinados e entrelaçados, alcançando assim um impulso autônomo de crescimento" (Ploeg, 2010, s/p).

Diante de ambientes institucionais hostis, as trajetórias de intensificação baseadas no trabalho constituem precisamente o meio pelo qual a agricultura camponesa combina a resistência com a luta pela autonomia e a sustentabilidade. Os seguintes processos são decisivos na cadeia de causalidade entre resistência, autonomia, intensificação e sustentabilidade (Ploeg, 1993, 2007, 2015; Altieri *et al.*, 2012; Egea-Fernández; Egea-Sánchez, 2012; Tittonell *et al.*, 2016):

a) o processo de trabalho agrícola é organizado em sintonia com a dinâmica da coprodução, ou seja, com a interação sinérgica e mútua transformação entre o trabalho humano e o trabalho do resto da natureza. Essa lógica de gestão dos agroecossistemas promove a convergência entre as práticas de manejo técnico com as dinâmicas ecológicas dos ecossistemas, configurando a unidade orgânica entre a produção econômica e a reprodução ecológica;

b) a valorização do capital ecológico no processo de trabalho é o meio pelo qual a dependência de insumos comerciais é reduzida. Essa característica assegura maior capacidade de resistência frente a ambientes econômicos nos quais os custos produtivos aumentam de forma continuada,

enquanto os preços dos produtos variam de forma errática em função da desregulação dos mercados agrícolas;
c) os bens naturais que integram a base de recursos autocontrolada são concebidos como parte integrante do patrimônio das famílias e comunidades camponesas e não como mercadorias a serem convertidas em outras riquezas. Esse contraste marcante com a lógica capitalista de apropriação dos bens naturais induz à utilização de práticas conservacionistas de manejo agrícola;
d) a gestão de agroecossistemas complexos e diversificados é baseada em economias de escopo, aquelas que buscam a redução dos custos totais por meio do efeito da sinergia entre as diversas atividades produtivas coordenadas em um único processo de gestão. Esse estilo de gestão funciona essencialmente com base na circularidade dos fluxos econômico-ecológicos na escala dos agroecossistemas e dos territórios rurais. Dessa forma, reproduz um princípio básico no funcionamento dos sistemas naturais: os resíduos de uma espécie são utilizados como alimento de outra ou são convertidos em elementos necessários à reprodução dos processos ecológicos na escala de paisagem (Guzmán Casado; González de Molina, 2017);
e) a diversificação produtiva dos agroecossistemas exerce papel essencial no abastecimento alimentar das famílias agricultoras e suas comunidades. Consequentemente, uma parte importante da alimentação é assegurada sem a necessidade de trocas comerciais.

Um dos aspectos centrais do funcionamento econômico dos agroecossistemas de gestão camponesa não foi abordado nas elaborações teóricas de Chayanov: a especificidade e o valor econômico do trabalho realizado pelas mulheres. As contribuições posteriores da economia feminista foram decisivas para a compreensão de que as unidades produtivas da agricultura familiar funcionam como núcleos de cooperação e conflito, influenciados por culturas patriarcais profundamente arraigadas no campesinato. Como discutiremos adiante, a superação das desigualdades de gênero nas famílias, comunidades e organizações camponesas apresenta-se como um aspecto determinante para a transformação dos sistemas agroalimentares segundo a perspectiva agroecológica.

É na escala micro das unidades de produção camponesas que as tendências de mercado, as prescrições técnicas, as políticas públicas, as mudanças climáticas e outras influências macroestruturais são interpretadas e traduzidas em ações práticas, segundo a coerência estratégica das famílias e comunidades.

A unidade de produção camponesa é justamente a forma institucional que distancia a agricultura de forma específica e estrategicamente ordenada dos mercados (de insumos), ao mesmo tempo que a vincula (também de forma específica e estrategicamente ordenada) a outros mercados (de venda de produtos) (Ploeg, 2010, s/p).

Essa capacidade de traduzir os sinais emitidos na macroescala em um curso de ação estratégica definida pelas famílias (ou comunidades) camponesas na microescala faz com que a gestão do agroecossistema funcione como um rizoma, segundo a metáfora desenvolvida por Deleuze e Guattari (1995). Não está sujeito a itinerários universais e totalizadores. Seu horizonte de expansão é múltiplo, podendo levá-lo a diferentes direções. Sua trajetória não segue linhas retas definidas por cálculos cartesianos e binários. Está aberto à experimentação. Cria seu próprio ambiente. Avança quando existe espaço. Se retrai e cria linhas de fuga quando o ambiente é hostil. Se conecta com outros rizomas para construir novos caminhos. As conexões se diversificam, formando redes complexas que podem ser ampliadas e disseminadas, construindo novas realidades sociomateriais em seus territórios. O movimento rizomático se faz de forma subterrânea, como um contramovimento em relação aos movimentos visíveis do regime agroalimentar dominante. Como metáfora da unidade camponesa, o rizoma simboliza a resistência ética-estética-política do campesinato.

Em resumo, embora muitas dessas expressões de resistência camponesa possam parecer irrelevantes quando analisadas isoladamente, tomadas em conjunto representam formas coerentes de construir soluções locais para os graves dilemas globais causados pelo RAC. Essas práticas reproduzem metabolismos agrários relativamente autônomos e sustentáveis, moldados por arranjos técnico-institucionais que organizam o trabalho agrícola segundo princípios fundamentais também presentes na organização do "trabalho da natureza": a diversidade, a natureza cíclica dos processos, a flexibilidade adaptativa, a interdependência e os laços de reciprocidade e cooperação.

Contramovimentos de desmercantilização dos sistemas agroalimentares

Ao se tornar o principal vetor de indução do metabolismo industrial nos sistemas agroalimentares (González de Molina; Toledo, 2011), o mercado desarticulou a unidade orgânica entre produção econômica e reprodução ecológica, responsável pela evolução multimilenar das agriculturas, para dar lugar a perfis metabólicos cada vez mais entrópicos. Surgido sob a égide do projeto neoliberal, o RAC tem causado uma rápida reestruturação nos mercados agrícolas, seguida de processos de desmantelamento dos sistemas nacionais, regionais e locais de produção e abastecimento alimentar (Lee; Marsden, 2009). Além de promover padrões metabólicos intrinsecamente insustentáveis (Krausmann;

Langthaler, 2019), esse processo de "desenraizamento" das economias agroalimentares transfere importantes parcelas de poder sobre a governança dos sistemas alimentares para um reduzido número de agentes econômicos que atuam livremente nos mercados globais, movidos exclusivamente pelo objetivo de maximizar suas taxas de lucro (Ploeg, 2018b).

Ao orientar processos de transformação da economia dos sistemas agroalimentares, a Agroecologia Política busca restaurar a dinâmica de circularidade entre a produção e o consumo alimentar com a natureza (Jones *et al.*, 2011). Isso implica restaurar o poder de governança sobre os processos que vinculam a produção, o processamento, a distribuição e o consumo de alimentos aos atores diretamente envolvidos (Lamine *et al.*, 2012). Em outras palavras, trata-se de reconstituir a democracia nos sistemas agroalimentares (Renting *et al.*, 2012; Pimbert, 2018). Esse é o significado preciso que a reivindicação da soberania alimentar tem para a Agroecologia. Consequentemente, a crítica ao poder exercido pelas empresas corporativas do setor agroindustrial e financeiro na conformação dos arranjos institucionais que regulam os sistemas agroalimentares é central para a Agroecologia Política.

No decorrer dos últimos 15 anos, uma grande produção acadêmica no campo da sociologia econômica foi dedicada ao estudo de redes alimentares alternativas, um fenômeno social emergente, identificado em várias regiões do mundo como respostas locais aos efeitos negativos da globalização e concentração corporativa dos mercados de alimentos (Wiskerke, 2009; Lamine *et al.*, 2012; Brunori *et al.*, 2012; Ploeg *et al.*, 2012; Perez-Cassarino, 2013; Niederle, 2014; Hebinck *et al.*, 2015; López García *et al.*, 2015; Valle Rivera; Martínez, 2017).

O traço de união entre essas redes locais de produção e abastecimento alimentar é que elas não estão (pelo menos não totalmente) integradas ao RAC. Portanto, constituem desvios do roteiro sociotécnico hegemônico e se materializam por meio de trajetórias de inovação orientadas pelas perspectivas, valores e objetivos negociados por atores organizados em redes territorialmente referenciadas. Em seu conjunto, essas iniciativas de relocalização dos sistemas agroalimentares também podem ser interpretadas como "contramovimentos" (Polanyi, 2001 [1944]) em relação às trajetórias de mercantilização. Em sua obra clássica *A grande transformação*, Polanyi analisou as mudanças institucionais que resultaram na formação do capitalismo moderno, tendo destacado a importância dos contramovimentos sociais que se opunham à imposição de "mercadorias fictícias", ou seja, de bens e serviços que não eram produzidos para serem vendidos, tais como terra e trabalho. Segundo o autor, "a ficção da mercadoria ignorava o fato de que deixar o destino da terra e das pessoas ao sabor do mercado equivalia ao seu aniquilamento. Consequentemente, o contramovimento consistia em interromper a ação do mercado sobre os fatores de produção, o trabalho e a terra" (Polanyi, 2001 [1944], p. 137).

A essência desses contramovimentos estaria, portanto, na luta contra os processos de mercantilização de parcelas crescentes do mundo social e natural. Nesse caso, a mercantilização seria confrontada com uma ordem moral que protege o tecido humano, a natureza e a própria organização dos processos econômicos (Niederle, 2014). O aspecto central na análise de Polanyi se refere ao fato de que o funcionamento econômico das coletividades humanas depende da presença de estruturas institucionais bem estabelecidas que combinam, em diferentes graus, três formas principais de integração social: reciprocidade, redistribuição e as trocas mercantis (Polanyi, 2012).[3] Por essa perspectiva as

---

[3] Para Polanyi (2012), o processo econômico ocorre em dois níveis distintos, mas

economias podem ser classificadas de acordo com as formas dominantes de integração social. As várias combinações entre as formas básicas correspondem a padrões específicos de organização da vida econômica (mobilização, produção, distribuição e consumo de bens e serviços), bem como a repertórios culturais particulares (ou economias morais) que regulam a organização da ordem social (Sánchez, 1999).

Embora as análises de Polanyi sobre o crescente domínio do mercado como estrutura institucional para a regulação da ordem social remontem a outro contexto histórico, seus *insights* teóricos e sua ontologia são muito úteis para a análise dos atuais "regimes de governança" impostos pelo RAC (Schneider; Escher, 2011).

Duas contribuições polanyianas são particularmente relevantes para a Agroecologia Política. Em primeiro lugar, a constatação de que, em sociedades complexas, o comportamento econômico dos agricultores é fortemente determinado pelo ambiente institucional e pelas relações sociais em que estão inseridos. Formas de integração social são institucionalizadas por meio da socialização de práticas baseadas em dispositivos de ação coletiva e sistemas de regras e valores. Nesse sentido, Long (1986) entende a mercantilização da agricultura como um processo de "incorporação institucional". Não são, portanto, as disposições psicológicas inatas de comportamento, como as do *Homo œconomicus* neoclássico, as que determinam a formação da economia de mercado, como defendeu Hayek (2013 [1944]), proeminente teórico do liberalismo econômico, contemporâneo de Polanyi.

Em segundo lugar, a constatação de que a penetração da sociabilidade capitalista e o domínio do intercâmbio mercantil

---

interligados. O primeiro consiste na atividade interativa entre os seres humanos e seu ambiente; a segundo se refere à institucionalização desse processo.

nos sistemas agroalimentares desencadearam diversos e variados "contramovimentos". Do ponto de vista da produção, as resistências ao RAC se materializam em experiências localizadas de organização do processo de trabalho que expressam disputas pelo controle dos recursos produtivos (terra, água, biodiversidade) e dos próprios mercados agrícolas. Nesses contramovimentos, os elementos da natureza mobilizados para o processo de trabalho não são concebidos e administrados segundo a racionalidade da mercadoria. Os mercados agrícolas, por sua vez, são concebidos como construções sociais ou como arenas de disputa, e não como sistemas econômicos abstratos supostamente autorregulados por "mãos invisíveis", tal como postulado pelos teóricos liberais.

Em suma, as reflexões de Polanyi inspiram a Agroecologia Política ao caracterizar

> a construção histórica da economia de mercado como um imenso e violento processo social artificial, que não obedeceu às supostas características da natureza humana, mas sim a uma aposta ideológica, axiológica e politicamente diferente das formas anteriores nas quais os grupos humanos haviam organizado e integrado os recursos materiais e seus meios de subsistência. Sua crítica teórica à economia de mercado como desintegradora da essência humana da sociedade implica necessariamente uma ação política transformadora e reguladora do mercado, articulando suas reflexões como um pensamento para a ação. (Sánchez, 1999, p. 1)

Como um "pensamento para a ação", a Agroecologia Política é apresentada tanto como uma teoria política da crise socioecológica dos sistemas agroalimentares, quanto como uma teoria socioecológica para o desenho de instituições políticas reguladoras de metabolismos agrícolas sustentáveis. Por meio de uma fecunda interação com as perspectivas críticas das Ciências Sociais, essa vertente teórica da Agroecologia abre um vasto campo para o desenvolvimento de "linguagens de valoração" capazes de superar as limitações do produtivismo economicista, um marco cognitivo hegemônico nos espaços públicos nos quais são definidas e avaliadas as políticas para a agricultura e a alimentação. Para tanto, a Agroecologia Política se configura como uma abordagem disciplinar que formula uma crítica radical à ideologia liberal e ao fundamento institucional da economia neoclássica, ou seja, do mercado capitalista (Garrido Peña, 2012).

Cabe, portanto, à Agroecologia Política identificar e apoiar os contramovimentos de resistência e reação aos processos de mercantilização da agricultura. Embora não muito visíveis, esses contramovimentos liderados por agricultores e comunidades rurais, mas também por grupos sociais urbanos, especialmente consumidores, estão amplamente difundidos em todo o mundo. Contrastando com as trajetórias convencionais de desenvolvimento agrícola, centradas no crescente grau de mercantilização dos agroecossistemas por meio do uso intensivo de fatores de produção comerciais e pela expansão contínua da escala de produção de *commodities*, essas trajetórias alternativas são caracterizadas pela maior relevância relativa das transações econômico-ecológicas reguladas por relações de reciprocidade. Para construir e/ou manter estratégias de "distanciamento institucionalizado em relação aos mercados" (Ploeg, 1990), a economia de reciprocidade é desenvolvida por intermédio do fortalecimento dos mecanismos locais de cooperação e ação coletiva e por meio do desenvolvimento de dinâmicas de coprodução, também entendidas como relações de reciprocidade entre os seres humanos e a natureza viva (Ploeg, 2011).

Ao revalorizar os recursos endógenos (naturais e sociais) (Oostindie *et al.*, 2008) e desenvolver dispositivos locais para a regulação social dos fluxos econômico-ecológicos, essas iniciativas social e ecologicamente contextualizadas reorganizam os padrões de produção, transformação, distribuição e consumo de alimentos. Portanto, configuram experiências de inovação sociotécnica coerentes com o paradigma agroecológico, uma vez que se caracterizam por combinar elevados níveis de eficiência econômica (intensidade) com sustentabilidade ecológica. Nesse sentido, revelam-se como poderosas expressões de produção de soluções locais para desafios que também se manifestam globalmente. Em outras palavras, revelam-se como forças sociais impulsionadoras da metamorfose agroecológica (Morin, 2010; Petersen, 2011), gestadas nas frestas do RAC (Holloway, 2011). Esses nichos de inovação sociotécnica são os casulos da metamorfose agroecológica. Eles se desenvolvem em várias dimensões e níveis de complexidade. Ocorrem em diferentes escalas geográficas e articulam redes sociotécnicas que mobilizam a agência de múltiplos atores sociais, tanto individuais quanto coletivos. Em síntese: são forças sociais emergentes incubadas em redes rizomáticas configuradas por articulações sociopolíticas (fluxos de informação) e dinâmicas econômico-ecológicas (fluxos de matéria e energia).

A centralidade dos territórios

Dado que as trajetórias de inovação agroecológica são enraizadas em contextos socioecológicos peculiares, a abordagem territorial das dinâmicas de desenvolvimento é condição chave para a coordenação cooperativa de processos de transformação dos sistemas agroalimentares segundo o enfoque agroecológico. De fato, uma das características marcantes das trajetórias de escalonamento da Agroecologia (*scaling out*) é que elas são lideradas por atores sociais articulados em âmbito local (Ipes-Food, 2016, 2018). No contexto histórico da globalização neoliberal e do domínio do RAC, o território ganha forte significado nos movimentos de contraposição à governança global do metabolismo agroalimentar. Em coerência com os princípios de desenho institucional apresentados no capítulo anterior, a adoção da perspectiva territorial implica o desenvolvimento de um "sistema de governança policêntrico" (Ostrom, 2015b) com capacidade de reequilibrar as relações de poder entre o Estado, os agentes de mercado e a sociedade civil. O território constitui o *locus* privilegiado no qual o enfoque agroecológico tem sido aplicado para a transformação sociomaterial dos sistemas de produção e abastecimento alimentar e aponta para uma nova perspectiva geopolítica e geoeconômica para o desenho de arranjos institucionais adequados ao escalonamento da Agroecologia.

É no território onde os bens ecológicos, as atividades econômicas, os atores locais (individuais e coletivos) e seus repertórios culturais são coerentemente combinados a partir das perspectivas e projetos estratégicos localmente negociados e definidos. É onde novas instituições são construídas para mobilizar recursos (materiais e imateriais) próprios do "capital territorial" (Ventura *et al.*, 2008) como bens comuns (Ostrom, 2015a). Nesse sentido, os bens comuns ativam "economias expolares" (Shanin, 1988) e processos de desenvolvimento endógeno (Oostindie *et al.*, 2008), permitindo escapar da bipolaridade aprisionadora representada, por um lado, pelas regras dos Estados e, por outro, pelo mercado capitalista. O território representa, portanto, uma escala decisiva para o restabelecimento dos processos de governança democrática dos sistemas agroalimentares (Ipes-Food, 2016).

Os mercados construídos pelas redes sociotécnicas, também definidos como mercados territoriais (FAO/CSM, 2019), ou mercados aninhados (*nested markets*) (Hebinck *et al.*, 2015), são instituições que vinculam produtores e produtos específicos a consumidores específicos por meio de circuitos comerciais específicos, de acordo com regras e valores específicos. Portanto, não se prestam a uma coordenação regida por mecanismos gerais do mercado convencional capitalista. Esta capacidade de construir "distinção" (no sentido de Bourdieu, 2007) no que diz respeito aos produtos que circulam nos mercados convencionais (quanto à qualidade, ao processo técnico e à origem social da produção, ao preço, à disponibilidade etc.) é um elemento decisivo na conformação e na defesa dos mercados territoriais contra quaisquer tentativas de apropriação por parte de grupos privados.

O conhecimento é outro recurso central nas redes territoriais de inovação agroecológica. Como resultado de uma construção social territorialmente contextualizada, o conhecimento circula livremente na rede (Morgan, 2011). Resultante dos históricos processos de aperfeiçoamento da coprodução, o conhecimento contextual local (tradicional) é mobilizado e recombinado com o conhecimento científico-acadêmico para alimentar processos de aprendizagem baseados na experimentação local, seja ela técnica ou socio-organizativa. Dessa forma, os valores e princípios da Agroecologia são materializados em práticas sociais ajustadas a contextos territoriais específicos, refletindo as contingências sociais, técnicas, políticas e bioculturais do lugar (Francis *et al.*, 2003; Méndez *et al.*, 2013; Tittonell *et al.*, 2016).

Duas características interrelacionadas definem o padrão de organização econômica dos sistemas agroalimentares territorializados: "distanciamento estratégico em relação aos mercados" e "reprodução socioecológica relativamente autônoma e historicamente garantida" (Ploeg, 1993). Ambas contrastam com as trajetórias de desenvolvimento agrícola convencionais inspiradas no paradigma da modernização. São economias de oposição (Pahnke, 2015). Não estão estruturadas para reproduzir o capital e transferi-lo para centros de controle extraterritoriais, mas para o crescimento e a distribuição do valor agregado entre os diferentes atores da rede. No lugar das externalidades ambientais negativas geradas pelo viés produtivista da agricultura industrial, trata-se de um padrão de organização econômica que estimula o desenvolvimento de agriculturas multifuncionais, revertendo as relações mutuamente destrutivas entre economia e ecologia. Com isso, também contribui para o aumento da resiliência socioecológica, reduzindo a vulnerabilidade dos sistemas agroalimentares à volatilidade dos mercados internacionais e à crescente imprevisibilidade climática. Nesse sentido, as redes territoriais reproduzem, em âmbito regional, padrões de organização econômica análogos aos desenvolvidos pelas estratégias camponesas para a gestão econômico-ecológica de seus estabelecimentos.

O território se apresenta, portanto, como uma arena decisiva para a agregação de forças sociais em defesa da soberania e segurança alimentar e nutricional, da justiça ambiental e social, da economia social e solidária, da saúde coletiva, da equidade de gênero, da sustentabilidade ecológica, dos direitos territoriais de camponeses e de povos tradicionais e, na mediação de todos esses objetivos, da democracia deliberativa (Petersen, 2020). Como espaço geográfico onde o poder é exercido em confronto com o RAC, o território é também o *locus* de interação e mútua influência entre as políticas estatais e as redes sociotécnicas de inovação agroecológica. Nesse sentido, figura como o ponto de interface entre a ação governamental e a expressão democrática das ações e proposições da cidadania ativa.

Bloqueios e rechaço sistêmico

A multiplicação e a ampliação da escala da experimentação social da Agroecologia se apresentam tanto como resultado quanto como condição da transformação do RAC. Trata-se de gerar um círculo virtuoso alimentado pelas mútuas transformações entre as experiências desenvolvidas nos nichos de inovação sociotécnica e o sistema agroalimentar. No entanto, a simples multiplicação de iniciativas de inovação sociotécnica não é condição suficiente para que mudanças estruturais sejam promovidas (Moors *et al.*, 2004; Ploeg *et al.*, 2004; Charão Marques *et al.*, 2012). Como esclareceu Geels (2002), as mudanças de regime (nível meso) dependem de complexos processos sociais e político-institucionais que se desenvolvem em interação com as dinâmicas de transformação nos nichos (nível micro) e na paisagem sociotécnica (nível macro).

Além disso, se é certo que as experiências agroecológicas podem influenciar o regime agroalimentar, o movimento contrário também ocorre. A "dependência de trajetória" (*path dependence*) da inovação sociotécnica imposta pelo RAC, na qual as economias de escala, a racionalização e a especialização produtiva se reforçam mutuamente, faz com que o potencial transformador das inovações desenvolvidas nos nichos de inovação sociotécnica seja bloqueado (Horlings; Marsden, 2011). Mas os bloqueios (*lock-ins*) não se limitam à dependência de trajetória na inovação sociotécnica. Segundo o Ipes-Food (2016), incluem também: i) a orientação para a exportação dos sistemas agroalimentares, baseados em monoculturas de grande escala; ii) a expectativa social por alimentos baratos, que requerem a produção de *commodities* de baixo custo (e alta externalidade negativa); iii) o pensamento compartimentado e de curto prazo que prevalece na política, na pesquisa e nos negócios, promovendo abordagens produtivistas de curto prazo; iv) as narrativas ligadas ao objetivo de "alimentar o mundo" que, na prática, significam a defesa do aumento dos volumes de produção de cultivos básicos; v) métricas de avaliação dos sistemas agroalimentares restritas. Ainda segundo o Ipes-Food, todos esses bloqueios são gerados e mantidos pela crescente concentração de poder nos sistemas agroalimentares, nos quais o valor agregado é apropriado por um número limitado de atores, fortalecendo seu domínio econômico e político e, portanto, sua capacidade de influenciar as políticas e os incentivos que moldam esses sistemas" (Ipes-Food, 2018, p. 2).

Um conjunto de estudos explorou a relação entre os nichos de inovação agroecológica e os bloqueios sistêmicos impostos pelo RAC (Charão Marques *et al.*, 2012; Tittonel *et al.*, 2016; Petersen, 2017; Laforge *et al.*, 2017; Biovision, 2018). É recorrente nesses estudos a conclusão de que as políticas públicas governamentais integram um complexo sistema de governança territorial que abre ou fecha margens de manobra (financeiras, normativas, ideológicas etc.) para o desdobramento de redes de inovação agroecológica. As políticas convencionais, moldadas segundo o paradigma da modernização, criam condições desfavoráveis para o desenvolvimento de experiências de inovação sociotécnica em escala territorial.

Laforge *et al.* (2017) analisaram diferentes padrões de interação entre políticas públicas e dinâmicas de transição agroecológica impulsionadas a partir dos nichos de inovação sociotécnica. Dois desses padrões, designados de "contenção" e "cooptação", minaram as condições para o desenvolvimento e a difusão de práticas agroecológicas, reforçando o regime hegemônico. Os mecanismos de contenção atuam gerando invisibilidade e/ou marginalizando (muitas vezes ao criminalizar) as inovações geradas, enquanto fortalecem material e ideologicamente os elementos estruturais do RAC. As normas e regulamentos oficiais para a organização dos mercados alimentares constituem um exemplo recorrente de contenção dos processos de escalonamento da Agroecologia. Estabelecidas para viabilizar o escoamento de produtos padronizados das grandes empresas do mercado varejista, essas normas impõem sérios obstáculos ao acesso a esses mercados para produções diversificadas de caráter artesanal, próprias da Agroecologia.

No entanto, o não reconhecimento dos saberes bioculturais exclui agricultores dos processos oficiais de inovação sociotécnica. Os critérios produtivistas adotados para orientar os sistemas de pesquisa e extensão oficiais marginalizam as abordagens multicritério de construção de conhecimento típicas da inovação agroecológica. As políticas de financiamento, por sua vez, condicionam o acesso aos recursos públicos à adoção dos pacotes tecnológicos gerados no bojo do RAC. Esse último mecanismo é responsável pelo abandono progressivo das práticas agroecológicas, como o uso de sementes crioulas e fertilizantes orgânicos, ao mesmo tempo, responde pela criação de dependência estrutural da agricultura em relação aos mercados de insumos.

Por meio de mecanismos de cooptação, as inovações geradas nos nichos são parcialmente assimiladas pelo RAC segundo suas dinâmicas, valores e normas. De acordo com Sherwood *et al.* (2012), isso reflete um "aumento de escala no nome, mas não no significado" (*scaling up in name but not in meaning*), deixando muitos dos princípios da Agroecologia marginalizados em favor do *status quo*. Para Smith e Raven (2012), a cooptação é um mecanismo de "ajuste e acomodação" (*fit and conform*) das inovações radicais no regime. Isso acontece por meio da pressão (por meio de incentivos diversos) sobre os nichos de inovação para que se alinhem à gramática funcional do regime, sem afetar sua dinâmica interna.

Um exemplo clássico de cooptação vem da evolução da agricultura orgânica. Em muitos casos, as práticas da agricultura orgânica, surgidas originalmente de posturas de contestação por parte de produtores e consumidores, levaram a transformações em alguns componentes do RAC sem comprometer sua coerência interna (Smith, 2007). O debate sobre a convencionalização (Guthman, 2004; Darnhofer *et al.*, 2010; Niederle; Almeida,

2013; Ramos García *et al.*, 2017) reflete exatamente essa capacidade do regime de incorporar seletivamente inovações surgidas como expressões de contestação ao ordenamento sociotécnico dominante. Voltaremos a esse assunto no próximo capítulo.

Definitivamente, embora os casos emblemáticos de escalonamento da Agroecologia sejam relevantes como fonte de inspiração para outros contextos territoriais, a multiplicação dessas experiências segue sendo fortemente obstruída pelos arranjos sociotécnicos e institucionais estabelecidos pelo RAC. Para que esses casos de escalonamento horizontal (*scaling-out*) deixem de ser excepcionais e se generalizem, é essencial que o RAC seja superado na prática, na teoria e na política. Isso necessariamente implica o escalonamento vertical (*scaling-up*).

O patriarcado como obstáculo político-cultural

Além dos bloqueios gerados pelo RAC acima apresentados, as desigualdades nas relações de gênero constituem-se igualmente em barreiras críticas para os processos de transição agroecológica. As mulheres são responsáveis por parcela significativa da economia na agricultura camponesa, exercendo papéis centrais na gestão dos fluxos econômico-ecológicos internos dos agroecossistemas, especialmente aqueles voltados ao autoconsumo familiar (produção de renda não monetária). Nesse sentido, seus trabalhos são determinantes para a manutenção de agroecossistemas econômica e biologicamente diversificados. Além disso, assumem a maior parte da carga de trabalho nas esferas da ocupação doméstica e do cuidado, dois campos de ação centrais para reprodução econômica das famílias camponesas. Como a economia feminista demonstrou (Orozco, 2004), o trabalho das mulheres é central na conformação da "parcela invisível do iceberg", ou seja, pela produção econômica não reconhecida pela economia neoclássica, embora seja essencial para a estabilidade da agricultura camponesa a longo prazo.

Muito presentes no campesinato tradicional, as culturas patriarcais são responsáveis pela invisibilidade desses papéis econômicos desempenhados pelas mulheres. A desigualdade nas relações de gênero restringe o acesso das mulheres à terra e a outros recursos produtivos, limita a participação delas nas decisões relacionadas à gestão do agroecossistema, restringe o acesso à renda produzida pelo núcleo familiar, chegando mesmo a privá-las do acesso aos melhores alimentos. No nível comunitário, essa desigualdade se expressa em menor participação das mulheres nas organizações sociais e nos mercados, no menor acesso aos recursos das políticas públicas, à educação formal etc. (Siliprandi, 2015; Galvão Freire, 2018).

Os processos de modernização agrícola não reverteram esse quadro de natureza político-cultural. Ao contrário, as tradicionais desigualdades de gênero tendem a ser agravadas com a adoção progressiva da racionalidade empresarial na organização sociotécnica dos agroecossistemas. Essa é a razão pela qual a desestruturação de atividades econômicas voltadas à reprodução biológica da família (produção para autoconsumo) e do sistema técnico (produção própria dos recursos produtivos) ser comum em agroecossistemas geridos segundo a racionalidade empresarial. Ao se privilegiar os mercados como canais de acesso aos meios de reprodução técnica e social dos agroecossistemas, os mecanismos de cooperação local entre mulheres também são desarticulados. Nesse sentido, a modernização agrícola foi seletiva, uma vez que esteve orientada essencialmente para a atualização dos dispositivos técnico-institucionais voltados para aumentar o nível de exploração do trabalho humano e a apropriação dos bens da natureza. Diante dessa seletividade, não cabe dúvida: as mulheres camponesas foram as mais afetadas negativamente pelo projeto de modernização.

De forma convergente, sistematizações de experiências de escalonamento da Agroecologia em diferentes contextos ressaltam o fato de que a ativa participação das mulheres nos processos de tomada de decisão nos estabelecimentos familiares e nas comunidades configura-se tanto como pré-requisito e como resultado das trajetórias de inovação agroecológica (Lopes; Jomalinis, 2011). Isso significa dizer que a Agroecologia é o enfoque mais adequado para o empoderamento das mulheres no âmbito dos sistemas agroalimentares, ao mesmo tempo em que as práticas agroecológicas são reforçadas e desenvolvidas em conjunto com a emancipação política e econômica das mulheres. No entanto, essa dupla relação não é automática. São necessárias estratégias específicas para enfrentar as desigualdades de gênero culturalmente construídas. Nessa direção, são essenciais medidas que favoreçam o acesso das mulheres ao conhecimento, aos recursos produtivos e à participação nas decisões familiares e comunitárias, rompendo assim o círculo vicioso responsável pela exclusão delas dos processos e dos benefícios da inovação agroecológica. Em suma, é necessário que o papel democratizador dos sistemas agroalimentares exercido pela Agroecologia seja concebido desde os núcleos básicos de organização do trabalho para a produção de alimentos, ou seja, desde as famílias camponesas. Isso pressupõe a incorporação de enfoques metodológicos sensíveis às relações geracionais e aos processos de inclusão/exclusão social culturalmente definidos (como raça, religião, nacionalidade etc.), visto que também constituem poderosos obstáculos ao desenvolvimento da Agroecologia.

Sistemas agroalimentares territoriais de base agroecológica

Tendo em vista o papel proeminente da produção e do abastecimento alimentar na geração dos desafios socioecológicos contemporâneos, incluindo aí as mudanças climáticas, a construção de sistemas agroalimentares sustentáveis se apresenta na linha de frente na escala de prioridades de uma necessária e urgente transição ecológica justa e civilizatória. Dado o poder do RAC, a escala na qual opera e os obstáculos que impõe aos movimentos de transformação, é realista considerar que a construção de um regime agroalimentar sustentável não será repentina, mas assumirá a forma de um processo de desenvolvimentos desiguais, cuja dinâmica evolutiva é imprevisível. Seja como for, as experiências agroecológicas que se desenvolvem em todo o mundo constituem a base sólida dessa construção. Elas são os casulos da metamorfose metabólica em direção a um regime agroalimentar sustentável. Para que assim seja, é essencial dar novos passos, indo além do objetivo de multiplicar o número de experiências localizadas. Torna-se indispensável articular as organizações e os sujeitos diretamente envolvidos nessas experiências, conferindo maior densidade às redes agroalimentares de base agroecológica. Em grande medida, esse processo está ao alcance dos próprios movimentos agroecológicos, seja no âmbito dos territórios, seja entre territórios. Portanto, não depende exclusivamente de políticas públicas favoráveis dos Estados, instrumentos sem dúvida importantes, mas que até o momento seguem pouco desenvolvidos e acessíveis.

Trata-se, portanto, de fomentar a cooperação sinérgica entre os sujeitos e organizações atuantes nos diversos elos dos sistemas agroalimentares, de forma a superar o isolamento e a fragmentação das experiências sociais de construção da Agroecologia. Para tanto, o principal foco estratégico e roteiro de ação do movimento agroecológico deve ser a construção de "sistemas agroalimentares territoriais de base agroecológica" (SATbA).

Os SATbA constituem a base de construção e consolidação de um novo regime agroalimentar, alternativo ao dominante.

Eles devem ocupar o máximo de espaço possível, de forma a ganharem hegemonia social, sustentando-se tanto pela força dos movimentos sociais quanto pela sua viabilidade socioeconômica. Como horizonte de construção política, devem ampliar os espaços de soberania alimentar e de produção sustentável, ou seja, promover territórios livres da hegemonia do RAC. Em âmbito local/regional, eles devem promover novas institucionalidades, criando um ecossistema normativo favorável, a partir do qual poderão se desenvolver e se defender do assédio do RAC.

O principal objetivo dos SATbA é ampliar e abastecer o conjunto das populações locais com alimentos saudáveis a preços adequados, cultivados de forma sustentável no próprio território, assegurando remuneração justa ao trabalho. Esses sistemas se distinguem das elaborações convencionais sobre sistemas agroalimentares locais (ou territorializados). Nesse último caso, os sistemas são estruturados com foco em um ou poucos produtos *in natura* ou processados de elevada qualidade para os quais os territórios possuam vantagens comparativas e com os quais busca-se competir nos mercados nacionais ou internacionais. Essa perspectiva, fundamentada na abordagem da qualidade diferenciada e das indicações geográficas protegidas, é funcional para o RAC, favorece a homogeneização dos produtos locais, a integração subordinada em cadeias verticais e não assegura o aumento na retenção do valor agregado (Bowen; De Master, 2011; López-Moreno, 2014). Não representa também uma melhoria substancial do ponto de vista ecológico, uma vez que não contribui para a redução do perfil metabólico, nem da produção, nem da distribuição e tampouco leva a uma reorientação dos padrões de consumo (Edwards-Jones *et al.*, 2008; Darnhofer, 2014). Em contraste, os SATbA são configurados para atender da forma mais ampla possível as demandas alimentares locais, tornando-

-se alavanca de uma estratégia autocentrada de desenvolvimento local ao contribuir para a geração e retenção de valor agregado e de postos de trabalho.

Os SATbA configuram uma dupla estratégia de cooperação, a jusante (*downstream*) e a montante (*upstream*), articulando todos os elos da cadeia agroalimentar com base nas peculiaridades do território e na capacidade produtiva dos agroecossistemas locais. Portanto, eles surgem de duas ideias convergentes. De um lado, a abordagem dos sistemas agroalimentares locais que constroem maiores níveis de sustentabilidade socioecológica com base em sua articulação nos ecossistemas locais (Marsden *et al.*, 2000; Ventura *et al.*, 2008; Goodman, 2009; Bowen, 2010; Bowen; De Master, 2011). Por outro, a articulação em rede dos diferentes agentes envolvidos na cadeia alimentar local, conformando um projeto compartilhado baseado na cooperação e na identidade territorial (Marsden; Sonnino, 2008; Darnhofer, 2015; Bui *et al.*, 2016).

Desde o lado montante, um SATbA se configura pela construção de conexões entre diferentes produções, contribuindo para fechar os ciclos de nutrientes e reduzir o consumo de energia. O desenvolvimento de arranjos locais coletivos para a produção, intercâmbio e armazenamento de sementes e outros insumos é também um tipo de iniciativa ao alcance dos próprios agricultores e suas organizações locais.

O transporte, o processamento, a embalagem e a venda, ou seja, a cadeia de transformação e distribuição, são atividades responsáveis por parte substancial dos gastos de energia primária do sistema agroalimentar em escala global, sendo que o transporte é um ponto crítico nesse quesito (Infante-Amate *et al.*, 2018a). A expansão e consolidação de circuitos curtos de distribuição são o objetivo-chave a ser alcançado à jusante dos agroecossistemas dos SATbA. O enfoque territorial estimula a localização nas proximidades das atividades de transformação, o agrupamento cooperativo de agricultores para a venda em comum, para a organização da produção visando regular a oferta e assegurar o abastecimento além, é claro, para viabilizar a implantação e autogestão de infraestruturas para viabilizar a logística da distribuição. Por fim, a perspectiva dos SATbA favorece o abandono nos padrões de consumo que sustentam o RAC: o enraizamento nas culturas alimentares facilita a transição para dietas mais saudáveis, eliminando comida ultraprocessada, reduzindo o consumo de proteínas de origem animal e ampliando o consumo de alimentos *in natura*, sazonais e produzidos nas proximidades.

De forma geral, os preços deste tipo de comida local são atualmente elevados porque os produtores não contam com suporte organizacional e logístico que os possibilite assegurar regularidade na produção e reduzir os custos de comercialização. A alimentação coletiva em restaurantes, sejam eles públicos ou privados, constitui importante impulsionadora dos circuitos locais. A compra institucional de alimentos orgânicos para abastecimento de equipamentos públicos (escolas, institutos, universidades, hospitais, quartéis etc.) exerce um efeito de arraste (bola de neve) muito importante (Friedmann, 2007; Izumi *et al.*, 2010). Além de proporcionar uma alimentação saudável e livre de resíduos aos usuários desses serviços, constitui um poderoso instrumento de educação alimentar e de divulgação das virtudes da alimentação orgânica entre pacientes e seus familiares, comunidade escolar, pais de alunos etc. Pode servir também como um valioso instrumento de estímulo à produção e aos canais curtos, caso priorize a aquisição de pequenos e médios produtores orgânicos. Experiências realizadas no Brasil e na Andaluzia (Espanha) apresentadas no último capítulo demonstram isso.

Essa forma territorializada de abordar a organização da cadeia alimentar responde aos mesmos critérios de desenho institucional apresentados no capítulo anterior. Como é sabido, os agroecossistemas são mais sustentáveis quanto mais se assemelham aos ecossistemas em sua estrutura e funcionamento. A biomimesis (Garrido Peña, 1996; Gliessman, 1998; Riechmann, 2006) é um princípio organizador aplicável ao desenho dos SATbA, uma vez que estes são configurados a partir de elevada conectividade com as dinâmicas do território, assegurando, em contrapartida, elevada autonomia com relação aos mercados ou às cadeias nacionais ou internacionais de abastecimento. Esses vínculos dos sistemas agroalimentares aos territórios são essenciais. Ao fortalecer o acoplamento entre o consumo e a produção de alimentos em escala local, ele dá sentido, fortalece a identidade e cria significado cultural ao próprio ato de alimentar-se. Nesse sentido, o território é entendido como um contexto específico para iniciativas de desenvolvimento local, ou seja, como o espaço geográfico em que se concentram, reproduzem e interconectam inovações específicas, que geram reconfigurações radicais e estáveis nos regimes agroalimentares locais (Elzen *et al.*, 2012; Darnhofer, 2015).

Em última análise, os SATbAs se baseiam na conformação de redes territoriais fundamentadas na cooperação e não na competição em mercados globais que valorizam produtos de qualidade diferenciada. Eles se estruturam com base na complementação estratégica entre economias de escala e economias de escopo, visando à redução de custos, à integração horizontal e à relativa desmercantilização das trocas de bens e serviços. Voltam-se prioritariamente para os mercados internos e não para a exportação, promovendo soberania alimentar por meio dos vínculos biofísicos e culturais com o território. Essas redes são agentes da ação coletiva e expressam processos de auto-organização sociopolítica, ou seja, de dinâmicas de articulação entre os atores na gestão e defesa dos recursos territoriais, para que eles não sejam sequestrados por atores hegemônicos (Petersen *et al.*, 2013). Embora nem sempre estejam presentes na constituição dos SATbA, as administrações locais, principalmente as prefeituras municipais, podem contribuir decisivamente por meio da implementação de políticas específicas para abastecimento alimentar ou de outros setores da gestão pública, como a saúde, a educação, o meio ambiente etc.

Em resumo, a substituição de práticas convencionais por práticas agroecológicas ao longo de toda a cadeia alimentar deve ser o eixo fundamental do processo de aumento de escala. No entanto, esse aumento de escala deve ser entendido como a expansão e a interconexão das experiências, reforçando as sinergias que podem ser alcançadas do ponto de vista biofísico entre os estabelecimentos agrícolas, configurando arranjos sociotécnicos para favorecer o fechamento dos ciclos ecológicos, cooperando para a produção e armazenamento de insumos, para o estabelecimento de fluxos de intercâmbio e melhoramento participativo de sementes, e assim sucessivamente. A promoção de autonomia produtiva é o critério básico, permitindo a redução da dependência em relação aos mercados de insumos. Do ponto de vista termodinâmico, isso implica o redesenho dos arranjos produtivos na escala de paisagem, reforçando os circuitos internos dos agroecossistemas, bem como as interconexões entre agroecossistemas, de forma a criar estruturas dissipativas de baixa entropia (Guzmán Casado; González de Molina, 2017). Além disso, as estratégias de escalonamento devem promover a conexão da produção com os demais elos da cadeia alimentar, favorecendo a comercialização em comum e os contatos diretos com os consumidores.

Tais processos de escalonamento, no entanto, não serão viabilizados sem o impulso de organizações da sociedade civil que atuem simultaneamente na construção prática das experiências e na sua defesa e promoção diante da sociedade e do Estado. Portanto, o escalonamento pode ser compreendido também como fortalecimento dos movimentos em defesa da Agroecologia para que eles ganhem em amplitude e relevância social. A politização do consumo alimentar tem se mostrado um meio para mobilizar crescentes segmentos da população, sendo esta a forma mais efetiva para conquistar maiorias sociais e recuperar a soberania alimentar, hoje fortemente comprometida pelas corporações transnacionais. O próximo capítulo apresenta a proposição do "populismo alimentar" como uma estratégia de ação política fundamentada na politização do consumo. Tal proposta amplia o significado do conceito de soberania alimentar, podendo se constituir em um enfoque para ampla mobilização social em defesa de mudanças nas dietas com base nos princípios da Agroecologia.

Capítulo 5
Os sujeitos da Agroecologia

Como exposto em capítulos anteriores, a agricultura familiar camponesa exerce um peso ponderável na produção alimentar e na gestão dos agroecossistemas do planeta. Os estabelecimentos familiares representam cerca de 98% do total, ocupando 53% das terras agrícolas e produzindo 53% dos alimentos (Graeub *et al.*, 2016). Qualquer estratégia voltada a reestruturar os sistemas agroalimentares com base em princípios agroecológicos deve partir dessa realidade, contando com o potencial de ação política latente desse vasto segmento da população mundial. Mas os afetados pelo RAC não são apenas agricultores familiares. Ele "afeta raças, nacionalidades, gêneros e classes marginalizadas, [de modo que] sua condição deve ser restaurada com o consentimento, participação e contribuições daqueles que são afetados" (Garvey, 2016, *apud* Cadieux *et al.*, 2019, s/p). Sem o envolvimento determinado dos segmentos diretamente afetados pelo RAC, será pouco provável avançar em transformações estruturais nos sistemas agroalimentares, sobretudo ao considerarmos que parte importante da população mundial é urbana e não rural.

Embora liderada pela agricultura camponesa em sua luta global pela soberania alimentar, o aumento de escala das experiências agroecológicas só será possibilitado pela mobilização de maiorias sociais. Para tanto, a mera soma das pautas reivindicatórias das parcelas marginalizadas das sociedades, fragmentadas e frequentemente contraditórias entre si, não será capaz de cimentar uma aliança social tão ampla e heterogênea. Torna-se necessária uma estratégia de ação política abrangente, capaz de promover uma mudança tanto na produção, quanto na distribuição e no consumo de alimentos. Em coincidência com elaborações de outros autores (Cadieux *et al.*, 2019), denominamos essa estratégia de "populismo alimentar". A aliança construída a partir dessa abordagem contribui para superar a dicotomia entre campo e cidade, que tem sido funcional ao capitalismo, particularmente para o avanço da agricultura capitalista. Só assim será possível estabelecer interações cooperativas e solidárias estáveis e duradouras entre o polo da produção e o polo do consumo nas cadeias alimentares. Como argumentado em capítulos precedentes, essa é uma condição indispensável para a construção de sistemas agroalimentares sustentáveis. Em que pese seu caráter transversal, o populismo alimentar é uma abordagem marcadamente anticapitalista. Apresentamos neste capítulo os fundamentos teóricos e políticos dessa grande aliança para a transição agroecológica.

A agricultura familiar camponesa e a transição agroecológica

Por razões óbvias, a força propulsora da transição agroecológica deve ser a agricultura familiar camponesa. Além de sua importância relativa na agricultura e na alimentação em escala global, ela maneja os agroecossistemas segundo uma racionalidade econômico-ecológica coerente com os fundamentos da Agroecologia. Foi – e segue sendo – ela a mais prejudicada pelo avanço da agricultura industrial e, de forma mais ampla, do RAC. No entanto, existe marcada heterogeneidade na agricultura familiar no que se refere ao emprego dos princípios agroecológicos. Esse vasto e heterogêneo universo social contempla desde as unidades geridas segundo práticas de manejo industrial, muitas vezes de forma forçada, até aquelas que se apresentam como a vanguarda da luta pela agricultura sustentável. Por essa razão, a Agroecologia Política precisa se apoiar em uma teoria geral do campesinato que contemple essa diversidade de situações. Tal teoria deve ser capaz não só de explicar seu caráter social e sua evolução histórica, mas também as formas pelas quais ocorre sua subordinação à lógica empresarial e a perda de sua identidade camponesa. Essa fundamentação teórica, de base sociomaterial, é essencial para que sejam elaboradas estratégias agroecológicas capazes de reverter os processos de descampesinização da agricultura.

Muitas são as definições de campesinato (ver importantes revisões sobre o tema em Edelman, 2013, e Bernstein *et al.*, 2018). Essa diversidade resulta do empenho de um importante segmento da sociologia rural, a chamada escola dos "Estudos Camponeses", em elaborar uma categoria conceitual capaz de abranger a enorme heterogeneidade empírica formada nas diferentes regiões do mundo após a Segunda Guerra Mundial. Esses esforços deram origem a acaloradas e pouco esclarecedoras polêmicas. Entre elas, se o campesinato deve ser compreendido como uma classe em si ou se é apenas um segmento de uma sociedade estruturada em classes; se seu modo de produção já estaria ultrapassado, estando, por exemplo, ligado ao antigo regime feudal, ou se faria sentido considerar sua presença sob o capitalismo; se se constituía como um modo de produção específico ou se configurava apenas como parte de uma sociedade mais ampla; se o termo mais adequado para nomeá-lo seria camponês, agricultor familiar, pequeno agricultor, pequeno proprietário, produtor simples de mercadorias, entre outras designações, e quais seriam as diferenças substantivas entre elas.

Todo esse debate foi deflagrado pela constatação de que o campesinato não havia desaparecido, a despeito das previsões dos clássicos do pensamento social agrário, inclusive de teóricos liberais. Seria necessário, portanto, definir uma categoria que possibilitasse simultaneamente explicar sua sobrevivência e suas transformações frente ao avanço do capitalismo. Foi Teodor Shanin (1979, 1990) quem apontou o quão absurdo seria tentar definir com exatidão um grupo social que sempre existiu e que continua existindo. No entanto, o debate, cujas implicações não são puramente teóricas, foi mantido, passando inclusive a incorporar novas dimensões, como as variáveis ambientais, com a constatação de seu papel na luta por um regime agroalimentar alternativo (Calva, 1988; Toledo, 1994, Kearney, 1996; González de Molina, 2001; González de Molina; Sevilla Guzmán, 2001; Petersen, 2013; González de Molina; Toledo, 2014; Ploeg, 2018b).

Mesmo a emergência do paradigma da soberania alimentar e o reconhecimento do papel determinante do campesinato na sua efetivação não levou ao esclarecimento conceitual e ao estabelecimento de um consenso. Ainda persiste muita confusão sobre as categorias empregadas para designar os proprietários de pequenas unidades de produção agrícola. Alguns seguem se referindo a camponeses para designar agricultores familiares. Outros, ao contrário, referem-se unicamente à agricultura familiar, entendendo que esta é uma definição objetiva que contempla toda a heterogeneidade empírica. Alegam que, assim procedendo, evitam controvérsias desnecessárias.

No entanto, a definição genérica de "agricultura familiar" falha exatamente por ocultar a variedade das configurações na organização do processo de trabalho agrícola, bem como as múltiplas trajetórias de transformação em função do maior ou menor grau de alinhamento ao RAC. Em síntese, não existe uma teoria universalmente aceita para explicar as transformações nas características mais pronunciadas do campesinato.

Não é nossa intenção aqui alimentar a polêmica. Nossa pretensão é tão somente contribuir para o debate ao abordar o *modus operandi* camponês a partir da perspectiva agroecológica. Para tanto, não basta considerar os aspectos ecológicos. É essencial que eles sejam intimamente relacionados aos aspectos socioeconômicos e culturais. Para avançar nessa abordagem integradora, adotamos a perspectiva do metabolismo social, segundo apresentado no Capítulo 1. Essa perspectiva retoma muitas das ideias do pensamento clássico, mas busca desenvolvê-las a partir de uma racionalidade socioecológica, ou explicá-las a partir dessa racionalidade.

Em linha com Shanin (1979), diríamos que o camponês é aquele que pratica a agricultura camponesa. Longe de ser uma tautologia, essa definição enfatiza a dimensão sociomaterial do modo de produção e de vida do campesinato, em particular ao contrastar sua racionalidade econômico-ecológica com a da agricultura capitalista. Essa caracterização considera também que os traços definidores do campesinato não são estáticos, mas se transformam no tempo e no espaço, influenciados pelas condições institucionais e ecológicas em que vivem. Daí a grande diversidade das agriculturas camponesas. Portanto, parece lógico definir o campesinato como uma categoria social essencialmente histórica, cujos traços, mesmo transformados ao longo do tempo, mantêm uma certa linha de continuidade. Considerando sua natureza socioecológica, podemos definir o campesinato como aquele que, por meio de seu trabalho, se apropria diretamente de um pequeno fragmento da natureza, tendo a radiação solar como fonte fundamental de energia e seus próprios saberes e crenças como base intelectual. Essa apropriação constitui sua principal ocupação, a partir da qual obtém frutos que são diretamente consumidos (total ou parcialmente) ou, de forma indireta, por intermédio de trocas, satisfazem as necessidades das suas famílias (Toledo, 1990).

Essa definição permite identificar o campesinato como uma categoria social vinculada a um regime metabólico específico: sendo praticante da agricultura camponesa, o campesinato organiza seu trabalho de forma a reproduzir o metabolismo orgânico dos agroecossistemas. Dito de outra forma, o campesinato é o grupo social em torno do qual as atividades agrárias são organizadas com base na energia solar (González de Molina; Sevilla Guzmán, 2001; González de Molina; Toledo, 2014; Petersen, 2018).

De fato, a maioria das características definidoras ressaltadas na "tradição dos estudos camponeses" eram "funcionais" (Calva, 1988; Sevilla Guzmán; González de Molina, 2005) ou altamente adaptadas a tipos de economia de base orgânica que eram, por sua própria natureza, economias de estado estacionário (Daly, 1973; Tyrtania, 2009). Essas economias só podem funcionar com um estilo de gestão que vincule diretamente a produção agrícola à economia familiar, mobilizando os membros da família para o trabalho agrícola, desenvolvendo estratégias de sucessão e matrimoniais que articulem ao máximo os fatores de produção, além de assegurar resultados do trabalho para as futuras gerações.

O funcionamento dessas economias orgânicas depende da existência de redes de apoio mútuo entre os núcleos familiares, mediadas por relações de parentesco, de vizinhança ou de amizade, atenuando os efeitos das adversidades. Depende também da geração de uma cultura e uma ética comuns e de uma identidade que reúna e codifique os conhecimentos sobre o meio ambiente, os cultivos, as formas de manejo animal, as práticas bem ou malsucedidas para enfrentar os desafios cotidianos, enfim, tudo o que é indispensável para o sucesso da manutenção da atividade agrícola ao longo do tempo. Finalmente, depende do uso múltiplo do território, aproveitando a heterogeneidade espacial pela complementaridade e integração dos usos agrícola, pecuário e florestal. O uso múltiplo do território constitui, ademais, uma estratégia de minimização dos riscos inerentes às flutuações climáticas e econômicas, de forma que sua manutenção em boas condições, respeitando os ciclos naturais e os mecanismos de recuperação da fertilidade, por exemplo, é condição indispensável para a economia camponesa a longo prazo, inclusive a das gerações seguintes. Essa é razão pela qual refere-se à existência de uma racionalidade ecológica camponesa (Toledo, 1990; Toledo; Barrera-Bassols, 2008).

A presença dessa racionalidade não significa que sociedades camponesas do passado não tenham vivenciado crises ecológicas, tendo algumas delas colapsado por razões ambientais (Tainter, 1988, 2007; Diamond, 2004). O ponto a ser ressaltado é que os camponeses dependem essencialmente de processos de coprodução com a natureza, o que significa que suas economias se fundamentam mais na gestão dos bens ecológicos locais do que na mobilização de recursos nos mercados (insumos e serviços externos). Portanto, orientam seu trabalho no manejo dos agroecossistemas e seus processos de inovação com o objetivo de assegurar o fluxo ininterrupto de bens e serviços provenientes das dinâmicas naturais. Que tenham logrado ou não manter esse padrão de reprodução econômica em todos os lugares durante todo o tempo é uma questão a ser analisada em cada situação específica do passado. O que importa ressaltar é que não existe nenhuma ideia de bondade ambiental imanente no campesinato.

Por outro lado, os danos ambientais se traduzem mais rapidamente em penalidades morais ou sociais (e mesmo em custos financeiros) do que aqueles gerados pela agricultura capitalista.

Com esta estratégia de uso múltiplo do território, o campesinato reproduz sua economia por meio da gestão dos componentes geográficos, biológicos e genéticos (genes, espécies, solos, topografia, clima, água e espaço) e dos processos ecológicos (sucessão, ciclos de vida e fluxos de materiais). Arranjos diversificados são aplicados a cada um dos subsistemas produtivos que integram os agroecossistemas, por exemplo, cultivos poliespecíficos terrestres ou aquáticos em vez de monoculturas agrícolas, pecuárias, florestais ou piscícolas. Em suma, o núcleo doméstico camponês tende a realizar uma produção não especializada baseada no princípio da diversidade de práticas e recursos. Esse estilo de gestão econômica promove o aproveitamento otimizado das paisagens circundantes, a reciclagem de materiais, energia e resíduos, a diversificação dos produtos e, principalmente, a integração entre diferentes atividades: agricultura, pecuária em pequena escala, agrofloresta, extrativismo florestal, pesca, caça, artesanato etc. Trata-se de uma espécie de pluriatividade natural (Toledo, 1993), diferente dos trabalhos não agrícolas que muitas vezes a agricultura familiar realiza como estratégia de complementação da renda.

A agricultura camponesa depende de meios intelectuais próprios para organizar seu trabalho de apropriação da natureza. No contexto de uma economia camponesa, o conhecimento da natureza configura-se como um componente decisivo no desenho e na implementação de estratégias de reprodução social. Em sociedades camponesas do passado, esses saberes eram transmitidos oralmente, de geração em geração, em processo por meio do qual as relações com o meio ambiente eram continuamente aperfeiçoadas. Como esses corpos de informação fluem segundo uma lógica distinta da ciência moderna, eles têm sido designados de saberes, termo que se refere a um conjunto de conhecimentos, sabedorias e *know-how* particulares (locais) (Toledo; Barrera-Bassols, 2008). As sociedades camponesas detinham repertórios próprios de conhecimentos ecológicos que eram contextuais, coletivos, diacrônicos e holísticos. De fato, elas desenvolveram suas estratégias de manejo ao longo do tempo, gerando sistemas cognitivos relacionados às condições ecológicas locais que são transmitidos através das gerações. Mas o campesinato não acumula apenas conhecimentos práticos. Por meio da experimentação, combinando variações nas práticas de manejo com avaliações críticas, desenvolve capacidades notáveis de inovação.

Por outro lado, a estabilidade do metabolismo orgânico depende da continuidade dos fluxos de energia, materiais e informação. Diversas instituições sociais buscam assegurar a manutenção das comunidades camponesas, protegendo-as de perturbações econômicas e ambientais. A resiliência e a estabilidade ao longo do tempo dependem fundamentalmente da eficácia de tais instituições. É bem conhecido o papel desempenhado pelas unidades domésticas na reprodução humana, das economias camponesas e no desenvolvimento de estratégias que acabaram por influenciar o tamanho da população e a sua capacidade de criação de trabalho produtivo. Por essa razão, não aprofundaremos esse aspecto, já suficientemente coberto em obras consagradas na História e na Antropologia (Goody, 1986; Bourdieu, 1991, 2004).

As comunidades são as menores unidades da população de um território, e nelas predominam os grupos domésticos camponeses, especializados na atividade agrária, para os quais se orientam todas as demais atividades artesanais ou profissionais – como atividades auxiliares, complementares ou dependentes

O núcleo doméstico camponês se apropria e maneja uma pequena porção de território compatível com suas capacidades e necessidades. O controle e gestão coletiva do território são condições essenciais para a comunidade camponesa tradicional, bem como para a reprodução da própria economia doméstica. A comunidade pode ser definida como a menor unidade de povoamento de um território. É composta por um agregado de núcleos domésticos, especializados na atividade agrícola para a qual se orientam todos os demais ofícios ou atividades profissionais – como atividades auxiliares, complementares ou dependentes.

Tendo em vista a abrangência localizada e geralmente fechada dos fluxos de energia e materiais e os limitados intercâmbios com o exterior, o padrão de povoamento nas sociedades camponesas históricas era formado por aldeias, vilas ou pequenos núcleos populacionais nos quais a vida social era desenvolvida e de onde se originavam os fluxos de informações indispensáveis para o funcionamento do metabolismo social. Uma vez que os núcleos domésticos camponeses não dispunham individualmente dos bens ecológicos necessários para a reprodução de suas economias, a comunidade camponesa constituía a unidade mínima de organização do trabalho e da produção. Essas características são de particular importância para o desenho das novas configurações territoriais e sociais necessárias para o desenvolvimento de sistemas agroalimentares sustentáveis. A cooperação, a ajuda mútua, a integração dos diferentes usos do território e outros aspectos típicos das sociedades com metabolismos orgânicos (dependentes da energia solar) são essenciais para o fechamento dos ciclos ecológicos, tornando possível elevado grau de autonomia em relação aos mercados de insumos e serviços.

Do ponto de vista político-institucional, as comunidades camponesas possuíam amplo controle sobre todos os fatores de produção. Suas instituições políticas, quaisquer que fossem, correspondiam, por exemplo, ao estabelecimento de normas que restringiam a sobre-exploração da floresta, do solo ou o sobrepastoreio. Cabia a elas regularem as mudanças no uso das diferentes áreas do território, promovendo ou não o necessário equilíbrio entre os diversos usos. Cumpriam também funções de cuidado com as condições pessoais, organizando e provendo serviços no campo da saúde pública, instrução, ajuda material em tempos de crise, defesa contra agressões externas e outros. Em suma, a elaboração de normas coletivas nesse tipo de sociedade evitou tanto o uso como o consumo excessivo de recursos comuns (Warde, 2009). Nada mais distante da velha ideia relacionada à "tragédia dos comuns" sugerida por Hardin (1968), que se referia à existência de um sistema comunal de campos abertos com acesso livre e irrestrito. Tanto o acesso quanto o uso estavam sujeitos a uma forte regulamentação que estimulava a cooperação e restringia os comportamentos oportunistas (*free-rider*) por parte de membros da comunidade, por exemplo para se aproveitar dos recursos comuns e sobre-explorá-los. Colocando em outros termos, essas instituições sociais tinham por objetivo conter a entropia física e social (já que as transferências para outros territórios eram limitadas), distribuindo-as igualmente entre todos.

Essas instituições camponesas foram se tornando progressivamente supérfluas tão logo se estabeleceu o marco institucional capitalista, até o ponto de serem abolidas pelo novo regime jurídico moldado pela racionalidade do capital. Como identificou Paul Warde (2009, p. 76),

> a abolição dos sistemas de regulação coletiva por meio do movimento de cercamento, que avançou de forma acelerada e precoce na Inglaterra, mas que alcançaria a maior parte da Europa Ocidental no século XIX, retira a questão das consequências das ações da vizinhança das compe-

tências da agronomia. A unidade familiar de produção foi convertida no foco da ação agrícola, sendo o meio ambiente delimitado por forças 'naturais' ou 'de mercado'.

Leis e outras normas, quer positivas ou consuetudinárias, exerciam funções estabilizadoras de primeira ordem. Como apresentado no Capítulo 3, do ponto de vista da Agroecologia Política, a propriedade comunal dos bens ecológicos em seu sentido mais amplo é condição extremamente importante para o desenho e o estabelecimento de um regime agroalimentar alternativo.

Todas as características acima descritas caracterizam a existência do campesinato antes do projeto de modernização agrícola: emprego do trabalho familiar e de energias renováveis, uso múltiplo do território, recursos locais, elevada autonomia frente aos mercados de insumos e serviços, cooperação e ajuda mútua, comunalidade, conhecimento tradicional, inovação e tecnologias adaptadas, proximidade entre produção e consumo de alimentos etc. São práticas de manejo dos agroecossistemas, padrões de relações sociais e arranjos institucionais coerentes com a perspectiva agroecológica para a configuração de sistemas agroalimentares sustentáveis. Essa é razão pela qual reconhecemos os camponeses como sujeitos protagonistas da transição agroecológica e como base sociocultural de um regime alimentar alternativo.

No entanto, no mundo rural de hoje, verifica-se globalmente uma enorme diversidade de situações peculiares que refletem em maior ou menor grau as características definidoras do campesinato. Essa diversidade resulta da degradação dos traços camponeses até o ponto de praticamente ocorrer a sua desaparição ou transformação em categorias sociais relacionadas, típicas da agricultura industrializada. Em absoluto, isso significa que tais categorias relacionadas tenham perdido definitivamente sua condição camponesa e que esse processo de degradação seja irreversível. Nessas situações, a transição agroecológica representa exatamente a reversão desse processo. As teorias clássicas analisaram o desenvolvimento do capitalismo na agricultura com base na competição entre as pequenas e as grandes unidades de produção, processo que culminaria com o desaparecimento da pequena e o triunfo definitivo das grandes e do trabalho assalariado. No entanto, essas teorias captaram apenas uma parte do ocorrido. E talvez a parte menos relevante. Não nos parece que a questão do avanço do capitalismo possa ser explicada exclusivamente pela escala das produções, isto é, pelo tamanho dos estabelecimentos e pela competição entre eles dentro do setor agrícola. Avaliamos ser mais adequado compreender a degradação (ou a desativação) dos traços camponeses pela progressiva mercantilização nas estratégias de produção e reprodução da agricultura camponesa, com a adoção de estilos empresariais de gestão econômico-ecológica dos agroecossistemas.

A condição camponesa sob o capitalismo e a agricultura industrial

Vista em perspectiva, a evolução registrada na agricultura não confirma as previsões dos clássicos. Não se verificou o anunciado processo de diferenciação e proletarização, abrindo caminho para que as grandes unidades de produção com trabalhadores assalariados se tornassem a forma dominante de organização da produção agrícola industrializada. A agricultura familiar segue a forma dominante de organização da produção agrícola no mundo. Embora algumas características dos agricultores familiares modernizados lembrem o campesinato tradicional (a posse de uma pequena propriedade, o emprego do trabalho familiar etc.), várias características vêm desaparecendo. Mas essa evolução não é unidirecional. Ela é dinâmica, podendo inclusive contemplar trajetórias na direção oposta, dando lugar a estilos de agricultura familiar caracterizados pela elevada autonomia em relação aos mercados de insumos e serviços.

Essa erosão dos traços camponeses origina-se tanto da privatização das terras quanto da penetração da lógica do mercado nas economias camponesas, gerando súbitos processos de mercantilização e, consequentemente, subordinação ao mercado capitalista. Esse processo se iniciou na Europa com as reformas liberais, responsáveis pela destruição dos sistemas tradicionais de campos abertos de uso comunitário manejados por práticas agrossilvipastoris integradas. Elas foram viabilizadas por leis de cercamento visando à apropriação privada dos bens e direitos comunais, passando a considerar a terra como uma mercadoria como outra qualquer. Essas transformações institucionais deram origem a importantes processos de expropriação camponesa e significaram a destruição da base de recursos locais autocontroladas pelas famílias e comunidades, elemento que antes possibilitava o fechamento dos ciclos biogeoquímicos em escala local. Em outros termos, significaram o bloqueio às práticas de reprodução dos elementos-fundo dos agroecossistemas, condição para que funcionassem sem a necessidade do uso de insumos externos (Guzmán Casado; González de Molina, 2017).

Essas novas circunstâncias levaram o campesinato a redefinir suas estratégias de reprodução: muitos dos bens necessários à subsistência tornaram-se mercadorias, portanto só poderiam ser obtidos com dinheiro. Isso os levou a especializarem a produção e a buscarem maiores rendimentos em seus estabelecimentos. No entanto, devido à pequena dimensão de suas unidades produtivas, tornou-se cada vez mais difícil para as famílias camponesas manterem os sistemas tradicionais de integração entre a produção vegetal e a produção animal. As terras com pastagens comunitárias foram privatizadas, obrigando as famílias camponesas a recorrer ao aluguel ou à compra de terras para manterem seus rebanhos ou, mais frequentemente, a prescindir dos criatórios. Dessa forma, os fluxos econômicos com o mercado se intensificaram, ao passo que os fluxos com a natureza foram reduzidos, tornando produtos que antes tinham valor de uso em objetos de troca.

Esse processo de mercantilização avançou em espiral, em um contexto de queda progressiva de preços das produções dos camponeses. A crescente integração entre os mercados agrícolas em âmbito internacional e o diferencial de valor agregado entre a produção agrícola e a industrial reduziram (e seguem reduzindo) a remuneração monetária das produções agrícolas. A resposta compensatória à queda nas rendas agrícolas foi a conjugação da intensificação com a especialização produtiva, procurando assim ampliar os volumes de produção por área. Em um contexto no qual os ciclos biogeoquímicos já não podiam ser fechados na escala da paisagem em função da perda de direitos de uso de terras que antes eram comunitárias, os camponeses ingressaram em uma trajetória de crescente dependência do mercado, tendo que recorrer à compra de insumos externos, cada vez mais caros, para manter níveis elevados de produtividade física. Passaram, assim, a ser envolvidos em novos mercados, nesse caso de insumos – em primeiro lugar de fertilizantes, depois de implementos, para finalmente transferir boa parte das suas rendas para a aquisição de máquinas, sementes e agrotóxicos ou para pagar juros relativos aos empréstimos contraídos para fazer frente aos crescentes investimentos.

No entanto, a mercantilização não se processava exclusivamente na esfera da produção. Também ocorreu na reprodução da economia doméstica: a destruição dos bens comuns e a dissolução dos direitos associados fizeram com que parte importante dos bens de consumo das famílias camponesas (alimentos, óleo para aquecimento e cozimento, roupas etc.) passassem a ser obtidos nos mercados, sujeitando-as a empreender maiores esforços de trabalho para obter o dinheiro necessário à aquisição desses bens. De um padrão de reprodução relativamente autônomo e historicamente garantido, com base na produção diretamente obtida nos agroecossistemas, os núcleos camponeses passaram a adotar um padrão de reprodução estruturalmente dependente dos mercados (Ploeg, 1993).

Dessa forma, a reprodução da agricultura camponesa deixou de depender da qualidade ecológica dos seus estabelecimentos e dos ambientes circundantes, passando a depender cada vez mais dos preços dos insumos. O sistemático aumento dos custos de produção passou a ser um fator de restrição ou mesmo de interrupção dos fluxos de nutrientes (via fertilizantes), a proteção contra insetos-pragas e patógenos (via agrotóxicos) e o acesso à energia (diesel ou eletricidade) para máquinas e tratores. Em grande medida, isso explica por que se tornou comum que as demandas de muitos movimentos sociais do campo tenham se voltado à luta por preços dos produtos ou insumos agrícolas ou pela renegociação das dívidas contraídas no sistema financeiro para reprodução dessas economias altamente mercantilizadas.

O processo de mercantilização do manejo dos agroecossistemas significou a subordinação do campesinato ao capitalismo, convertendo-o em fornecedor de alimentos baratos. Por meio de regulações de mercado e outras políticas públicas, o sistema externalizou o custo real da produção de alimentos, deixando de contabilizar os custos totais da reprodução das famílias camponesas e de seus sistemas de produção. A flexibilidade das economias camponesas, isto é, sua capacidade de seguir se reproduzindo mesmo obtendo preços baixos por seus produtos, é uma das chaves para a compreensão da persistência do campesinato sob o capitalismo. Outro fator de igual importância refere-se à dificuldade encontrada pelo sistema para industrializar plenamente processos produtivos tão dependentes dos ciclos naturais. A subsunção formal do campesinato ao capitalismo (González de Molina; Sevilla Guzmán, 1993a) tem sido uma forma pouco custosa de assegurar o fornecimento de alimentos baratos para as demais atividades econômicas, ou seja, constituindo, assim, uma fonte permanente de acumulação de capital. A exploração do trabalho do campesinato com terra por meio dos mercados de insumos e produtos agrícolas se deu em uma escala muito mais significativa do que a exploração do trabalho assalariado dos camponeses sem terra. Esse processo de subsunção assegurou trabalho barato e alimento barato, dois dos quatro elementos baratos (*four cheaps*) apontados por Moore (2015) como condições para a reprodução ampliada do capital (os outros dois elementos são energia e matérias-primas baratas).

Figura 6.1 Graus e campesinidade

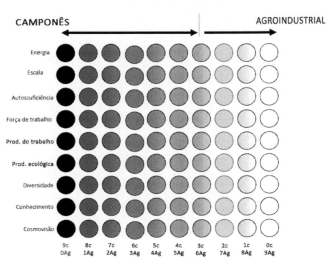

Fonte: Victor Toledo (1995).

O avanço da mercantilização tem sido lento e de duração variável em função dos ritmos da própria dinâmica do crescimento econômico, tendo se materializado por meio de dois processos simultâneos: de um lado, pela industrialização nas práticas de manejo dos agroecossistemas; de outro, pela progressiva erosão cultural, identitária e dos padrões de consumo camponeses. Esse fenômeno pode ser compreendido como um processo de degradação (ou deterioração) da condição camponesa. Foi exatamente isso o que Victor Toledo (1995) mostrou ao estudar os "graus de campesinidade" da agricultura familiar no México (Figura 6.1).

O conceito de graus de campesinidade se aplica perfeitamente ao estudo de processos de transição entre regimes metabólicos nos agroecossistemas. De um regime orgânico para o industrial, como no caso da industrialização da agricultura e sua integração subordinada ao RAC ou, no sentido oposto, pela transição agroecológica e a construção de crescentes graus de autonomia em relação aos mercados controlados pelas corporações. "Entre os dois arquétipos presentes no esquema proposto por Toledo (o do modo de produção camponês e o do modo de produção agroindustrial) existe um leque de situações intermediárias resultantes de variadas combinações entre traços tipicamente camponeses e agroindustriais" (Toledo, 1995). Essas combinações expressam, por sua vez, um momento contingente nas trajetórias de transformação dos agroecossistemas, seja com a incorporação gradativa de mecanismos "modernizadores", responsáveis pela conversão de estilos camponeses em estilos empresariais de gestão econômico-ecológico, ou vice-versa. Em síntese, o grau de campesinidade é inversamente proporcional ao grau de mercantilização dos agroecossistemas.

Em muitas situações, como asseveraram os clássicos da sociologia rural, os camponeses de fato foram convertidos em "proletários", ou seja, em trabalhadores assalariados nos setores industrial ou de serviços, processo responsável pela transferência massiva de mão de obra do campo para a cidade. Por outro lado, muitos permaneceram exercendo suas profissões de agricultores, especialmente na periferia do sistema-mundo capitalista. Parte significativa da agricultura familiar modernizada contemporânea pode ser compreendida como herdeira direta da agricultura camponesa que, de geração em geração, deixou para trás muitos de seus traços característicos.

Tendo sofrido as consequências perversas da modernização agrícola, parcelas da agricultura familiar lutam hoje para reconstruir crescentes níveis de autonomia frente aos mercados capitalistas. A construção de sistemas agroalimentares alternativos baseados em princípios agroecológicos é a única forma de reverter os processos de degradação. No entanto, apenas com a reversão desses processos, torna-se possível construir uma base sólida para a estruturação de sistemas agroalimentares sustentáveis. Como argumenta Ploeg (*apud* Bernstein *et al.*, 2018, p. 694), os camponeses vivenciam processos constantes de descampesinização e de recampesinização. Isso significa que se deve rejeitar em definitivo a tese de que existe uma tendência inexorável à desaparição da agricultura camponesa. Essa tendência contraria o próprio mecanismo de funcionamento do RAC, que depende da agricultura familiar para seguir se apropriando dos alimentos baratos. Além disso, não se pode seguir negligenciando os movimentos de contratendência ligados às lutas camponesas por autonomia frente ao controle das corporações. Nesse sentido, Ploeg (*apud* Bernstein *et al.*, 2018, p. 695) afirma que "a agricultura camponesa se apresenta como uma promessa para o futuro (no lugar de ser um remanescente do passado)".

Os camponeses contemporâneos

Já fizemos referência à tendência de queda progressiva nos níveis de renda dos agricultores em praticamente todo o mundo. Isso se deve ao simultâneo aumento nos custos produtivos e à redução nos preços recebidos pela produção. Dentre as respostas a essa pressão financeira (*squeeze*) sobre as unidades familiares, destacam-se os processos de recampesinização, um fenômeno verificado tanto nos países mais industrializados quanto nos chamados periféricos. De acordo Ploeg (2008, p. 7), a recampesinização pode ser compreendida como um processo de

> luta pela autonomia e sobrevivência em um contexto de privação e dependência [...] e implica um duplo movimento. Por um lado, um aumento quantitativo, ou seja, no número de camponeses. Mediante um influxo de fora e/ou pela reconversão de agricultores empresários em camponeses, aumenta-se o número destes últimos. Por outro, uma mudança qualitativa. Nesse caso, a autonomia é aumentada à medida em que a lógica que rege a organização e o desenvolvimento das atividades produtivas se distancia dos mercados.

Os camponeses contemporâneos constroem autonomia em relação aos mercados ao reduzir custos produtivos, isso é, reduzindo o uso de insumos e serviços externos, e/ou comercializando sua produção em circuitos alternativos (mercados territoriais). Desse modo, as práticas de manejo dos agroecossistemas e a gestão das economias familiares recuperam traços propriamente camponeses, intensificando os fluxos de trabalho, conhecimento e biofísicos internos aos estabelecimentos, assim reduzindo a dependência de fontes externas de energia e nutrientes. Essa estratégia vem sendo colocada em prática em muitas das experiências de agricultura orgânica na Europa (Ploeg *et al.*, 2019), Japão ou América do Norte. Também são encontradas em movimentos neo-rurais, em movimentos camponeses e de povos e comunidades tradicionais vinculados à Articulação Nacional de Agroecologia (ANA) no

Brasil (Petersen *et al.*, 2013) e em outros países da América Latina (Altieri; Toledo, 2011), na criação de pequenas propriedades no Paquistão, Bangladesh ou Índia (Ploeg, 2008, p. 9). Finalmente, e coerente com o caráter reversível da perda da condição camponesa, a recampesinização é encontrada como resposta de muitos camponeses à pressão exercida em seus países pelo RAC.

Mas a recampesinização não significa apenas mudanças na estratégia produtiva. Ela implica também "um renascimento de valores – autonomia, autoabastecimento, vínculos locais e cidadania – que muitas vezes têm uma forte capacidade de mobilizar grandes setores das sociedades de hoje" (Ploeg *apud* Bernstein *et al.*, 2018, p. 697). Esse aspecto é central para a perspectiva do populismo alimentar, como veremos adiante. Somente um amplo processo de recampesinização, tanto no sentido produtivo quanto cultural, será capaz de enfrentar a atual crise do RAC e construir sistemas agroalimentares verdadeiramente sustentáveis.

No entanto, como vimos no capítulo anterior, o marco institucional que rege o funcionamento do RAC e que assegura a sua reprodução impõe obstáculos ao avanço das experiências alternativas de concepção agroecológica. Em geral, essas experiências são induzidas à convencionalização, ou seja, um processo pelo qual a lógica da produção acaba sendo subordinada ao mercado, logo, um sentido oposto à recampesinização. Dessa forma, o capitalismo se apropria de aspectos alternativos (não capitalistas) da agricultura camponesa, tornando-os funcionais à sua lógica de acumulação. É importante ressaltar que a convencionalização muitas vezes ocorre como um processo não intencional, como uma consequência quase automática do ambiente institucional favorável à criação de múltiplas formas de dependência ao mercado capitalista.

O caso da produção orgânica (certificada ou não, esteja em mãos de agricultores familiares ou não) é exemplo eloquente nesse sentido. O crescimento exponencial da agricultura orgânica no mundo representou, em inúmeras situações, a disseminação de um padrão de gestão econômico-ecológica que repete características dos modelos produtivos da agricultura convencional, ao reproduzir trajetória similar e compartilhar as mesmas características sociais, técnicas e econômicas (Allen; Kovach, 2000; Rigby; Bown, 2003; Raynolds, 2004; Reed, 2009; uma revisão em Darnhofer *et al.*, 2010; Petersen, 2017). Os menores preços recebidos, resultante da pressão do RAC, também afetam os produtores orgânicos, condicionando-os igualmente a externalizar os custos territoriais, o que, na prática, significa menor emprego de rotações de cultivos, menos diversidade produtiva, uso de sementes de alto rendimento, mais tratamentos fitossanitários e outras estratégias técnicas também empregadas na agricultura industrial – portanto, uma maior dependência dos mercados de insumos. Nesse sentido, os produtores orgânicos possuem uma clara motivação para encurtar o caminho em busca da viabilidade econômica em detrimento da sustentabilidade.

 Essa tendência de convencionalização é favorecida pelas regulações específicas do setor (regulamentos da produção orgânica, por exemplo) que possibilitam e mesmo estimulam esse tipo de soluções externas (por exemplo, ao colocar restrições à produção própria de sementes, animais ou produtos fitossanitários). Por essa razão, caso não haja mudança no marco institucional, amplos segmentos da agricultura familiar envolvidos na produção orgânica seguirão reproduzindo o mesmo roteiro econômico-ecológico da agricultura convencional, ou seja, o estilo de gestão empresarial. Nesse sentido, a agricultura orgânica por si não ameaça o RAC. Não sem razão, um número não desprezível de empresas capitalistas encontrou no nicho de mercado da produção orgânica um caminho fecundo para a produção de lucros.

Fenômeno similar ocorre nos sistemas de distribuição. Em âmbito mundial, parte expressiva da produção orgânica circula pelos mesmos canais comerciais que os alimentos convencionais. Neles, predominam canais longos, grandes consumidores de energia e materiais, que podem eliminar ou reduzir significativamente os efeitos ambientais positivos da produção orgânica. Muitos produtores orgânicos são forçados a vender sua produção por intermédio de grandes empresas varejistas que empregam suas próprias marcas para identificar o trabalho *off-farm* (processamento, distribuição e venda). A essa realidade, deve-se acrescentar que o desequilíbrio entre uma demanda crescente e uma oferta insuficiente e mal organizada, como é o caso da Europa (EU-DG Agri, 2010, p. 42), cria oportunidade para grandes distribuidores e reproduz o mesmo modelo convencional no qual uma ínfima porcentagem do preço final é capturada pelos agricultores. Por essas razões, a produção orgânica não representa em si uma alternativa ao modelo industrial de distribuição de alimentos.

Isso também pode ser dito em relação ao consumo, uma vez que os padrões alimentares não se alteram apenas com a ingestão de alimentos orgânicos. De fato, os mercados verdes podem garantir a substituição quase completa dos alimentos convencionais pelos orgânicos. Mas se os preços relativos de cada um não forem alterados, não haverá alterações substantivas na dieta alimentar das sociedades. Todos esses processos que operam na chamada convencionalização ressaltam a importância de mudanças no marco institucional para abrir caminho para que as experiências agroecológicas ganhem em escala e efetivamente contribuam para a construção de um sistema alimentar alternativo. Sem mudança institucional, isto é, sem a construção de uma nova institucionalidade, não será possível assegurar a reprodução dos camponeses contemporâneos com base nos fundamentos da Agroecologia e o acesso universal à alimentação saudável e adequada.

Feminismo e Agroecologia: o papel central das mulheres

Como antes já referido, a perspectiva de gênero é fundamental para orientar as transformações nos sistemas agroalimentares segundo a perspectiva agroecológica. A divisão sexual do trabalho, própria do patriarcado, constitui uma das formas mais primitivas de desigualdade. Em sociedades com metabolismo industrial, ela foi aprofundada e reformulada com base na separação radical entre trabalho produtivo e trabalho reprodutivo. Segundo essa concepção, o primeiro seria fonte de valor, pois é reconhecido pelo mercado, enquanto o segundo, o reprodutivo, é invisível e desvalorizado por estar fora do mercado de trabalho. As mulheres arcaram com a maior parte da carga do trabalho reprodutivo, socialmente ocultado e desvalorizado, fato que contribuiu decisivamente para reforçar os mecanismos de dominação patriarcal, não rompidos mesmo com a crescente entrada das mulheres no mercado de trabalho ao longo do século XX (Federici, 2018).

A acumulação primitiva de capital no metabolismo industrial teria sido impossível sem a escravidão e o trabalho das mulheres nas tarefas de reprodução e cuidado. Na composição orgânica do capital, existem variáveis invisíveis que integram o capital variável. Dentre eles, ressalta-se o trabalho das mulheres, que engloba muito mais do que as tarefas ligadas à reprodução física, contemplando também atividades domésticas, de cuidados e trabalhos comunitários de apoio mútuo e coordenação cooperativa de atividades sociais não remuneradas monetariamente. A equação do capital explodiria caso o valor dessas tarefas ligadas ao capital variável fosse contabilizado. Da mesma forma, caso os custos metabólicos fossem descontados do capital fixo, a ficção relacionada à estabilidade da composição orgânica do capital não se sustentaria. As consequências dessa dupla invisibilização para as sociedades contemporâneas justificam a necessária articulação intelectual e política entre a Ecologia e o Feminismo, da qual surgiram propostas políticas assumidas pelo campo agroecológico (Puleo, 2011).

As sociedades capitalistas de metabolismo industrial necessitaram de duas válvulas de escape para fazer frente à crescente entropia social: uma externa, que compensa a entropia social com o aumento da entropia física, conforme apresentado no primeiro capítulo; uma interna, que tenta deslocar a entropia social (desigualdade) para a periferia do sistema (países pobres e dependentes, escravidão, camponeses) e para as mulheres, não remunerando os trabalhos associados à reprodução social. O não reconhecimento das tarefas de reprodução social no mercado de trabalho é uma estratégia funcional para o desenvolvimento do metabolismo industrial e do capitalismo. O mal funcionamento de ambas as válvulas de escape está diretamente relacionado à atual crise metabólica.

O ecofeminismo tem ressaltado a existência de uma estreita vinculação entre o manejo insustentável dos agroecossistemas e o predomínio das relações patriarcais. De fato, existe um nexo claro entre o não reconhecimento das atividades reprodutivas exercidas predominantemente pelas mulheres e o manejo insustentável dos recursos naturais. Para as correntes ecofeministas, o antropocentrismo e o androcentrismo compõem duas faces de uma mesma moeda.

Na realidade, as desigualdades geradas em função das relações de gênero estavam presentes nas sociedades pré-industriais. No entanto, elas foram significativamente acentuadas sob o capitalismo. O capitalismo fundamentou seu processo de acumulação no barateamento de quatro elementos, os *four cheaps*, segundo Moore (2015): as matérias-primas, a energia, os alimentos e o trabalho. O barateamento do trabalho se faz por meio de duas estratégias complementares: os baixos pagamentos pelo trabalho remunerado, algo somente possível com o barateamento dos alimentos; e o não pagamento de parte substancial do trabalho social necessário à reprodução. A aliança essencial entre Agroecologia e Feminismo deriva precisamente da invisibilidade gerada pelo capitalismo sobre todas as tarefas e processos envolvidos na reprodução do trabalho humano e dos recursos naturais mobilizados para o processo de trabalho (para a produção), ou seja, os elementos-fundo.

O capitalismo externalizou esses custos, explorando simultaneamente o trabalho humano e os bens ecológicos. A incorporação da perspectiva feminista na Agroecologia é essencial, não apenas para eliminar as desigualdades de gênero, um desafio ético de primeira ordem, mas também para assegurar a reprodução de elementos-fundo, sejam os de caráter social, sejam os de caráter ecológico. Feminismo e Agroecologia devem estar indissoluvelmente ligados para, entre outros objetivos, trazer à tona os custos reais (de reprodução) das atividades produtivas, tanto os relacionados aos núcleos domésticos (trabalhos domésticos, de cuidados etc.) como aqueles ligados à reprodução ecológica (elementos-fundo). Essa é uma razão crucial pela qual, como afirmam as agroecólogas feministas, "não há Agroecologia sem Feminismo". Nesse sentido, para a expansão da Agroecologia e a construção de sistemas agroalimentares sustentáveis é essencial que haja uma aliança estratégica entre movimentos feministas e movimentos agroecológicos, este último adotando uma perspectiva de gênero e o primeiro, uma perspectiva ecológica.

Essa aliança é necessária porque a Agroecologia não se orienta para uma simples mudança nos padrões tecnológicos nos sistemas agroalimentares, mas sim para transformações políticas nos padrões de reprodução social. As mulheres são portadoras de ampla experiência histórica e de amplo e diversificado conjunto de habilidades sociais, comunitárias e cooperativas que representam "reservatórios de inteligência coletiva" a serem valorizados nos processos de transição agroecológica. Isso não existe porque as mulheres possuam um instinto imanente favorável à conservação, mas porque sua dedicação durante séculos a essas tarefas as torna mais sensíveis aos aspectos relacionados à reprodução social e ecológica (Agarwal, 2010). Em outras palavras, as mulheres possuem uma lógica não destrutiva da natureza em função de sua histórica exclusão formal (mas não real) dos chamados trabalhos produtivos.

Além disso, as mulheres são as principais responsáveis pela aquisição e pela preparação dos alimentos. Na agricultura, se encarregam frequentemente de produzir a maior parte dos alimentos consumidos por suas famílias, manejando hortas, pequenos animais e outras produções realizadas nos quintais, se encarregando igualmente pela conservação e/ou processamento dessas produções. As mulheres tendem ainda a assumir a maior carga de trabalho e responsabilidades pelas questões de saúde e educação dos filhos e filhas, sendo, nessa medida, essenciais para a promoção de hábitos saudáveis de consumo alimentar. No campo do manejo da agrobiodiversidade, as mulheres também são determinantes, seja ao assumirem grande parte do trabalho de conservação e troca de sementes, seja na transmissão de conhecimentos sobre a produção e uso de plantas medicinais. Muitas dessas atividades, geralmente consideradas secundárias e irrelevantes do ponto de vista de geração de valor econômico monetário, são, no entanto, centrais na reprodução socioecológica dos agroecossistemas.

O movimento feminista e, principalmente, o movimento ecofeminista, é um aliado crucial do movimento agroecológico, também porque ressalta os impactos sobre as mulheres da degradação dos agroecossistemas gerada por padrões insustentáveis de produção. Pobreza rural, fome e/ou desnutrição costumam ser o destino mulheres camponesas, especialmente em países pobres ou periféricos. Isso porque a discriminação com base no gênero torna as mulheres ainda mais vulneráveis à insegurança alimentar e nutricional e à perda de autonomia política e econômica. Simultaneamente, movimentos ecofeministas têm chamado a atenção para os vínculos entre a deterioração da saúde das mulheres e a degradação dos agroecossistemas e contaminação tóxica dos alimentos, bem como para os direitos sexuais e reprodutivos das mulheres.

Essa aliança é também essencial para a crescente assimilação na sociedade das proposições do campo agroecológico, uma vez que as lutas das mulheres são um poderoso meio de mobilização social, alcançando, potencialmente, o segmento majoritário da população. No movimento agroecológico, a abordagem de gênero tem adquirido importância decisiva, de forma que atualmente já não é concebível uma ação orientada pela perspectiva agroecológica sem a incorporação de abordagens sensíveis a gênero. Da mesma forma, questões relacionadas à saúde e à alimentação, e mesmo aspectos vinculados à saúde reprodutiva, não podem ser abordados de maneira adequada sem uma orientação agroecológica.

Pelos diversos motivos já apresentados no Capítulo 3, o modelo de gestão econômica mais eficiente do ponto de vista agroecológico é a unidade familiar. Entre eles, a propensão a estabelecer relações cooperativas de trabalho, a articulação orgânica entre o trabalho produtivo e o reprodutivo, a forte identificação com o território, ou *locusfilia* (Garrido Peña, 2014), e a estabilidade intergeracional. Entretanto, para que a família não se torne um mero reflexo da divisão sexual do trabalho típica do patriarcado, onde ocorre uma atribuição desigual de papéis, de direitos e de recursos, ela deve funcionar como uma família diversa (não heteronormativa), igualitária e democrática. Para tanto, a perspectiva agroecológica e o ecofeminismo são essenciais. Do contrário, os empreendimentos familiares apenas reproduzirão o padrão adotado na grande maioria da chamada "economia de base familiar", ou seja, uma subcontratação de baixo custo feita por grandes empresas agrícolas com o objetivo de explorar o trabalho e os meios de produção da agricultura familiar (Reher; Camps, 1991).

Politizando o consumo alimentar

A construção de um regime agroalimentar alternativo não é tarefa apenas dos produtores ou distribuidores. É uma tarefa cidadã que deve envolver o conjunto das sociedades. As razões são evidentes: sem as necessárias alianças sociais entre produtores e consumidores, entre o campo e a cidade, ela torna-se impossível. Tradicionalmente, os movimentos agroecológicos estiveram quase que exclusivamente mobilizados para assegurar a oferta de alimentos, ou seja, para trabalhar com os produtores. O alcance do último elo da cadeia, o consumo, seria obtido sem a necessidade de mobilização dos consumidores, que só precisavam ser informados dos benefícios da alimentação saudável. A resultante dessa abordagem, que implica a passividade da maior parte da sociedade frente aos objetivos a serem atingidos, foi a multiplicação de experiências agroecológicas vigorosas, mas cujas limitações do ponto de vista de suas capacidades de impulsionar transformações mais abrangentes já foram discutidas.

A queda contínua da influência política, econômica e até demográfica dos produtores explica em grande medida o limitado peso que as políticas agrícolas exercem na agenda dos governos e dos partidos políticos. Em meados da década passada, ao assumir a abordagem do sistema agroalimentar (Francis *et al.*, 2003), a Agroecologia ampliou seu escopo. Deixou de centrar seu foco exclusivamente na esfera da produção primária, passando a contemplar todos os elos da cadeia até o consumo final. No entanto, em termos políticos, essa mudança de enfoque ainda não está totalmente concluída, com a mobilização do lado da demanda (ou do consumo). Trata-se de converter a alimentação saudável e adequada em questão mobilizadora de toda a sociedade. Essa é a forma mais efetiva de gerar maiorias sociais que possam dar sustentação política para a ampliação da escala das experiências agroecológicas e consolidar sistemas agroalimentares locais. A politização do consumo alimentar é o meio estratégico pelo qual se torna possível construir alianças entre produtores e consumidores, entre o mundo rural e urbano, entre o Norte e o Sul globais.

A alimentação é uma questão que afeta variadas dimensões das relações sociais. A satisfação do metabolismo endossomático do ser humano é um fato cada vez mais complexo em que se combinam aspectos relacionados à saúde física e mental, ao bem-estar físico, à identidade cultural, à conservação do patrimônio material e imaterial, à viabilidade das atividades produtivas agrícolas, ao desenvolvimento rural, à saúde dos agroecossistemas, à produção e ao processamento agroalimentar, à sustentabilidade do consumo energético, à equidade nas relações entre países desenvolvidos e periféricos etc. A alimentação se tornou um "ponto de encontro temático" que integra diversos âmbitos sociais, econômicos, ambientais, políticos e culturais que apresenta significativos desafios de governança, muitos dos quais ignorados até agora (Renting; Wiskerke, 2010; Petrini *et al.*, 2016).

O caso da Espanha é um bom exemplo. Os hábitos alimentares dos espanhóis são cada vez mais semelhantes aos praticados nos países ricos. A Espanha consome uma média diária *per capita* de 3.405 kcal (Schmidhuber, 2006; González de Molina *et al.*, 2017). Uma dieta que tem levado ao abandono de bons hábitos alimentares mediterrâneos e à aquisição de outros que, já no início do século XXI, eram responsáveis pelo sobrepeso de 41% da população (Schmidhuber, 2006, p. 5). O aumento no consumo de carne, leite e outros derivados lácteos é a principal causa dessa mudança nos padrões alimentares. Por um lado, essas mudanças estão diretamente ligadas ao aumento da renda *per capita*. Por outro, se devem a transformações nos sistemas de distribuição de alimentos, com o desenvolvimento de logísticas de transporte refrigerado e dos supermercados, ao fato de as mulheres estarem mais presentes no mercado de trabalho, tendo menos tempo para cozinhar em suas casas, ao hábito crescente de se realizar as refeições fora de casa, muitas vezes em estabelecimentos de *fast food* e, finalmente, aos produtos derivados de animais terem se tornado mais baratos em função dos baixos custos da mão de obra empregada e das matérias-primas utilizadas, especialmente as rações importadas (Infante-Amate *et al.*, 2018a). Portanto, a forma como os espanhóis se alimentam passou por significativas mudanças, sendo elas as principais causas da insustentabilidade, comprometendo a saúde humana e dos agroecossistemas, não só na Espanha, mas também nos países fornecedores de matérias--primas (Unep, 2010).[1] Apesar dos bilhões de dólares gastos em

---

[1] O mesmo fenômeno é verificado em países periféricos. Na América Latina, a comida ultraprocessada foi incorporada na dieta de crianças, adultos e idosos. As pesquisas realizadas pela jornalista Soledad Barruti (2013, 2018), bem como um já volumoso número de pesquisas acadêmicas realizadas, convergem para a inquietante conclusão sobre efeitos negativos à saúde dos processos de produção intensivos e agroindustriais, a má qualidade dos produtos oferecidos pelas grandes marcas e, inclusive, sobre vícios em alimentos ultraprocessados gerados desde a infância. No Brasil, por exemplo, estima-se que o consumo de ultraprocessados

publicidade anualmente pelas grandes empresas do ramo alimentar, cresce a preocupação dos consumidores com os impactos no meio ambiente e na saúde, fato expresso na crescente mobilização coletiva e individual em torno da alimentação saudável.

Há, no entanto, outra razão significativa que cobra a ativa participação dos consumidores: a produção orgânica realizada com base em princípios agroecológicos e a distribuição por meio de circuitos alternativos (mercados territoriais) não serão eficazes no enfrentamento dos problemas de insustentabilidade caso não sejam acompanhados por mudanças nos padrões de consumo alimentar e nos valores que os inspiram. Caso não haja essa mudança correspondente, com a redução substantiva do consumo de carnes, ovos e laticínios, as pressões para a importação de alimentos de países que sofrem com problemas de segurança alimentar e fome seguirão se intensificando, e os avanços com a produção orgânica serão insuficientes. A justiça alimentar, portanto, requer uma mudança na maneira como atendemos às necessidades endossomáticas, especialmente, mas não só, nos países ricos. A politização do consumo alimentar, ou seja, a conversão da alimentação em um ato responsável, portanto, uma escolha política, é a forma mais eficaz de construir maiorias de mudança em defesa de um regime alimentar alternativo, podendo inclusive se tornar uma das questões sociais com maior capacidade de mobilização.

O caminho mais evidente para a politização do consumo alimentar está relacionado aos efeitos sobre a saúde humana. A insegurança alimentar se generalizou sob o regime agroalimentar corporativo. O fenômeno associa as situações de subnutrição (ingestão alimentar insuficiente para satisfazer as necessidades de

---

é responsável pela morte prematura (entre 30 e 67 anos) de 57 mil pessoas por ano (Nilson *et al.*, 2023).

energia), má nutrição (desequilíbrio por deficiência ou excesso de energia e nutrientes ingeridos) e desnutrição (como consequência da falta de ingestão de proteínas, calorias, energia e macronutrientes). A má nutrição já é um fenômeno generalizado tanto no Norte quanto no Sul e está relacionada ao consumo cada vez mais frequente dos chamados alimentos ultraprocessados (Monteiro, 2009; Monteiro; Cannon, 2012; Monteiro *et al.*, 2013). Nos países de alta renda *per capita*, as pessoas mais pobres são as mais afetadas pelo sobrepeso e pela obesidade, causadores de doenças crônicas não transmissíveis, já que uma alimentação saudável é mais cara que aquela baseada em produtos industrializados, ricos em óleos, açúcares e gorduras e aditivos.

Uma nova classificação de alimentos foi proposta por pesquisadores ligados à Universidade de São Paulo (USP) com o objetivo de agrupar os alimentos segundo o seu grau de processamento, e não mais com base no perfil nutricional, como até então vigorava (Monteiro *et al.*, 2010). Com essa nova metodologia de classificação (a classificação NOVA), tornou-se possível estabelecer correlações diretas entre o consumo de alimentos industrializados e a saúde pública. Assim, tornou-se inquestionável que o perfil da alimentação promovido pelo RAC é obesogênico, colocando obstáculos para a adoção de dietas saudáveis, além de apresentar graves problemas operacionais e de governança que também se traduzem em impactos negativos à saúde, com custos muito altos tanto para indivíduos quanto para as sociedades. Entre outros problemas, eles levam à descarga maciça de substâncias contaminantes no solo, no ar, nos cursos de água e nos próprios alimentos.

Existem várias outras formas de politizar o consumo alimentar. Um exemplo é a luta pelo direito humano à alimentação, levada a cabo por inúmeras organizações sociais e mesmo por algumas instâncias governamentais e parlamentares em todo o mundo. Ele é definido como o direito de ter acesso regular, permanente e livre, diretamente ou pela compra, a uma alimentação quantitativa e qualitativamente adequada e suficiente, que corresponda às tradições culturais da população a que pertence o consumidor e que garanta uma vida mental e física, individual e coletiva, livre de angústias, satisfatória e digna[2]. O direito à alimentação é, portanto, um direito humano básico, que de forma alguma está assegurado frente ao avanço da fome, da insegurança alimentar e da má nutrição (fome oculta, sobrepeso, obesidade) que afetam amplos setores da população mundial. Apesar de esse direito ser reconhecido em alguns tratados internacionais, incluindo o Pacto Internacional dos Direitos Econômicos, Sociais e Culturais (Pidesc), muitos países ainda não o incorporaram em suas próprias legislações. O direito à alimentação não é apenas uma questão de acesso e satisfação de quantidades suficientes de alimentos, mas também se relaciona à qualidade nutricional e à sustentabilidade da forma como os alimentos são produzidos.

A garantia desse direito constitui, antes de tudo, uma questão política diretamente relacionada à governança dos sistemas agroalimentares, sobre a qual os Estados possuem responsabilidades fundamentais, embora a participação das organizações da sociedade civil seja igualmente indispensável. A coprodução de políticas públicas por parte dos diferentes atores envolvidos no sistema agroalimentar é condição fundamental. Essa participação pode ser coordenada por meio de espaços para compartilhamento de experiências e de geração de propostas políticas válidas para

---

[2] J. Ziegler, *O direito à alimentação*. Relatório elaborado pelo Sr. Jean Ziegler, Relator Especial sobre o Direito à Alimentação, de acordo com a Resolução 2000/10 da Comissão de Direitos Humanos, CESCR (E/CN.4/2001/53), 7 de fevereiro de 2001, p. 9.

todos os cidadãos[3]. Os Conselhos Alimentares (Harper *et al.*, 2009) são um bom exemplo disso. Esse aspecto será retomado no próximo capítulo.

Outra estratégia para a politização do consumo alimentar é a adotada pelo Pacto de Milão sobre Política de Alimentação Urbana (MUFPP, 2015)[4], iniciativa que, em 2022, somava mais de 200 cidades em todo o mundo empregando os instrumentos de governança criados por ele. O Pacto de Milão é o primeiro protocolo internacional aplicado na escala das administrações municipais. Orientado para o desenvolvimento de sistemas alimentares sustentáveis, ele combina duas vias de politização do consumo: a luta pela alimentação saudável e a luta pela garantia do direito à alimentação nas cidades. Incorpora um marco de ação estratégica com recomendações para criar um contexto favorável para uma ação eficaz orientada à promoção de dietas sustentáveis e nutritivas, garantindo a equidade social e econômica, promovendo a produção de alimentos, melhorando o abastecimento e a distribuição e limitando o desperdício de alimentos. Iniciativas similares, com caráter agroecológico mais explícito, surgiram em todo o mundo. Na Espanha, por exemplo, existe a Rede de Cidades pela Agroecologia, cujo objetivo é "criar um processo de troca de conhecimentos, experiências e recursos sobre políticas alimentares entre as cidades espanholas, incluindo organizações sociais locais" e "estabelecer uma estrutura operacional ágil, específica e comum que facilite o processo de troca de conhe-

---

[3] É significativo que um dos primeiros atos do novo governo brasileiro de Jair Bolsonaro, em janeiro de 2019, tenha sido a extinção do Conselho Nacional de Segurança Alimentar e Nutricional (Consea), gerando importantes protestos sociais.

[4] Disponível em: http://www.milanurbanfoodpolicypact.org/.

cimentos, experiências e recursos sobre as políticas alimentares entre as cidades espanholas".⁵

Da mesma forma, a agricultura urbana e periurbana está favorecendo não só a eliminação das barreiras entre o campo e a cidade, sendo igualmente uma importante via para a politização do consumo alimentar nas áreas urbanas. No Brasil, destaca-se a iniciativa Agroecologia nos Municípios, coordenada pela Articulação Nacional de Agroecologia (ANA) com o objetivo de identificar e dar visibilidade a políticas públicas municipais voltadas à promoção da Agroecologia e da alimentação saudável e adequada.⁶ Com base no levantamento da ANA, foi elaborado um mapa interativo e um documento, por meio do qual, nas eleições municipais de 2020, candidaturas a cargos executivos e legislativos comprometeram-se com as proposições apresentadas, todas inspiradas em iniciativas já em curso em diferentes municípios brasileiros.⁷

Populismo alimentar e a construção de maiorias sociais

Para que a politização da produção e do consumo de alimentos possibilite a construção de maiorias sociais, sustentando politicamente as transformações do RAC, são necessários enfoques e linguagens transversais capazes de mobilizar diversos grupos sociais por meio de reivindicações e demandas comuns. Para tanto, sugerimos a estratégia do populismo alimentar. Estamos conscientes que a noção de populismo conta com péssima reputação no mundo político e acadêmico. Os movimentos populistas

---

5   Red de ciudades por la Agroecología: http://www.ciudadesagroecologicas.eu/.
6   Iniciativa Agroecologia nos Municípios: https://agroecologia.org.br/agroecologia-nos-municipios/.
7   Agroecologia nas Eleições: https://agroecologia.org.br/campanha-agroecologia-nas-eleicoes/.

desafiaram a ordem institucional própria das democracias ocidentais, gerando movimentos de rejeição frontal de um grande segmento acadêmico, especialmente das correntes liberais. Para autores como Shils (1956), o populismo designa um fenômeno multifacetado que está na base do bolchevismo na Rússia, do nazismo na Alemanha, do macarthismo nos Estados Unidos etc. A crítica marxista, por sua vez, com poucas exceções, considera que, ao recorrer à categoria "povo", o populismo se apresenta como uma ideologia que obscurece a dimensão de classe dos fenômenos sociais e, portanto, gera um tipo de mobilização que dificilmente pode favorecer a transformação revolucionária.

Não obstante, existe outra tradição intelectual para a qual o populismo não é considerado um fenômeno negativo. Talvez não por acaso, encontra suas raízes no passado camponês, bem como em experiências recentes da América Latina. O termo populismo foi cunhado para designar uma corrente política existente em meados do século XIX na Rússia czarista. Os populistas russos acreditavam que a autoridade moral representada pela comuna e as possibilidades de sua adaptação institucional por meio das novas cooperativas agrícolas constituíam a alavanca que permitiria o salto para o socialismo, sem a necessidade de descer previamente ao inferno do capitalismo. O "ir ao povo" constituía o reconhecimento explícito de que os camponeses deveriam ser os principais sujeitos da revolução. Os intelectuais críticos tiveram que se fundir com o povo para desenvolver com eles, em pé de igualdade, os mecanismos de cooperação solidária que levariam a formas de progresso que incorporassem a justiça e a moralidade (para um resumo, ver Sevilla Guzmán, 1990; González de Molina; Sevilla Guzmán, 1993b).

Anos depois, essa tradição populista encontraria em Alexander Chayanov sua expressão pró-camponesa mais completa (Chayanov, 1966a; Ploeg, 2013), em fértil combinação com a tradição teórica marxista. As elaborações de Chayanov deram origem a uma síntese original dessas duas correntes, o neopopulismo. Alinhado com o populismo clássico, ele reconheceu o campesinato como uma potencial força anticapitalista e socialista, embora tenha sido rejeitado como tal pelo marxismo tradicional. Com isso, ele identificou a existência de uma multiplicidade de sujeitos envolvidos nas lutas por emancipação social, uma ação anteriormente reconhecida apenas no proletariado. Qualquer grupo social objetivamente confrontado com o sistema dominante poderia – a partir de suas condições sociais objetivas – contribuir para a mudança social sem ter que se subordinar ao papel de liderança de uma única classe com vocação revolucionária. Chayanov afirmou que a solidariedade e a lógica camponesa devem se tornar o centro norteador das formas de desenvolvimento alternativo, no qual a tecnologia deveria ser adaptada aos marcos culturais locais (González de Molina; Sevilla Guzmán, 1993b).

As mobilizações camponesas ocorridas no final do século XIX nos Estados Unidos em torno do Partido do Povo (People's Party) também são um exemplo marcante de movimento populista liderado por agricultores pobres que defendiam ideias progressistas e antielitistas. A noção de populismo seria retomada posteriormente, nas décadas de 1960 e 1970, com o surgimento de movimentos de libertação nacional e algumas experiências de governo na América Latina e em outros países periféricos. Nesse contexto, emergiram movimentos teórico-políticos que propuseram o populismo como instrumento de mobilização de amplas camadas da população com o objetivo de promover a mudança social; mobilização liderada por um líder carismático e apoiada mais nos componentes emocionais da própria mobilização do que na explicação racional das demandas. Nesse contexto, surgiu a proposta pós-marxista de Ernesto Laclau (2005), que fundamentou o populismo como uma ideologia de conteúdo democrático e de classe. Nossa proposta de populismo alimentar está fundamentada nas suas contribuições.

Para Laclau (2005), o populismo não deve ser entendido como uma ideologia, mas como uma linguagem de comunicação política. Além disso, trata-se de uma forma de construção política que pode conter propostas autoritárias tanto de direita quanto de esquerda. "O populismo não define um movimento ideológico. Ele define uma forma de construção política baseada na divisão da sociedade em dois campos [...]. Uma política emancipatória deve ter necessariamente uma dimensão populista, mas também tem que ser definida pelo conteúdo dessa política, não simplesmente pelo fato de ser populista" (Laclau, 2009, p. 826). O enfoque do populismo é mobilizar o povo oprimido por uma minoria privilegiada. O povo não é uma categoria social considerada realmente existente, mas uma categoria plural que busca reduzir a complexidade social. Isso é especialmente válido nas sociedades pós-industriais, nas quais a fragmentação social e a diversidade de interesses, mesmo conflitantes, tornam muito difícil levantar reivindicações simplesmente com base na configuração antagônica entre as classes.

Como é sabido, a segmentação das classes tradicionais se intensificou desde a década de 1970 (Beck, 1998), gerando diversos antagonismos e, eventualmente, confrontos. Tais antagonismos foram intensificados pelo aumento da entropia social gerado pela crise econômico-financeira do início do século XXI e que já não pode ser facilmente compensada com um aumento da dissipação metabólica ou biofísica. Na verdade, o aumento da entropia física tornou-se, nas últimas décadas, um jogo de soma zero, no qual alguns ganham, outros perdem (ver Capítulo 2). Nesse quadro social fragmentário, é difícil construir maiorias sociais de mudança que se baseiam na soma das demandas das partes. Como Laclau (2009, p. 820) argumentava,

> a total falta de coordenação também não é uma solução política, e a ideia de multidão é a ideia de um todo desestruturado no qual diferentes formas de antagonismo começam a proliferar [...] os antagonismos são muito mais complexos do que a teoria marxista clássica pressupõe. [...] o importante é experimentar novas formas de articulação.

Paradoxalmente, a complexidade social e as diferentes formas de dominação nesse tipo de sociedade criam condições favoráveis para a emergência de muitos tipos de conflitos e protestos que podem ser coordenados, atribuindo sua responsabilidade última à institucionalidade que os torna possíveis; ou seja, é a elite que se beneficia com ela.

Portanto, o populismo é uma linguagem política capaz de articular diversos interesses em uma mobilização unificada contra o sistema, mostrando a contradição fundamental entre o povo (a maioria social) e uma minoria privilegiada. Seguindo Laclau (2005), o papel articulador da fragmentação encontra-se justamente na construção de um antagonismo global, capaz de criar o sujeito da mudança social por meio da mobilização. A arena política da democracia e das identidades é onde mais facilmente pode crescer o discurso unificador e emotivo capaz de generalizar os protestos e desafiar a hegemonia cultural e política exercida pela classe dominante, ou seja, pela elite. Isso porque o populismo se baseia na existência de um poderoso imaginário democrático-igualitário nas sociedades pós-industriais e na articulação de um amplo bloco, uma ampla maioria social, como única possibilidade de transformação democrática. Em outras palavras, a mobilização populista é a única forma de contemplar a variedade de demandas em uma oposição unificada às classes dominantes, apelando ao radicalismo democrático e à recuperação da soberania nas mãos do povo. Portanto, em sintonia com Laclau (2005), entendemos que o conceito de populismo tem um caráter instrumental positivo. O populismo pode ser entendido como a gramática da produção do povo como sujeito histórico da transformação (Retamozo, 2017, p. 170).

Quando se trata da luta pelos direitos e defesa dos interesses da agricultura familiar camponesa e da grande maioria dos consumidores, isto é, do povo contra uma elite predatória e expoliadora, o populismo se impõe sobre qualquer outra linguagem fragmentária e, por consequência, mais complexa de comunicação política. Os conflitos gerados pelo RAC criam uma arena política particularmente propícia para o desenvolvimento desse tipo de linguagem, na medida em que ela possui um caráter socialmente transversal e geograficamente universal. São heterogêneos e muitas vezes divergentes os interesses e reivindicações expressas pelos sujeitos vinculados a diferentes elos da cadeia alimentar: entre produtores e distribuidores, entre um território e outro, entre o mundo rural e o urbano, entre produtores e consumidores. Conflitos entre esses pares de oposição se expressam na disputa pelo preço final dos alimentos, nas disparidades culturais entre as áreas rurais e urbanas e outros.

A transformação do RAC exige uma aliança entre produtores e consumidores que leve à mobilização das maiorias sociais para pressionar as instituições públicas a alterarem o marco institucional vigente moldado pela e para a elite que se beneficia dele. Essa aliança é fundamental também para a construção de um regime agroalimentar alternativo baseado no contato direto e nas relações de confiança estabelecidas entre produtores e consumidores. Além disso, o RAC só pode ser plenamente desestruturado por meio de mobilizações de âmbito global. Isso requer alianças entre o Norte e o Sul, onde habitam grupos sociais aparentemente muito diferentes, que devem unir forças contra o adversário comum. No século XIX, o chamado ao povo russo significava a mobilização de sua grande maioria, os camponeses, contra a elite nobre. Hoje, esse chamado às maiorias sociais convoca a agricultura familiar camponesa e os consumidores, bem como as mulheres e outros segmentos sociais igualmente explorados pelo RAC com base no racismo, no colonialismo e na xenofobia.

A linguagem populista é o veículo mais adequado para a articulação dessa aliança política. Ela ressalta os elementos que unem e não os que distinguem os sujeitos políticos ao longo da cadeia alimentar. Trata-se de propor uma mobilização populista baseada em valores supremos (saúde, equidade, respeito ao meio ambiente etc.) que também contemplam elementos afetivos, assim como a demanda pela democratização da sociedade, expressa particularmente na defesa da soberania alimentar e tudo o que ela implica. Nesse sentido, praticamente 99% da população é potencialmente contrária ao RAC, um sistema de poder diretamente responsável pela fome, pela desnutrição, pela má nutrição, pela pobreza rural, pelo desemprego estrutural e por danos profundos à saúde e ao meio ambiente. Como veremos a seguir, rejeitamos que essa estratégia dê lugar a movimentos sociais e políticos antidemocráticos, embora antiliberais. Nesse sentido, é preciso recordar que a democracia não está associada ao liberalismo, mas à cultura republicana. O populismo alimentar deve levar, portanto, a movimentos antiliberais radicalmente democráticos.

Para sumarizar, a proposta de populismo alimentar está fundamentada em duas tradições e práticas intelectuais convergentes: a) o populismo e neopopulismo russo; b) a tradição teórico-política e acadêmica pós-marxista mais recente. A dimensão ecológica foi incorporada na reinterpretação da tradição populista russa que um de nós (MGM), em colaboração com Eduardo Sevilla Guzmán, propôs há algum tempo, tendo sido formalizada na proposta de um "neopopulismo ecológico" (González de Molina; Sevilla Guzmán, 1993b). Esta última se baseia não somente na sustentabilidade material ou física das formas de produção camponesas, isomórficas em relação às da futura agricultura sustentável. Considera também a incorporação dos fundamentos cooperativos e intergeracionais das relações sociais próprios da agricultura camponesa, com os quais se torna possível regular institucionalmente o *trade-off* entre a entropia social e a entropia física. Nesse sentido, o populismo alimentar pode ser considerado a partir de uma perspectiva evolutiva como uma estratégia para estimular o desenvolvimento de comportamentos altruístas nas escolhas multinível, nos quais o interesse individual pode se sacrificar em benefício de um ideal abstrato (*demos*) e o bem-estar individual é substituído por formas de altruísmo genético, recíproco ou espacial (Nowak, 2006). Dessa forma, trata-se de uma estratégia política essencial para a construção dos futuros períodos históricos, necessariamente marcados pela austeridade nos estilos de vida e nas relações com a biosfera.

O populismo pode ser empregado tanto para que os períodos de austeridade coercitiva em contextos de crescente desigualdade sejam tolerados pelo povo, como nos períodos de recessão econômica, como pode estimular a austeridade em tempos de transição socioecológica, como a transformação do RAC em um regime alimentar sustentável. No primeiro caso, temos a forma de um populismo conservador, muitas vezes de caráter autoritário. O segundo caso se orienta por fundamentos progressistas e democráticos e corresponde à proposta de populismo alimentar aqui apresentada. Trata-se, portanto, de uma estratégia importante para o avanço da metamorfose agroecológica que esposa as mesmas bases ecológicas e evolutivas nas quais se apoia a Ecologia Política.

Os movimentos agroecológicos como novos movimentos ecologistas

Argumenta-se que existem duas tradições intelectuais conflitantes nos estudos sobre o campesinato e a questão agrária. A primeira se orienta pela análise de classes, obviamente vinculada às perspectivas marxistas e neomarxistas. A segunda é identificada como chayanoviana ou, por alguns autores, como neopopulista (White *apud* Bernstein *et al.*, 2018). Claramente, a proposta de populismo alimentar corresponde a essa última tendência. Bernstein (2014), como representante da primeira tradição, criticou a demanda por soberania alimentar proposta pela Via Campesina, identificando-a como "populismo agrário". Embora a proposta do populismo alimentar seja distinta, coincide com a Via Campesina tanto no que se refere à necessidade de recuperação da soberania alimentar frente às corporações que controlam o RAC, quanto ao entendimento de que o campesinato, em toda a sua diversidade e expressões identitárias, é a base social de um regime agroalimentar alternativo. Portanto, sem a sua mobilização não serão possíveis avanços na metamorfose agroecológica.

Para Bernstein (2010), essa reivindicação populista baseia-se em uma concepção idealista das potencialidades do campesinato (*do peasant way*) e de suas presumidas virtudes ecológicas. O autor questiona suposição da existência de um campesinato unitário e virtuoso, porque ignora as diferenças de classe existentes no seu interior, a complexidade e a diversidade dos agentes econômicos nos sistemas agroalimentares à montante e à jusante da etapa da produção e supervaloriza a capacidade de um segmento muito expressivo de camponeses – o mais pobre – para aumentar a produtividade, contribuindo para resolver os problemas mundiais de alimentação.

Suas teses sobre o campesinato e sobre as comunidades camponesas baseiam-se na já obsoleta teoria marxista da diferenciação e do desaparecimento do campesinato. Sustenta ainda que atualmente não existem camponeses – mas produtores simples de mercadorias, sujeitos ao capitalismo por meio de um intenso processo de mercantilização (Bernstein, 2010) que acentua a tendência à diferenciação da produção simples de mercadorias e a emergência de interesses conflitantes. Para ele, "grandes setores da população rural no Sul, talvez a maioria em muitos lugares, são atualmente melhor compreendidos como um componente particular da 'classe trabalhadora' do que como 'agricultores'" (Bernstein, 2014, p. 1045). Por essa razão, o autor critica a concepção idílica de "comunidade" que está presente entre os defensores da soberania alimentar. Para ele, "'comunidade' geralmente exemplifica um 'essencialismo estratégico' no discurso de Soberania Alimentar, como no discurso populista de forma mais ampla, o que obscurece a existência de contradições dentro das 'comunidades'" (Bernstein, 2014, p. 1046).

Nos escritos de Bernstein, abundam clichês para fundamentar sua dúvida sobre a capacidade do campesinato de alimentar o mundo. Entre eles, a dimensão limitada dos estabelecimentos agrícolas, a impossibilidade de economias de escala, a inviabilidade da inovação tecnológica etc. A crítica marxista de Bernstein é também apresentada em nome de uma luta de classes, cujos protagonistas mudaram em nome de uma diferenciação de classe na agricultura que não conduziu à esperada proletarização. Além disso, nas sociedades pós-industriais, foi o próprio proletariado quem foi enfraquecido em termos quantitativos e se tornou uma categoria altamente segmentada, tanto no Norte desenvolvido como na periferia do Sul. Diante de tantas evidências empíricas, não é razoável seguir considerando o proletariado ou a classe operária como a vanguarda das mudanças sociais.

A teoria da degradação camponesa antes apresentada também explica o processo de diferenciação interna do campesinato, sem presumir que ele leve à sua proletarização ou ao seu desaparecimento, fenômenos que a realidade negou. Além disso, enfatiza o grau de autonomia e/ou dependência em relação ao mercado (Ploeg, 1993), uma relação também traduzida em termos de "graus de campesinidade", isto é, o grau de "afastamento estratégico" ou, por outro lado, de proximidade e integração subordinada ao RAC. Nessa perspectiva, as diferenças observáveis dentro do campesinato não questionam sua unidade essencial ou o seu papel decisivo na luta pela soberania alimentar. As diferentes categorias nas quais o campesinato pode ser subdividido, incluindo os produtores simples de mercadorias, conservam, em maior ou menor grau, traços camponeses que podem servir de base para uma mobilização populista contra o RAC. Todas essas "categorias sociais camponesas" são afetadas negativamente pelo RAC e, portanto, são sensíveis a um chamado populista à mobilização. A segmentação do campesinato em diversas situações e interesses não é omitida em nossa concepção. Ela apenas fica em segundo plano para que seja ressaltada a oposição essencial em relação ao capitalismo e ao RAC.

Também não parece razoável a crítica de Bernstein quando identifica como populista o conceito de Soberania Alimentar proposto pela Via Campesina. A proposta política da Via se fundamenta mais na noção de classe do que no discurso populista, já que o sujeito da transição agroecológica é o campesinato, este concebido como um todo unitário ou com perfis de classe. Mas a luta pela Soberania Alimentar não cabe apenas ao campesinato, e suas consequências não afetam apenas ao campesinato. Como já argumentamos, essa luta deve ser levada adiante por grupos sociais muito diversos que se situam ao longo da cadeia alimentar, tanto no Norte desenvolvido como nas periferias do Sul. A proposta do populismo alimentar busca exatamente superar a fragmentação de interesses e grupos sociais existentes nos sistemas agroalimentares, por meio da recuperação da capacidade democrática de decidir (soberania) o que e como se produz, como se transforma e distribui e o que se consome. Essas decisões são fundadas em valores e racionalidades econômico-ecológicas camponesas, de onde nasce a Agroecologia.

Paradoxalmente, essa aposta nas maiorias sociais implícitas ao populismo alimentar não significa o abandono da perspectiva de classe. Ao contrário, acreditamos ser essa a única forma de incorporá-la no contexto do mundo pós-industrial vigente. O populismo alimentar é a forma de construir um discurso global capaz de produzir mudanças sociais. Pelo seu conteúdo agroecológico, trata-se de um discurso de classe, anticapitalista. A única política de classe que possui alguma chance de sucesso em nossas sociedades dispersas e fragmentadas é a política do povo contra a elite que busca recuperar a capacidade soberana de decidir sobre o que e como se produz e o que se consome. Nesse sentido, o caráter do populismo alimentar é objetivamente anticapitalista, ou seja, contrário à reprodução do RAC. Portanto, não há contradição entre uma política populista e uma política de classe: nos dias atuais, a primeira é condição de possibilidade da segunda.

Essa afirmação pode ser compreendida de forma mais clara a partir da perspectiva socioecológica apresentada no Capítulo 1. Em sociedades com metabolismo industrial, houve uma aparente separação entre conflitos ambientais e conflitos sociais (ou de classe) em função do desenvolvimento de três instituições-chave do capitalismo: o dinheiro, a propriedade privada e o mercado (Naredo, 2015). Em outras palavras, a supremacia da mercadoria (dinheiro) ofuscou o conflito ambiental e deu destaque ao conflito entre classes pela distribuição da renda (mais-valia, salários). O arcabouço institucional capitalista associado ao crescente emprego de combustíveis fósseis possibilitaram a separação entre conflitos sociais e os conflitos ambientais. De fato, a desigualdade provoca situações que tendem a aumentar a entropia social, por exemplo, gerando pobreza relativa, privação de bens e marginalização social, descontentamento e protesto social etc. O mecanismo utilizado pelo capitalismo na maioria dos países, especialmente nos países desenvolvidos, consiste em compensar esse aumento da entropia social com a importação de quantidades crescentes de energia e materiais do meio ambiente, elevando progressivamente seu perfil metabólico (González de Molina; Toledo, 2014, p. 228). O aumento do consumo exossomático tornou-se, assim, um instrumento para compensar, por meio da construção e instalação de novas e mais caras estruturas dissipativas, a manutenção de uma ordem social injusta, que reduz a entropia interna ao passo que aumenta a entropia externa, isto é, a transfere para o ambiente. Não foram poucos os protestos de classe que resultaram na intensificação do consumo de energia e materiais durante o século XX, especialmente na segunda metade.

Nesse sentido, a Agroecologia Política, por meio do populismo alimentar, orienta estratégias de mobilização social em defesa de arranjos institucionais que evitem que a redução do perfil metabólico do sistema alimentar seja transferida para outro território ou que se traduza em aumento de entropia social, expressa na forma de pobreza rural, desnutrição, má nutrição ou danos à saúde. Tampouco os conflitos sociais gerados pelo acesso e distribuição desigual dos alimentos são compensados por aumentos na entropia biofísica ou metabólica. Portanto, a Agroecologia Política aponta caminhos para a superação da antiga e paralisante dicotomia no seio da esquerda que antepõe, de um lado, a equidade social na distribuição da terra e da renda agrícola e, de outro, a conservação do meio ambiente. Definitivamente, a sustentabilidade ecológica não será possível sem equidade social, e esta última não será possível sem o uso sustentável dos bens ecológicos.

A luta por um sistema agroalimentar sustentável representa, portanto, a forma contemporânea de conflito de classes entre a nova burguesia alimentar – as grandes corporações que regulam o RAC – e o "novo proletariado", ou seja, todos os explorados e oprimidos por ele (camponeses, mulheres, consumidores etc.). Como Petersen (2017, p. 1462) argumentou,

> o conflito entre o metabolismo industrial e o metabolismo orgânico nos sistemas agroalimentares é uma clara expressão contemporânea da luta de classes. Essa luta de classes na agricultura e na alimentação assume formas estruturais específicas na medida em que capital e trabalho estão dialeticamente interligados, formando um todo orgânico com a natureza.

É a perspectiva agroecológica que possibilita essa articulação orgânica entre as dimensões social e ecológica nos sistemas agroalimentares. Nesse sentido, as mobilizações populistas por um regime agroalimentar alternativo representam a irrupção de um "novo ecologismo" (González de Molina *et al.*, 2016) que reconcilia as lutas sociais (ou de classe) com as lutas ecologistas, evitando os efeitos entrópicos de um protesto unicamente de classe ou unicamente ecologista.

Capítulo 6
O Estado e as políticas públicas

O objetivo da Agroecologia Política é o de promover um novo regime agroalimentar fundamentado na sustentabilidade. Para tanto, é necessário estabelecer um conjunto de normas que organizem e regulem uma troca metabólica de energia e materiais menos entrópica na agricultura e, em geral, no sistema agroalimentar. Trata-se, portanto, de metamorfosear o marco institucional imposto pelo regime agroalimentar corporativo (RAC) por meio da multiplicação, interconexão e consolidação das experiências agroecológicas. Como vimos no Capítulo 3, é imprescindível intervir no ambiente político estatal, dada sua capacidade de impor uma ordem macro institucional favorável ao RAC. Do contrário, o potencial transformador das experiências agroecológicas será neutralizado, ou seja, será convencionalizado ou encapsulado. Vimos também que o Estado, atualmente funcional ao RAC, coloca obstáculos ao aumento de escala da Agroecologia e gera um efeito de rechaço sistêmico. Finalmente, argumentamos que o aumento de escala com base na expansão cumulativa de experiências é improvável.

O Estado é responsável, em última instância, pela dinâmica de funcionamento econômico-ecológica e pelo grau de sustentabilidade dos agroecossistemas. Os preços pagos e recebidos pelos agricultores, dos quais dependem sua renda e sua estabilidade econômica, são fortemente condicionados por regras e normas definidas nas políticas públicas estatais. A ação coletiva de orientação agroecológica é mais decisiva quando é apoiada pelo Estado e por suas políticas: as instituições públicas democráticas devem reconhecer e proteger as experiências agroecológicas, contribuindo para favorecer o aumento de escala da produção e do consumo de base agroecológica. Além disso, elas devem contribuir para reverter a rechaço sistêmico automático gerado pelo RAC. O último objetivo da ação governamental e das políticas públicas agroecológicas é inverter o sentido do rechaço, de forma que os valores, os comportamentos, as práticas e as instituições típicas do RAC sejam rejeitadas. Somente por meio da cooperação entre a ação coletiva multinível (organizações da sociedade civil, movimentos sociais) e o Estado democrático de direito é possível reverter essa sensibilidade adversa internalizada nos sistemas institucionalizados de sinais e filtros. Nenhum desses atores isoladamente, sejam as organizações da sociedade civil e movimentos sociais, seja o Estado, é capaz de produzir as mudanças institucionais necessárias para que os comportamentos próprios do RAC sejam rejeitados. As políticas públicas constituem, portanto, um instrumento essencial para configurar um regime alimentar alternativo que estabeleça um padrão de governança democrática e sustentável dos processos de produção, transformação, distribuição e consumo de alimentos.

Este capítulo se dedica a analisar a importante experiência acumulada nesse campo, buscando extrair algumas conclusões úteis para o desenho de políticas públicas (PPs) capazes de favorecer o aumento de escala da Agroecologia. Ele está estruturado em três seções: a primeira, define os traços característicos das

PPs segundo a perspectiva da Agroecologia Política; a segunda, apresenta e reflete a respeito da ainda incipiente, mas intensa e em franca expansão, experiência de PPs orientadas à promoção da Agroecologia implementadas em diferentes países; com base nas seções anteriores, a terceira propõe critérios gerais para o desenho de PPs orientadas a transformar os sistemas agroalimentares segundo a perspectiva agroecológica.

As políticas públicas segundo a Agroecologia Política

Como vimos no Capítulo 1, as instituições funcionam como estruturas dissipativas que regulam a entropia social (desigualdade social e seus efeitos), a entropia física (ou metabólica) e o *trade-off* entre as duas. Dentre elas, destacam-se as instituições políticas, portadoras de alto grau de complexidade e autorreflexividade, que incidem tanto na escala micro (família, comunidade etc.) quanto na macro (Estado, relações internacionais). A função desses reguladores políticos é sincronizar os dois polos da troca metabólica e dotá-los de estabilidade. Essa função neguentrópica do poder político é exercida à custa de sua própria entropia regulatória, de forma que o equilíbrio entre a função neguentrópica e a entropia por ela gerada estabeleça os limites de sua existência como instituição. O poder político reduz a entropia ao promover a coordenação entre os diferentes agentes (pessoas e instituições) que influenciam o metabolismo social. Em última análise, a função das instituições políticas é controlar e minimizar a entropia social e física por meio de fluxos de informação, mas também por meio do gerenciamento de sua própria entropia interna (custos de transação, burocracia etc.).

Essa perspectiva termodinâmica do poder político como regulador da entropia torna obrigatório considerar conjuntamente os dois significados comuns do termo política: uma arte de dominação e uma arte da integração. Isso sugere a ideia de governabilidade (Foucault, 1991), ou seja, o controle e o governo de um território determinado por um grupo instituído. Nessa perspectiva, o objetivo da política é prover bens públicos por meio da ação coletiva (Colomer, 2009). Tendo em vista que o fornecimento de tais bens está fora do alcance dos cidadãos individualmente, é necessário um esforço coordenado, seja por meios voluntários ou coercitivos, seja por meio de ações coletivas ou de instituições públicas governamentais que executam as políticas públicas. Por exemplo, a sustentabilidade é um bem público que os cidadãos não podem alcançar individualmente. O alcance da sustentabilidade requer ação coletiva, políticas públicas ou a combinação de ambas. Nas sociedades contemporâneas a produção de bens públicos é, em grande parte, responsabilidade do Estado (Giddens, 1987) e é efetivada por meio de PPs. Do ponto de vista termodinâmico, essa função pode ser considerada como a produção de estruturas dissipativas físicas (conjunto de bens e serviços que dissipam energia e materiais) e sociais (normas e regulações que dissipam fluxos de informação).

As PPs constituem o principal instrumento da ação do Estado, ou seja, representam o "Estado em ação". Essa concepção, no entanto, é demasiadamente "estatista". Alguns estudiosos criticam essa assimilação das PPs à noção de governabilidade, propondo considerá-las como resultado da interação entre Estado e a sociedade, ou seja, serem vistas como uma questão de governança, estando, portanto, sujeitas à participação dos diferentes grupos que compõem a sociedade (Scartascini *et al.*, 2009; Aguilar, 2007; Hoppe, 2010; Hufty, 2008). Nesse sentido, devem ser vistas como o resultado da dinâmica que envolve conflito e cooperação na construção das questões públicas (Torres-Melo; Santander, 2013, p. 56). Do ponto de vista da Agroecologia Política, é necessário ir adiante, com a institucionalização dessa interrelação entre Estado e sociedade por meio de mecanismos organizados de participação e deliberação, fazendo com que as PPs sejam resultados de processos de coprodução (Aguilar, 2007; Subirats *et al.*, 2012, 68). Esse aspecto será retomado adiante.

Existem pelo menos três grandes aproximações quanto à origem e à natureza das PPs. Para alguns, as PPs são respostas do Estado às demandas sociais, considerando o Estado um "balcão" no qual tais demandas são atendidas (abordagem pluralista) (Subirats *et al.*, 2012). Uma segunda abordagem considera as PPs como reflexo dos interesses das classes sociais que controlam o Estado; no nosso caso das empresas que compõem o RAC e suas "classes de serviço". Essa concepção considera o Estado como um instrumento das classes dominantes (enfoque marxista e neomarxista). O terceiro enfoque, denominado de neoinstitucionalista, enfatiza a distribuição de poder entre os diferentes atores e as interações entre eles, analisando as organizações e as regras institucionais em que se enquadram. De acordo com este enfoque, os servidores e gestores públicos são capturados por grupos de interesse, com os quais mantêm relações privilegiadas (incluindo o chamado efeito "porta giratória"). Contudo, há evidências empíricas suficientes para sustentar que o Estado toma decisões e implementa PPs que atendem aos diferentes interesses das classes dominantes ou das grandes corporações. Dependendo da correlação de forças existente entre os interesses corporativos (ou de classe) e o interesse público, as PPs podem ter maior ou menor margem de manobra para promover transformações (Subirats *et al.*, 2012, p. 21). Portanto, os poderes públicos dispõem de certa margem de manobra para tomar decisões, cuja origem está frequentemente ligada à expectativa dos políticos de manterem suas posições e à necessidade do Estado de defender seus próprios interesses. Essa margem de manobra será maior quanto mais democráticos forem os governos e os processos de desenho e implementação das PPs.

De qualquer forma, as PPs são reguladores institucionais essenciais que o movimento agroecológico deve influenciar para que avance em direção ao seu objetivo de transformar o regime metabólico industrial, revertendo a dinâmica insustentável que rege o sistema agroalimentar globalizado. As PPs devem estar orientadas para a promoção de mudanças estruturais e instituições duradouras que gerem efeitos sistêmicos no regime agroalimentar. Como apresentado no Capítulo 2, os sistemas agroalimentares industrializados são uma das principais causas da insustentabilidade mundial e um dos fatores centrais das crises ecológica e climática. Hegemonizado pelo RAC, o sistema agroalimentar globalizado constitui uma das peças-chave do metabolismo industrial. Trata-se de um sistema que, mesmo antes da emergência da pandemia da Covid-19, já era responsável por 825 milhões de seres humanos submetidos à insegurança alimentar grave (fome), dois bilhões de desnutridos e quase outros dois bilhões malnutridos. Era responsável direto pelo fato de as doenças crônicas não transmissíveis (câncer, doenças cardiovasculares, diabetes) superarem as doenças infectocontagiosas como principal causa de morte. Responde também por elevados e crescentes impactos ambientais negativos sobre eco e agroecossistemas, sobre os corpos hídricos, além de ser o principal emissor de gases de efeito estufa (Ipes-Food, 2016).

A Agroecologia deve ser considerada um enfoque central para o alcance dos Objetivos de Desenvolvimento Sustentável (ODS), a começar pelo Objetivo 2, ao contribuir para acabar com a fome, alcançar a segurança alimentar e a melhoria da nutrição e promover a agricultura sustentável. Pela perspectiva sistêmica da abordagem agroecológica, os avanços no alcance desse objetivo corresponderão a avanços simultâneos em outros objetivos. Por exemplo: no Objetivo 1, pela erradicação da pobreza rural; no Objetivo 3, pela promoção da alimentação saudável e eliminação de ambientes de trabalho agrícola insalubres e tóxicos; no Objetivo 4, pela revalorização dos saberes locais nos processos de inovação sociotécnica; no Objetivo 5, pela promoção da igualdade de gênero; no Objetivo 6, pela gestão sustentável dos recursos hídricos; no Objetivo 7, pela redução do consumo de energia fóssil sem comprometer os níveis de produtividade física alcançados pela agricultura industrial; no Objetivo 8, pela geração de postos de trabalho de qualidade ao longo de toda a cadeia alimentar; no Objetivo 10, por contribuir para a redução das desigualdades sociais dentro e entre países; no Objetivo 11, por contribuir para o abastecimento alimentar de qualidade nas cidades, por meio de práticas de agricultura urbana; no Objetivo 12, pela promoção de padrões sustentáveis de produção e consumo alimentar; no Objetivo 13, pela contribuição decisiva na mitigação de emissão de gases de efeito estufa e no desenvolvimento de agroecossistemas mais resilientes aos efeitos das mudanças climáticas; no Objetivo 15, pela conservação, e mesmo incremento, da diversidade biológica nas paisagens agrícolas. Cabe à Agroecologia Política uma contribuição específica no Objetivo 16, ao contribuir para o desenho de instituições eficazes, responsáveis e inclusivas em todos os níveis, visando ao desenvolvimento de sistemas agroalimentares sustentáveis. A condição indispensável para que essa conjugação de objetivos seja obtida é que haja uma redução substancial do consumo de energia e materiais em todo o sistema agroalimentar mundial, ou seja, no seu perfil metabólico, sem que isso signifique aumento da entropia social, isto é, sem comprometer o direito à alimentação saudável e adequada e o acesso a outros bens e serviços essenciais.

Tal conjugação de objetivos só será viável por meio da superação do RAC, com a implantação de outro regime moldado por princípios agroecológicos. Isso não será possível sem a participação decisiva dos Estados e das PPs.

Experiências de políticas públicas orientadas por princípios agroecológicos

A experiência acumulada relacionada ao desenho e à implementação de PPs voltadas ao desenvolvimento de sistemas agroalimentares estruturados segundo princípios agroecológicos é relativamente recente. Embora iniciativas anteriores já pudessem ser identificadas (Gomes de Almeida *et al.*, 2001), o maior impulso de inovação institucional nesse campo ocorreu a partir da virada do século. Além disso, as iniciativas existentes possuem focos muito diversificados e são executadas em variadas escalas territoriais (municipais, regionais e nacionais).

Foi o impulso dos movimentos agroecológicos associado à crescente preocupação pública com as questões ambientais e de segurança alimentar e nutricional que levaram muitos governos a implementarem, ao menos nominalmente, políticas públicas de caráter agroecológico. A intervenção da FAO nesse campo, a partir de 2014, Ano Internacional da Agricultura Familiar, não só contribuiu para aumentar o número de governos que implementam PPs com essa orientação, mas também suscitou preocupações sobre os resultados da aplicação das mesmas e seus meios de verificação. Também resultante do processo desencadeado pela FAO, sobretudo após a convocação do II Simpósio Internacional sobre Agroecologia[1], em 2018, multiplicaram-se iniciativas de

---

[1] O II Simpósio Internacional de Agroecologia contou com a participação de mais de 700 gestores públicos e representantes de organizações da sociedade civil e movimentos

sistematização de experiências desenvolvidas em diferentes partes do mundo a fim favorecer a troca de informações relevantes sobre a temática. Apesar disso, a literatura acadêmica específica ainda é escassa e os relatórios de organismos internacionais ainda mais. Para fundamentar a análise e as conclusões apresentadas na sequência, por ocasião da elaboração deste texto, dispúnhamos de estudos empíricos sistemáticos recentemente realizados na América Latina e na Europa.

Os estudos realizados em vários países latino-americanos coordenados pela Rede de Políticas Públicas na América Latina e Caribe (Sabourin *et al.*, 2017)[2] foi o primeiro esforço sistemático de análise comparada de trajetórias de institucionalização de políticas públicas orientadas pela Agroecologia. Sendo um primeiro esforço exploratório baseado em dados secundários, o estudo não se propôs a avaliar o desempenho dessas políticas, o que também se deve à inexistência de referenciais teórico-conceituais para esse tipo de exercício. Como argumentam os coordenadores do estudo:

> No caso das políticas já bem implementadas, não existem avaliações, apenas muito parciais, seja do Planapo 1 no Brasil ou do programa de reconhecimento de benefícios ambientais na Costa Rica. De um modo geral, as pesquisas em agroecologia ainda são bastante incipientes, ou muito acadêmicas e fracionadas e pouco voltadas para atender às demandas sociais dos produtores. (Sabourin *et al.*, 2017, p. 210)

Além do estudo conduzido pela Rede PP-AL, contamos também com estudos que se propuseram a analisar planos ou políticas específicas implementadas na América Latina, a maioria no Brasil.

---

sociais de todos os continentes, tendo como tema "Ampliar a Escala da Agroecologia para alcançar os ODS". Disponível em https://www.fao.org/about/meetings/second-international-agroecology-symposium/es/. Acesso em: 22 out. 2023.

[2] Os estudos foram conduzidos na Argentina, Brasil, Chile, Costa Rica, Cuba, El Salvador, México e Nicarágua. Disponível em: https://www.pp-al.org/es/actualites/livre-sur-les-pp-d-agroecologie-a-telecharger. Acesso em: 22 out. 2023.

Na Europa, ainda não havia estudo similar disponível. Contamos apenas com alguns artigos de periódicos que dão conta de pesquisas realizadas na França, no Reino Unido e na Espanha (Ajates *et al.*, 2018; Ramos García *et al.*, 2017). Os trabalhos sobre a França e sobre o Reino Unido apresentam análises dos objetivos das políticas públicas tal como apresentados nos próprios dispositivos legais e planos aprovados. Já o estudo sobre a Espanha consiste uma primeira avaliação das medidas contidas no II Plano de Promoção da Agricultura Ecológica da Andaluzia, a mais importante comunidade territorial autônoma, localizada no sul do país. Contamos igualmente com as informações contidas no documento preparado pelo Prêmio Mundial sobre Políticas do Futuro (World Future Policy Award) sobre os resultados da convocatória de 2018, então dedicada ao reconhecimento das melhores políticas orientadas ao aumento de escala da Agroecologia, contribuindo para a transição para sistemas agroalimentares sustentáveis e resilientes aos efeitos das mudanças climáticas (WFC, 2018). Organizado em conjunto com a FAO e a Ifoam – Organics International, a convocatória selecionou as melhores políticas com enfoque agroecológico, incluindo candidaturas do Brasil, Dinamarca, Equador, Índia, Filipinas, Senegal, Estados Unidos da América, além do projeto A Economia do Ecossistema e da Biodiversidade para Agricultura e Alimentação (TEEBAgrifood, na sigla em inglês). Ao todo, foram selecionadas 51 políticas de 25 países, sendo seis da África, 12 da Ásia, nove da Europa, 20 da América Latina, uma da América do Norte e três nomeações de âmbito internacional.

Desse conjunto de estudos é possível tirar conclusões preliminares sobre o estado atual das PPs, identificando virtudes e restrições que, é claro, poderão ser úteis para o desenho de uma nova geração de PPs que contribuam para o desafio de ampliar a escala da Agroecologia. Também nos foi possível destacar as PPs que, ao nosso juízo, demonstraram o maior potencial para alavancar transformações nos sistemas agroalimentares, seja pelas suas abordagens integradoras, seja pela sua capacidade de mobilizar de forma combinada recursos do Estado e recursos de organizações da sociedade. Essas PPs são apresentadas em seção específica adiante.

O primeiro comentário ao conjunto de PPs avaliadas nos estudos contemplados em nossa análise refere-se ao próprio caráter agroecológico de muitas delas. A limitada objetividade relacionada à definição e aos conteúdos de uma política de caráter agroecológico possibilitou a inclusão nos estudos de várias das PPs de frágil ou nula identidade com a Agroecologia. Esse problema foi acarretado por duas razões. A primeira está ligada à própria designação atribuída pelos governos. De forma geral, nos países latino-americanos, a definição empregada é mais próxima daquela reivindicada pelo movimento agroecológico, incorporando não apenas as práticas de manejo agrícola, mas também as práticas de distribuição e consumo alimentar, além da atenção dispensada a valores relacionados à equidade social, de gênero, de raça e de etnia. No entanto, quando se trata de especificar os princípios gerais das PPs de caráter agroecológico, as definições tornam-se pouco claras (Sabourin *et al.*, 2017).

Os estudos sobre o Reino Unido e sobre a França mostram que a Agroecologia é incorporada nos planos de ambos os governos como uma abordagem para a intensificação agrícola. No caso do Reino Unido, é vista como uma estratégia técnica que, junto com outras, como a modificação genética, faz parte de um arcabouço mais amplo, o da agricultura climaticamente inteligente (*climate smart agriculture*), concebida para competir no mercado internacional pós-Brexit. No caso francês, a Agroecologia se apresenta como um novo paradigma, porém, na realidade, é mais considerada como uma prática sustentável, como um critério adicional na lista de requisitos para a obtenção de subsídios ou medidas de compensação. Em outras palavras, trata-se de uma forma de tornar "mais ecológica" a Política Agrícola Comum (PAC) da União Europeia. Em ambos os casos, as práticas agroecológicas são consideradas uma solução técnica adequada para manter altos rendimentos, com limitado impacto ao meio ambiente, em coexistência com padrões e práticas agrícolas convencionais (Ajates *et al.*, 2018, p. 12). Essa abordagem foca "mais nos aspectos [...] que podem ser facilmente cooptados, aplicados em unidades produtivas individuais, e isso não requer uma profunda transformação nas relações de poder, no regime agrícola dominante vigente" (Ajates *et al.*, 2018, p. 6). Em resumo, uma versão estritamente tecnológica da Agroecologia, despojada de sua dimensão de transformação social, pode ser integrada sem maiores dificuldades pelas PPs funcionais ao RAC, ampliando o seu acervo tecnológico para ajudar a resolver os problemas da agricultura industrial, mas sem, com isso, tocar no núcleo central de suas contradições.

A segunda razão está relacionada à muito disseminada confusão entre Agroecologia e Agricultura Orgânica. Em razão dela, políticas orientadas estritamente à promoção da agricultura orgânica foram consideradas nos estudos citados, assim como são em muitos dos relatórios da FAO ou da Ifoam. Esses documentos apresentam definições de Agroecologia e de "práticas agroecológicas" altamente diversas e, muitas vezes, ambíguas. Praticamente nenhuma definição contém critérios claros que distingam a Agroecologia da agricultura orgânica. No entanto, essa sobreposição nem sempre deve ser considerada negativa. Diferentes sistemas de produção agrícola coexistem sob o guarda-chuva da agricultura orgânica, sendo alguns mais próximos dos manejos convencionais, embora prescindam de agroquímicos, enquanto outros incorporam princípios de manejo propriamente agroecológicos. Nesse sentido, a agricultura orgânica poderia até ser compreendida nesses estudos como uma estratégia para a transição agroecológica. Dito de outra forma, nas experiências analisadas, a agricultura orgânica constitui um estilo de manejo no qual a transição agroecológica pode avançar mais facilmente, seja porque as PPs de fomento criam um contexto técnico e econômico favorável, seja porque, com a designação de "orgânico" atribuída por um selo, torna-se possível acessar mercados diferenciados. Nessas condições, as PPs de promoção da agricultura orgânica podem ser favoráveis para aqueles agricultores empenhados na produção de base agroecológica.

No entanto, é preciso deixar claro que essas PPs funcionam como uma faca de dois gumes: por um lado, favorecem a adoção de práticas de manejo consideradas agroecológicas e protegem a produção das agressões comerciais e institucionais do RAC; por outro lado, elas favorecem a convencionalização. É o caso, por exemplo, da legislação argentina de produção orgânica que, segundo seus avaliadores, tem se orientado mais para a substituição de insumos do que para o redesenho dos agroecossistemas (Patrouilleau *et al.*, 2017, p. 36). Em boa medida, as PPs implementadas em todos os países contemplados pelos estudos compartilham essa ambiguidade. A abordagem sociotécnica que melhor se enquadra ao RAC é a agricultura orgânica orientada pelas regras de mercado (ou do agronegócio), um estilo de gestão econômico-ecológico orientado à produção diferenciada por um selo de qualidade e destinada a um segmento de consumidores de alto poder aquisitivo. Por consequência, qualquer PP que não leve a mudanças no plano institucional acaba por encapsular o potencial transformador da Agroecologia.

Algo semelhante pode ser dito em relação às políticas agroambientais implementadas por governos latino-americanos e europeus ou das políticas voltadas para a agricultura familiar. As PPs orientadas à promoção da sustentabilidade agrícola ou destinadas a atenuar os efeitos da agroquímica, resultantes de pressões internacionais ou exigências de mercado, representam objetivamente algum avanço na transição agroecológica e favorecem a adoção de práticas de manejo agroecológicas pelos agricultores. Alguns exemplos de iniciativas nesse campo são a Lei de Solos e o Programa Nacional de Combate à Desertificação e a Seca (1990) da Costa Rica, a Nova Lei do Meio Ambiente (1997) e a Estratégia Ambiental Nacional (1997) de Cuba, que remuneram os agricultores que adotam práticas de conservação do solo e da floresta. Também é possível destacar os planos de combate às mudanças climáticas, como o Plano ABC do Brasil, ou as políticas desenvolvidas no Chile pelo Comitê Técnico Ministerial sobre Mudanças Climáticas, tais como o Programa NAMAs, dedicado a mitigar as mudanças climáticas na agricultura, ou outros mecanismos, como o Programa Bandeira Azul Ecológica (Sabourin *et al.*, 2017, p. 204).

Em muitos países da Europa e da América Latina também existem esquemas de pagamento por serviços ambientais que

> contribuem direta ou indiretamente para a promoção da Agroecologia. Os programas de Pagamento por Serviço Ambiental (PSA), bolsas verdes para proteção da biodiversidade (ou eficiência energética no Chile) foram desenvolvidos primeiro no México para proteção da água e depois no Brasil com os programas PDA e Proambiente na Amazônia. Na Costa Rica, o leque de políticas agroambientais é um dos mais desenvolvidos em favor da agricultura familiar por meio de ferramentas e incentivos à adoção de práticas favoráveis ao meio ambiente. São

pagamentos parciais em dinheiro (20-30% de investimento adicional), *ex post*, para a adoção de certas práticas (barreiras vivas etc.). (Sabourin *et al.*, 2017, p. 203)

Essas PPs, no entanto, são fragmentárias ou setoriais que incentivam apenas uma ou um limitado grupo de práticas agroecológicas e, portanto, não possuem uma abordagem abrangente e integradora. Seu efeito sobre os processos de transição agroecológica é incerto e, frequentemente, restrito. São políticas que abordam a produção, a distribuição e o consumo de alimentos de forma desvinculada. Na verdade, elas visam esverdear a agricultura (Gliessman, 2013; Lamine, 2015): "nessa versão tecnificada da Agroecologia, o foco está em reconectar a agricultura com o meio ambiente, esquecendo a reconexão com a comida, com aqueles que plantam e aqueles que comem" (Ajates *et al.*, 2018, p 14). Além disso, as medidas agroambientais podem realmente fortalecer a agricultura convencional, como os subsídios agroambientais oferecidos aos produtores de algodão na Espanha (González de Molina, 2009). Esses subsídios são, na verdade, uma transferência de renda aos produtores que exercem papel importante para a manutenção de uma das culturas mais contaminantes e industrializadas da agricultura espanhola, sob a justificativa de estimular a redução dos numerosos tratamentos químicos realizados durante o ciclo do cultivo.

A maioria dos países latino-americanos possui regulamentações da produção orgânica e medidas ambientais orientadas ao setor agrícola mais ou menos desenvolvidas, mas geralmente limitadas. Até 2019, somente o Brasil e a Nicarágua haviam alcançado um nível de institucionalização suficiente para colocar em marcha planos nacionais de apoio à produção orgânica e à Agroecologia. No entanto, na Nicarágua, a Lei de Agroecologia foi pouco aplicada devido à falta de mecanismos orçamentários e regulatórios (Fréguin-Gresh, 2017, p. 191). No caso do Brasil, limitações similares passaram a ocorrer a partir de 2016 com o corte substancial no orçamento das PPs integradas ao Plano Nacional de Agroecologia e Produção Orgânica (PNAPO) – apresentado em mais detalhes adiante.

Resultados igualmente incertos e contraditórios são encontrados nas políticas de apoio à agricultura familiar. Apesar de, em princípio, apoiarem o fortalecimento do campesinato, as experiências conhecidas não apontam para o aumento da autonomia em relação aos mercados de insumos e serviços, e tampouco estão orientadas a estimular a adoção de práticas agroecológicas. Existem PPs de apoio à agricultura familiar em praticamente todos os países da América Latina. São destinadas a fornecer serviços de assistência técnica e extensão rural, de crédito e outros, e que criaram espaços institucionalizados de participação e negociação entre o Estado e as organizações da agricultura familiar. No entanto, em geral, a implementação dessas iniciativas relativamente novas no mundo rural latino-americano não resultou no fortalecimento da agricultura camponesa e sequer atenuou processos de desativação de unidades produtivas familiares (Sabourin *et al.*, 2017, p. 204).

O sucesso e a eficácia das políticas agroambientais, de apoio à agricultura familiar e mesmo as claramente orientadas pela perspectiva agroecológica, em grande medida, têm dependido das pressões por parte de organizações e movimentos sociais. De fato, uma das conclusões ressaltadas das experiências analisadas é a de que, onde existem organizações do campo agroecológico atuando de forma coordenada, as PPs são mais eficazes, as relações com a administração pública são muito mais estreitas, e isso resulta em um funcionamento adequado e eficaz do ciclo das PPs. Essa realidade pode ser ilustrada com o caso cubano: nas regiões influenciadas pela ação da Associação Nacional de Pequenos Agricultores (Anap, na sigla em espanhol), a relação com o governo cubano é estreita e as políticas públicas são melhor executadas:

> os maiores avanços podem ser observados no Programa de Agricultura Urbana, Suburbana e Familiar, que consolidou um sistema de participação multi-institucional no âmbito dos municípios, com o objetivo de contribuir para a autossuficiência na produção de alimentos. Esse programa abrange todas as áreas urbanas (cidades e vilas) nos 157 municípios do país, onde também se avançou para a área suburbana, um raio de dez quilômetros em torno das cidades e cinco nas vilas (Vázquez *et al.*, 2017, p. 124).

A presença de organizações do campo agroecológico não é condição indispensável para a implantação de PPs favoráveis à transição agroecológica. Mas a experiência mostra que, com a presença delas, as políticas são mais numerosas e efetivas. No entanto, a presença das organizações torna-se um pré-requisito quase obrigatório para que as políticas ambientais ou a favor da agricultura familiar sejam orientadas pela perspectiva agroecológica. O caso de El Salvador, onde o movimento agroecológico ainda é débil, é um exemplo disso (Moran *et al.*, 2017). Na direção oposta, citam-se os exemplos do Brasil (Petersen; Silveira, 2017; Schmitt *et al.*, 2017), onde o movimento agroecológico, em estreita aliança com o movimento camponês, obteve avanços significativos. Também no da Andaluzia (González de Molina; Guzmán Casado, 2017), no qual a implementação de planos de promoção da agricultura orgânica não pode ser entendida sem a existência de um movimento camponês com fortes raízes históricas em articulação com o movimento ecologista. O caso cubano é outro exemplo paradigmático. A construção política tecida a partir do Movimento Camponês a Camponês, da ANAP, e do movimento da agricultura urbana durante o "período especial", foi capaz de influenciar com conteúdos agroecológicos a legislação ambiental e alimentar do Estado cubano (Vázquez *et al.*, 2017).

Como já argumentado, as PPs também constituem arenas de confronto, não devendo ser consideradas de forma simplista como um instrumento das classes dominantes para garantir seu domínio e gerir as questões públicas em seu benefício. O Estado possui margem de manobra porque a dominação é exercida a partir de um jogo de forças no qual os dominados ganham espaço por meio da mobilização. A política de Agroecologia francesa responde às reivindicações do RAC e de políticos franceses para se contrapor à exigência de outro modelo agrícola por parte da opinião pública e dos movimentos sociais. A situação criada pode ser uma oportunidade para novas conquistas em direção à transição. Dependerá da força dos movimentos sociais se as PPs serão de fato orientadas pela perspectiva da Agroecologia ou pela convencionalização.

Algumas conclusões da análise das políticas públicas

A maioria das PPs identificadas até o momento carecem de uma abordagem sistêmica sobre a questão agroalimentar, estando predominantemente orientadas a temas agrícolas. Além disso, estão majoritariamente concebidas e direcionadas ao fomento da produção. De fato, as medidas de regulação da apropriação e do uso do solo ou sobre ordenamento territorial, decisivas para a autonomia e a sustentabilidade dos agroecossistemas, geralmente estão fora do alcance das políticas até então identificadas como "agroecológicas". São pouco contempladas, igualmente, medidas específicas de apoio à construção de circuitos alternativos de comercialização, e tampouco estão contempladas iniciativas voltadas à promoção da alimentação saudável e sustentável. Portanto, a ausência de enfoques integradores no desenho das PPs é uma das principais fragilidades identificadas.

Isso significa dizer que as PPs orientadas para a promoção da Agroecologia seguem sendo concebidas a partir de enfoques setoriais. Como vimos, não são poucos os países onde o impulso dos movimentos agroecológicos vem proporcionando a paulatina incorporação dos referenciais abrangentes da Agroecologia nas PPs. No entanto, em função da lógica setorial de estruturação dos governos, essa incorporação tem sido marcada por grande dispersão e fragmentação. Segundo a avaliação realizada pela Rede PP-AL,

> os instrumentos de políticas públicas que poderiam ser mobilizados em favor da Agroecologia são frágeis e dispersos. Essa aparece como uma primeira dificuldade, comum em todos os países, inclusive naqueles que têm uma política pública específica para Agroecologia ou produção orgânica (Brasil, Costa Rica, Nicarágua, Cuba). (Sabourin *et al.*, 2017, p. 209)

Embora não na mesma medida, a experiência da Europa (França, Reino Unido e Andaluzia) apresenta tendências similares. Além disso, as PPs identificadas nos estudos ocupam um lugar relativamente marginal no conjunto das PPs agrícolas e alimentares de seus respectivos países. Portanto, é bastante limitada sua influência sobre o RAC ou, especificamente, sobre a agricultura convencional. O enfoque fragmentário, setorial das PPs e de suas formas de implementação acaba por contribuir para essa marginalização. As medidas agroambientais que apoiam a agricultura orgânica na Espanha, por exemplo, concedem um subsídio aos agricultores que apresentem um certificado de venda de sua produção como orgânica, mas não cobram nenhuma comprovação de que eles tenham de fato adotado práticas de manejo agroecológico. Por outro lado, os subsídios agroambientais destinados ao combate à erosão do solo são completamente compatíveis com a agricultura industrial (González de Molina, 2009). Em outras situações, uma mesma prática agroecológica pode ser regulada de forma contraditória por distintos órgãos estatais, dificultando o seu efetivo emprego pelos agricultores. Também na Espanha, o fomento da compostagem de resíduos de olivais entra em conflito com a legislação ambiental que protege os aquíferos da contaminação por nitrato. Por serem concebidas como instrumentos isolados com fins muito específicos, a eficácia dessas medidas do ponto de vista agroecológico tende a ser baixa. Para que sejam efetivas, portanto, as PPs desenhadas segundo uma concepção agroecológica devem ser implementadas a partir de uma perspectiva integradora (ou sistêmica), de preferência, explorando sinergias com outras políticas segundo planos multissetoriais construídos, executados e monitorados de forma compartilhada entre o Estado e organizações da sociedade civil.

A maior parte dos instrumentos de PPs analisadas pelos estudos integram políticas ambientais, o que reflete a ideia geral ainda dominante entre os gestores públicos de que a Agroecologia é um campo de ação típico desse "setor" da administração pública. Essa perspectiva setorizada acaba por limitar o alcance das medidas, que dificilmente se expandem para além do âmbito da agricultura. Da mesma forma, visam principalmente à agricultura familiar ou a agricultura urbana ou periurbana. Mais raras são as medidas que, mesmo no âmbito agrícola, adotem uma abordagem holística que abranja o desenvolvimento rural, a rentabilidade das unidades de produção, o enfoque de gênero etc. Os problemas sociais e econômicos da agricultura não são considerados ou são simplesmente remetidos às políticas de desenvolvimento rural que os Estados implementam a partir de outras áreas de competência.

No que interessa mais particularmente à análise aqui apresentada, cabe ressaltar, em síntese, que as PPs até agora implementadas têm gerado um impacto limitado ou nulo sobre a hegemonia do RAC. A análise apresentada no estudo de caso do Brasil é muito significativa nesse sentido, especialmente quando se considera que se trata de um dos países de maior avanço na sua institucionalização da Agroecologia:

> Chama-se atenção para o fato de que, apesar da capacidade inovadora evidenciada pelo país na implementação de políticas para a agricultura familiar, o agronegócio manteve-se amplamente dominante, criando importantes bloqueios a avanços mais estruturais no que diz respeito à construção de um modelo alternativo de desenvolvimento rural. (Schmitt *et al.*, 2017)

Já o estudo sobre a Argentina apresenta uma conclusão aplicada ao conjunto:

> pode-se concluir que houve certas políticas que nas últimas décadas promoveram o desenvolvimento de visões e práticas agroecológicas na Argentina, mas que isso ocorreu no âmbito de um sistema institucional que carece de ferramentas para a integração de políticas e, portanto, insta ao desenvolvimento dual de políticas: de um lado, políticas de fomento à produção convencional (incluindo a monocultura em grande escala, o uso de agroquímicos e o uso de OGM) e, de outro, algumas experiências alternativas, como é o caso das políticas a favor da Agroecologia, não considerando estas últimas como estratégias de reconversão produtiva do sistema como um todo. (Patrouilleau *et al.*, 2017, p. 39)

Muitas das PPs analisadas provavelmente foram lançadas com o firme propósito de responder a demandas sociais crescentes. Outras, no entanto, resultam da tentativa de cooptação da Agroecologia pelo RAC e pelos Estados. Seja como for, elas têm contribuído para o desenvolvimento de um número muito significativo de experiências, condição importante para o avanço na transição agroecológica. Isso porque as PPs implementadas pelos governos ampliam as margens de manobra para a multiplicação das inovações sociotécnicas e para o aumento de escala das experiências agroecológicas lideradas pelas organizações da sociedade civil.

Como já argumentamos, as PPs analisadas devem ser interpretadas como respostas dos Estados à crescente pressão dos movimentos sociais e da opinião pública. Portanto, em que pesem as limitações apontadas, são conquistas a serem defendidas e aprofundadas. Nesse sentido, cabe perguntar o que impede que elas contribuam para que as experiências agroecológicas não alcancem maior dimensão territorial ou porcentagem do consumo alimentar. A resposta a essa questão está diretamente ligada aos objetivos e metas estabelecidas para as próprias PPs.

O marco institucional imposto pelo RAC, de marcada orientação neoliberal, canaliza o poder em direção a grandes conglomerados empresariais e à iniciativa privada em detrimento das regulações públicas nacionais e subnacionais. Em grande medida, isso explica por que as PPs analisadas sejam fragmentadas, disponham de orçamentos limitados e incertos e estejam permanentemente submetidas a processos de desmantelamento (Nierdele *et al.*, 2023).

A persistência desse marco institucional explica por que muitas das experiências agroecológicas são desativadas (efeito expulsão) ou debilitadas (efeito encapsulamento) em escalas produtivas e territoriais restritas ou, por outro lado, acabam sendo convencionalizadas, isto é, levadas a se consolidar como práticas de "substituição de insumos" definidas pela lógica dos mercados agroalimentares dominantes. Essas constatações ressaltam a importância das PPs orientadas pela perspectiva agroecológica como instrumentos para a reformulação do marco institucional que regula o metabolismo dos sistemas agroalimentares, ao mesmo tempo contribuindo para a generalização das experiências agroecológicas e colocando obstáculos à continuidade das práticas de produção, transformação, distribuição e consumo alimentar atualmente favorecidas pelo RAC.

Critérios para o desenho e a implementação de políticas públicas pela perspectiva agroecológica

Em sintonia com os referenciais teóricos que fundamentam a Agroecologia Política (Capítulo 1), o objetivo central das PPs orientadas pela perspectiva agroecológica no atual contexto é o de reduzir o perfil metabólico dos sistemas agroalimentares, sem aumentar (e, em muitas situações, reduzindo) a entropia social e a entropia política. Para obter esse equilíbrio entre as "três entropias" (Figura 1.1, p. 51), as PPs devem: i) promover formas mais sustentáveis e resilientes de gestão econômico-ecológica dos agroecossistemas; ii) assegurar os direitos territoriais de povos e comunidades tradicionais, promover o acesso à terra e aumentar a renda da agricultura camponesa, contribuindo simultaneamente para a redução da pressão sobre os bens ecológicos e manutenção (e, em muitas situações, a ampliação) da população economicamente ativa no mundo rural; iii) reduzir o consumo de energia e materiais na cadeia alimentar, investindo nos mercados territoriais e na estruturação de circuitos curtos de comercialização, estimulando o consumo de alimentos *in natura* de estação e processados (e desestimulando o consumo de ultraprocessados), reduzindo o uso de embalagens, sobretudo as não recicláveis e biodegradáveis etc.; iv) assegurar o cumprimento do direito à alimentação saudável e adequada, reduzindo o consumo de carne e laticínios; v) reduzir o perfil metabólico do sistema agroalimentar nos países ricos, contribuindo para reduzir o intercâmbio ecológico desigual entre países.

Para que políticas sejam implantadas nessa direção é essencial que os Estados recobrem sua soberania, atualmente comprometida pela influência exercida pelas grandes corporações agroalimentares e financeiras sobre as decisões públicas. Um regime agroalimentar sustentável não será possível sem o estabelecimento de novos pactos de poder fundamentados nos princípios de governança democrática apresentados no Capítulo 4. Cabe ao Estado estabelecer mecanismos de participação democrática e deliberativa que permitam operacionalizar a soberania alimentar, entendida como "o direito dos povos a uma alimentação saudável e culturalmente apropriada, produzidos por métodos ecologicamente saudáveis e sustentáveis, bem como o direito de definir seus próprios sistemas alimentares e agrícolas" (Forum..., 2007).[3]

Por outro lado, cabe às PPs impor restrições às práticas promovidas pelo RAC, entre outras, com a inversão da orientação dos incentivos monetários e fiscais de que gozam atualmente os sistemas de produção e o consumo convencionais. Portanto, as PPs desenhadas segundo a perspectiva agroecológica devem combinar o duplo objetivo de criar condições favoráveis para a transformação progressiva dos padrões de produção, distribuição e consumo e de reduzir os impactos socioecológicos da agricultura e alimentação convencionais, tornando visíveis os seus custos reais. O alcance combinado desses objetivos implica a combinação coordenada de diferentes PPs em planos integrados e intersetoriais.

Baseado no exposto até aqui, elencamos na sequência um conjunto de critérios objetivos para o desenho e a implementação de PPs. Antes mesmo de abordar os conteúdos específicos, ressaltamos a importância do processo da gestão participativa das PPs, desde sua concepção até avaliação. Assim como outros autores, identificamos esse processo como um ciclo composto por, pelo menos, quatro fases: i) o reconhecimento da questão pública e seus problemas específicos, com inclusão deles na agenda política do Estado; ii) o desenho da PP, ou seja, a formulação de objetivos e a escolha dos instrumentos adequados e as fontes orçamentárias para a sua execução; iii) a implementação da PP; iv) o monitoramento e a avaliação de efeitos da PP.

Discutimos neste livro a distância entre as características que deveriam configurar os sistemas agroalimentares sustentáveis e

---

[3] Disponível em: https://www.nyeleni.org/spip.php?article280. Acesso em: 22 out. 2023.

a realidade vigente, marcada pelo predomínio do RAC. Dessa distância surgem os problemas que deveriam ser identificados. Não é razoável supor que serão os agentes do próprio RAC que os identificarão em sua integralidade. E menos ainda que os reconhecerão como problemas coletivos, para que sejam considerados na agenda política pública a fim de que lhes sejam dadas respostas adequadas. Em democracias formais, em boa medida capturadas por grandes corporações empresariais apoiadas pelos grandes meios de comunicação, a mobilização social é a única forma de inserir os problemas na agenda política, ou, ao menos, de posicioná-los publicamente em contextos institucionais hostis (Meny; Thoenig, 1992; Aguilar, 2003; Dunn, 2008). A formação de coalizações (articulações, alianças) voltadas à incidência política (Sabatier; Jenkins-Smith, 1993; Majone, 2006; Sabatier; Weible, 2014) a partir das ONGs e demais organizações e movimentos sociais identificadas com a Agroecologia (incluindo as de consumidores) é condição importante para canalizar a pressão social nessa direção. Para que pese na correlação de forças, uma coalizão com esse fim deve buscar ser a mais ampla e diversificada possível. Construir tais coalizões por meio do populismo alimentar (ver Capítulo 5) parece ser a estratégia mais efetiva para pressionar pela inclusão de propostas de PPs na agenda governamental, desafiando a hegemonia do RAC.

A segunda fase, a do desenho, compreende a formulação consensuada entre diferentes agentes sociais dos objetivos e dos meios da política pública, sendo estes últimos os instrumentos, os procedimentos e os recursos financeiros. Essas definições devem considerar o marco jurídico vigente, incluindo os acordos internacionais, sobretudo os de comércio. Essa condição costuma retirar importantes margens de manobra para a ação regulatória do Estado, na medida em que a ordem jurídica imposta pelo regime neoliberal se opõe firmemente a medidas públicas que imponham restrições às chamadas "liberdade do mercado" e "iniciativa privada". Portanto, para que sejam viabilizadas de forma efetiva, muitas PPs de apoio à transição agroecológica exigem mudanças prévias no marco jurídico. O estabelecimento de sistemas de gestão comunal de bens ecológicos (como as sementes), ou mesmo um projeto de reforma agrária, podem colidir com o regime de propriedade privada estabelecido nas constituições nacionais.

Existem quatro tipos principais de instrumentos para implementar uma PP. Em primeiro lugar, o estabelecimento de novas regulações orientadas a modificar comportamentos dos cidadãos ou a estabelecer condições a processos produtivos. Por exemplo, a proibição do uso de determinado aditivo na alimentação dos animais ou de determinado princípio ativo comprovadamente relacionado ao surgimento de câncer ou outros agravos à saúde pública. Para ser implementada, esse tipo de PP exige alto grau de consenso social, de forma a superar as resistências dos setores econômicos prejudicados. A sua implementação depende, portanto, da correlação de forças e da capacidade do Estado de fazer valer as regulações estabelecidas.

Em segundo lugar, o uso dos instrumentos fiscais para influenciar o comportamento dos cidadãos e empresas. Nesse caso, estão compreendidas as ações dissuasivas que alteram os incentivos econômicos e sociais em favor de uma determinada direção. No contexto de economia de mercado, esses instrumentos são muito eficientes para influenciar as opções dos cidadãos e empresas. Os instrumentos fiscais podem ser positivos, como os subsídios, descontos ou deduções fiscais, ou negativos, como os impostos, taxas e tarifas. Tudo depende do objetivo: se estimular ou desestimular um determinado comportamento. Por exemplo, muitos governos europeus impuseram, de forma bem-sucedida, impostos para reduzir a contaminação por agrotóxicos (Böcker; Finger, 2016) ou nitratos (Rougoor *et al*., 2001) em cursos de água superficiais e subterrâneos; outro exemplo é o imposto que os governos francês, mexicano e britânico introduziram sobre o uso do açúcar na fabricação de refrigerantes, tentando, assim, reduzir seu consumo e combater a obesidade. Os contratos de exploração no âmbito da Política Agrícola Comum, que concedem incentivos para a realização de certas práticas agrícolas sustentáveis ou o pagamento por serviços ambientais (PSA), são exemplos de incentivos positivos recebidos pelos agricultores quando realizam práticas sustentáveis de manejo.

Em terceiro lugar está o desenvolvimento de campanhas de informação voltadas a influenciar os cidadãos sobre a conveniência de alterar hábitos produtivos ou de consumo. Normalmente, as campanhas acompanham outras formas de intervenção pública e são divulgadas pelos meios de comunicação e outros meios de publicidade institucional. Por exemplo, as campanhas realizadas pelas administrações públicas para promover o consumo de produtos orgânicos ou hábitos alimentares saudáveis, semelhantes às campanhas de desestímulo ao tabagismo.

Em quarto lugar estão as PPs voltadas à provisão de bens e serviços, bem como as compras institucionais. A construção de infraestruturas, o fomento à produção, a prestação de serviços de extensão rural ou a compra direta de alimentos da agricultura familiar são iniciativas que exigem o investimento público para que sejam colocadas em prática em escala socialmente significativa.

Como já argumentado, para que sejam mais efetivos, esses instrumentos precisam ser implementados de forma coordenada como parte de plano de ação integrado. O fortalecimento das redes territoriais de Agroecologia, por exemplo, requer, idealmente, a combinação de PPs dos quatro campos descritos. Por um lado, elas seriam voltadas a promover as práticas agroecológicas. Por outro, a colocar restrições à continuidade da agricultura industrial e à reprodução da lógica do RAC nos sistemas de distribuição e nas práticas de consumo. De forma geral, a implantação de iniciativas que impõem restrições ao RAC depende da presença de contextos nos quais existem correlação de forças favoráveis, com a presença de organizações e movimentos sociais, formando densas e ativas redes de agroecologia. Já as iniciativas favoráveis às práticas agroecológicas podem ser implantadas mesmo em contextos marcadamente caracterizados pelo domínio político e ideológico de agentes vinculados ao RAC. Nesse caso, as PPs dificilmente afetarão o padrão dominante de organização do sistema agroalimentar.

A terceira fase, de implementação, requer a concretização dos objetivos da PP por meio de programas ou planos de ação que contemplem o emprego articulado dos diferentes instrumentos (Barret; Fudge, 1981). Os planos são estabelecidos segundo as peculiaridades dos territórios e estabelecem as ações concretas, suas metas e orçamentos correspondentes. O foco territorial, independentemente de sua abrangência geográfica, é uma consequência lógica do caráter participativo dos planos, ou seja, a resultante de processos de coprodução não limitados à fase de desenho, mas também à implementação e ao monitoramento e controle social. Esse caráter requer a adoção de um enfoque "de baixo para cima" (*bottom-up*), ou seja, uma abordagem de construção política que busca, com o ativo envolvimento dos agentes locais, a máxima eficácia na implementação.

As PPs concebidas em escalas mais agregadas devem possuir um baixo "grau de concreção", deixando aos agentes locais amplas margens de manobra para a implantação nos territórios segundo as especificidades e construções locais. Isso significa que uma mesma PP pode ser aplicada de diferentes maneiras em contextos distintos. Por essa razão, a elaboração participativa e deliberativa de planos territoriais é condição indispensável. Da mesma forma, é essencial para o sucesso dos planos que as alianças, coalizões e redes nos territórios sustentem sua aplicação na prática e na política de forma a enfrentar eventuais coalizões negativas (Subirats *et al.*, 2012, p. 209) criadas pelos atores afetados negativamente pela implementação das medidas contidas nos planos.

A última fase do ciclo das PPs, a da avaliação, exige igualmente um enfoque participativo e territorial. Busca aferir resultados finalísticos das PPs sobre o meio ambiente e sobre a sociedade. A avaliação pode ser feita *ex ante*, especialmente recomendada no campo do impacto ambiental e nas relações de gênero, e *ex post* para verificar avanços na adoção de práticas agroecológicas ou, ao contrário, no avanço de processos de convencionalização. Um dos focos de atenção nessas avaliações poderia ser, por exemplo, a reconversão de manejos convencionais nos agroecossistemas em manejos de base agroecológica em escalas socialmente significativas. Do mesmo modo, trata-se de saber em que medida as PPs contribuíram para alterar os padrões de consumo alimentar, de forma que a alimentação saudável e adequada, sobretudo com orgânicos, seja praticada por porcentagens elevadas da população e esteja acessível a sua parcela socialmente vulnerabilizada. Quadros de indicadores de resultados das PPs deverão ser desenvolvidos para que os planos sejam monitorados e avaliados. Por exemplo, áreas sob manejo agroecológico, número de famílias agricultoras envolvidas, porcentagem de consumo de alimentos produzidos segundo práticas agroecológicas, incremento da renda agrícola das famílias agricultoras, porcentagem de mulheres participando das organizações locais, de número e diversidade de circuitos locais de comercialização de alimentos etc.

Em síntese, as PPs desenhadas e implementadas segundo o enfoque agroecológico devem contemplar pelo menos quatro caraterísticas básicas. Em primeiro lugar, devem assegurar participação ativa dos cidadãos, especialmente dos diretamente influenciados; isso significa que as PPs não são atribuições exclusivas do Estado, mas devem ser coproduzidas, sendo essa uma das condições fundamentais para o seu sucesso. Em segundo lugar, devem ser desenhadas e implementadas a partir do enfoque territorial, considerando não só as especificidades edafoclimáticas, mas também socioculturais e institucionais dos sistemas agroalimentares para os quais se destinam. Em terceiro lugar, considerando o peso da cultura patriarcal em nossas sociedades e as variadas formas de desigualdade e violência de gênero dela resultantes, é essencial que as PPs contribuam no sentido de reverter esse quadro. Para tanto, é essencial que seja incorporada uma perspectiva de gênero no seu desenho, de forma a favorecer a plena participação das mulheres, como sujeitos de direito, em todas as atividades e processos impulsionados pela ação pública. Nos contextos em que as desigualdades sociais são também moldadas pelo racismo estrutural (Almeida, 2019), medidas voltadas à superação desse quadro são também determinantes. Por fim, as PPs devem se fundamentar no princípio da sustentabilidade, assegurando os direitos das gerações futuras, aos não nascidos, entendendo essa dimensão como um limite à soberania com relação aos processos de tomada de decisão sobre o uso dos recursos pelas gerações atuais (Serrano, 2007).

Conforme sustentamos no decorrer deste livro, experiências agroecológicas são aquelas que configuram agroecossistemas autônomos, reduzindo ou eliminando a dependência de insumos externos, sobretudo os mercantis, configuram circuitos de distribuição mais curtos e mais equitativos e promovem padrões de consumo alimentar mais saudáveis e sustentáveis.

Considerando esses elementos, a avaliação de uma PP pode ser realizada no sentido de aferir o seu caráter agroecológico ou, mais especificamente, dimensionar a sua contribuição nos processos de aumento de escala das experiências agroecológicas. Sugerimos aqui alguns critérios básicos para a avaliação do "caráter agroecológico" das PPs.

No âmbito do manejo produtivo dos agroecossistemas, as PPs devem ser capazes de: i) resgatar, conservar e promover a revalorização técnica, cultural e econômica da agrobiodiversidade; ii) reduzir o consumo de energia fóssil, estimulando o desenvolvimento de agroecossistemas diversificados e a valorização da energia da fotossíntese por meio do manejo da biomassa, fomentando o emprego de energias renováveis, de práticas que melhorem a eficiência energética da produção etc.; iii) fechar os ciclos biogeoquímicos na escala da paisagem (pelo menos os ciclos do carbono, da água, do nitrogênio e do fósforo), por meio de práticas de integração entre subsistemas de produção, em particular pela maior e melhor integração entre agricultura e a criação animal; iv) fomentar práticas de manejo da biodiversidade que fortaleçam os mecanismos de regulação biótica de organismos patogênicos, insetos-praga e plantas espontâneas, tornando o uso de produtos fitossanitários praticamente desnecessário; v) fomentar redes de inovação sociotécnica nos territórios, envolvendo agricultores, extensionistas e pesquisadores, mulheres e homens, para o contínuo aprimoramento das práticas de manejo de agroecossistemas; vi) contribuir para a internalização dos custos sociais e ambientais da agricultura industrial; vii) elevar os níveis de renda agrícola por meio do incremento do valor agregado, com o aumento dos volumes produzidos e/ou com a redução dos consumos intermediários; viii) promover a igualdade de gênero no âmbito das famílias agricultoras; e ix) assegurar o acesso à terra e a outros bens ecológicos (água, biodiversidade).

No âmbito da distribuição alimentar, os seguintes critérios estão associados à eficácia das PPs: i) redução do custo exossomático dos alimentos; ii) distribuição realizada por meio de processos associativos entre produtores, dispensando ao máximo os serviços privados de intermediação; iii) distribuição e comercialização realizadas em circuitos curtos (mercados territoriais e/ou institucionais); iv) logística de distribuição própria e sob controle local; v) existência de dispositivos de cooperação e trabalho associativo envolvendo produtores, processadores e distribuidores de alimentos, favorecendo a constituição de redes de abrangência territorial, ou seja, sistemas agroalimentares territoriais de base agroecológica; vi) envolvimento das mulheres em todas as atividades na rede, com equidade nos processos decisórios e na distribuição da renda.

No âmbito do consumo, as PPs serão eficazes se: i) promoverem mudança nos hábitos alimentares com a adoção de dietas mais saudáveis e sustentáveis: eliminação do consumo de ultraprocessados, redução no consumo de carne e produtos pecuários (sobretudo os derivados de animais alimentados com ração comercial), maior consumo de alimentos estacionais e produzidos proximamente etc.; ii) assegurarem o acesso à alimentação saudável e adequada para toda a população, particularmente para a parcela socialmente mais vulnerabilizada, contribuindo para superar a tendência de estruturação da produção orgânica como um nicho de mercado voltado para os segmentos da sociedade de maior poder aquisitivo.

Políticas públicas inovadoras

Destacam-se nesta última seção algumas PPs que atendem a critérios apontados na seção anterior. O objetivo não é o de construir um catálogo de boas práticas em PPs. Menos ainda de dar conta do vasto universo de PPs já implementado ou em implementação. Apresentamos na sequência inciativas cujas avaliações *ex post* estão documentadas e disponíveis. Algumas enfocam um âmbito ou objeto específico, enquanto outras, pelo seu caráter abrangente e enfoque multidimensional, geram efeitos em vários elos e escalas de estruturação dos sistemas agroalimentares.

Programas de Construção de Infraestruturas Hídricas no Semiárido do Brasil (P1MC e P1+2)

Executada na região semiárida do Brasil, essa experiência é um exemplo paradigmático dos efeitos positivos de processos de coprodução envolvendo organizações da sociedade civil e o Estado (Petersen, 2017; Sabourin *et al.*, 2017; Schmitt *et al.*, 2017). Influenciado por experiências prévias impulsionadas por ONGs em diferentes estados da região, o governo federal inaugurou com essa iniciativa um enfoque contrastante para enfrentar os déficits hídricos sazonais nos agroecossistemas, cada vez mais acentuados com a intensificação dos seguidos anos de seca. No lugar da execução de grandes obras hidráulicas destinadas a armazenar e transportar grandes volumes de água, os programas são voltados a viabilizar a construção descentralizada de pequenas infraestruturas para captação de água de chuva. Esse contraste entre concepções que, em grandes traços, corresponde aos enfoques convencional e agroecológico de gestão dos bens ecológicos na agricultura, está expresso de forma eloquente nos objetivos que orientam os programas: "combate à seca" *versus* "convivência com o semiárido". Financiados pelo Estado brasileiro, os programas foram desenhados com ativa participação das organizações da sociedade civil coordenadas pela Articulação Semiárido Brasileiro (ASA). A execução coube também às organizações civis mediante procedimentos pactuados com o governo federal. O primeiro deles, o Programa Um Milhão de Cisternas (P1MC)[4], visa à universalização de cisternas de placa para armazenamento de água de chuva captada nos telhados das residências para abastecer a população rural com água de qualidade para o consumo humano. O segundo, o Programa Uma Terra e Duas Águas (P1+2), tem por objetivo implantar infraestruturas para captação e armazenamento de água para uso em irrigação em pequena escala e para a dessedentação animal.[5] Passados mais de 15 anos após a inauguração dos programas, haviam sido construídas no semiárido brasileiro mais de 1,2 milhão de cisternas para consumo humano (primeira água), a maior parte delas pelo P1MC, e mais de 100 mil infraestruturas pelo P1+2 (segunda água). Pesquisa realizada pela ASA em parceria com o Instituto Nacional do Semiárido (INSA) e coordenada pela AS-PTA identificou que as infraestruturas implantadas pelos programas funcionaram como efeitos-gatilho no desdobramento de trajetórias de inovação sociotécnica na agricultura familiar do semiárido brasileiro. Por um lado, essas trajetórias proporcionaram a configuração de agroecossistemas mais autônomos e resilientes, que asseguraram melhoria nos níveis de renda e de segurança alimentar das famílias agricultoras. Por outro, contribuíram para a multiplicação de dispositivos de ação coletiva nas comunidades rurais para a gestão de bens sociais e ecológicos. O fortalecimento do protagonismo das mulheres no âmbito das famílias e organizações locais foi outro aspecto destacado na pesquisa (Petersen *et al.*, 2021).

---

[4] Para mais informações, ver: https://www.asabrasil.org.br/acoes/p1mc. Acesso em: 22 out. 2023.

[5] Para mais informações, ver: https://www.asabrasil.org.br/acoes/p1-2. Acesso em: 22 out. 2023.

Programa de agricultura urbana em Cuba

As hortas urbanas surgiram como resposta da população cubana à crise alimentar causada pela dissolução da União Soviética no final dos anos 1980, associada ao embargo econômico imposto pelos Estados Unidos. A iniciativa do governo intitulada Diretrizes para Subprogramas de Agricultura Urbana foi concebida e implementada com o objetivo de apoiar essas experiências sociais por meio da execução de 28 medidas destinadas a assegurar o abastecimento local de insumos (fertilizantes orgânicos, sementes etc.) para as hortas urbanas. O manejo praticado nas hortas é fundamentalmente baseado em princípios agroecológicos e tem sido responsável pela produção de volumes expressivos voltados ao abastecimento de parte importante do consumo no país. Além de valorizarem áreas urbanas e periurbanas previamente não utilizadas, o apoio governamental a essas experiências foi decisivo para a geração de mais de 300 mil postos de trabalho e um aumento espetacular na produção de hortaliças (4,2 Mt em 2006). Em levantamento recente, as áreas de agricultura urbana ocupavam 12.588,91 km², o que significa 14% da área agrícola do país (Vázquez *et al.*, 2017, p. 126-127).

Programa ProHuertas, Argentina

Embora não tenha sido concebida *stricto sensu* como uma política voltada à promoção da Agroecologia, o ProHuerta é uma iniciativa abrangente que tem exercido variados papéis na disseminação de práticas agroecológicas na população urbana e periurbana na Argentina. Seu objetivo é o de ampliar os níveis de segurança alimentar e nutricional da parcela da população socialmente vulnerabilizada. O programa está presente em todo o país. Em 2016, estavam em operação 464.527 hortas diretamente apoiadas por ele, tendo sido realizadas 676 feiras envolvendo

8.562 produtores. No mesmo ano, o programa executou um orçamento de 6,5 milhões de dólares, tendo se configurado como uma iniciativa importante de experimentação e aprendizagem da Agroecologia aplicada a pequenas unidades produtivas (hortas familiares e comunitárias) e organizações comunitárias (Sabourin *et al*, 2017, p. 205-206).

Embora integre uma política pública municipal, vale destacar a iniciativa específica de promoção de hortas urbanas, desenvolvida desde 2002, pela Secretaria de Promoção Social da cidade de Rosário. Ela surgiu como uma resposta à crise econômica argentina, gerando, simultaneamente, alimento, emprego e renda para as famílias urbanas em situação de vulnerabilidade. As hortas foram manejadas organicamente, os insumos produzidos localmente e os excedentes vendidos diretamente aos consumidores. Atualmente, o programa envolve mais de 1.500 agricultores urbanos que produzem alimentos exclusivamente para suas famílias e outras 250 que também comercializam excedentes. Mais de dois terços das pessoas envolvidas no programa são mulheres. Essa experiência pioneira tem servido de inspiração para outras iniciativas semelhantes em muitas cidades argentinas e de outros países da América Latina (Lattuca, 2011).

Alimentos Ecológicos para Consumo Social da Andaluzia, Espanha

Lançado pelo Governo de Andaluzia (estado ao Sudoeste da Espanha) no ano letivo 2005/2006, o programa teve por objetivo fornecer alimentos orgânicos em escolas e hospitais públicos e foi acompanhado por uma iniciativa de formação e informação para estudantes, professores, pacientes e suas famílias, bem como para os profissionais da área de nutrição desses equipamentos públicos. No período letivo de 2008-2009, o programa envolveu 111 escolas, alcançando o universo de 12 mil estudantes. Dois hospitais também foram testados como unidades piloto do programa nesse mesmo período, tendo sido esse o primeiro programa desta magnitude realizado na Espanha e um dos pioneiros na Europa. Tal iniciativa se destaca pelo enfoque integral, abrangendo aspectos relacionados à saúde, à educação, ao desenvolvimento rural e ao meio ambiente. Indiretamente, os efeitos positivos do programa foram estendidos a toda a sociedade andaluza por meio da divulgação da experiência em meios de comunicação de massa.

O programa apoiou pequenos e médios agricultores a se organizarem para a formação de grupos locais para fornecimento dos alimentos aos centros de consumo social. Essa forma de organização, de caráter territorial, contribuiu para o desenvolvimento da logística necessária para a distribuição e conservação dos alimentos, favorecendo o estabelecimento de relações diretas entre produtores e consumidores e, finalmente, criando as condições para a criação de mercados territoriais de alimentos orgânicos (García Trujillo *et al.*, 2009). A cooperação entre diferentes grupos de produtores também foi estimulada, possibilitando a diversificação da oferta por meio do intercâmbio de produtos, bem como o planejamento das safras e a fixação conjunta de preços de venda. Outro resultado expressivo identificado foi a ampliação em 55% do consumo de alimentos orgânicos entre a população andaluza. Programas similares foram desenvolvidos em muitas outras partes do mundo com resultados muito positivos.

Compras institucionais (PAA e PNAE), Brasil
Dois importantes programas de compras públicas diretamente da agricultura familiar também foram criados no processo de institucionalização da abordagem agroecológica em políticas públicas no Brasil: o Programa de Aquisição de Alimentos da

Agricultura Familiar (PAA) e o Programa Nacional de Alimentação Escolar (PNAE). Ambos possuem um duplo objetivo: favorecer o acesso à alimentação saudável e adequada e fortalecer a economia da agricultura familiar. Ao atuar nos dois polos da cadeia alimentar, os programas exercem papel importante no fortalecimento e/ou na criação de experiências agroecológicas.

O PAA foi criado em 2003 como uma das ações de uma estratégia mais ampla de promoção da segurança alimentar e nutricional no país, o Programa Fome Zero (Conab, 2018). Tem por objetivo adquirir alimentos direta e exclusivamente procedentes da agricultura familiar para abastecer hospitais, quartéis, presídios, restaurantes universitários, creches e escolas, além de atender a demanda com distribuição a famílias socialmente vulnerabilizadas nos meios rural e urbano (Conab, 2018). Coordenado pela Companhia Nacional de Abastecimento (Conab), o programa incorporou posteriormente a modalidade de compra de sementes crioulas (não transgênicas, adaptadas e recomendadas regionalmente) para distribuição aos agricultores familiares (Porto, 2016). No auge de sua execução, em 2012, o programa adquiriu alimentos de 140 mil famílias agricultoras e forneceu para 40 mil organizações do campo da assistência social, tendo remunerado a parcela de produção orgânica com um acréscimo de 30% acima do preço mínimo estabelecido pelo governo. O PAA também foi importante como estratégia para constituição de estoques públicos de alimentos e para a formação de estoques pelas próprias organizações da agricultura familiar. Além desses efeitos, destaca-se a influência do programa na valorização da agrobiodiversidade e na diversificação produtiva dos agroecossistemas, no fortalecimento de circuitos curtos de comercialização organizados por meio de práticas associativas e no incentivo a hábitos alimentares saudáveis.

O PNAE, por sua vez, é uma PP prevista na constituição federal, que data dos anos 1940, mas reformulada em 2019 com a introdução da obrigatoriedade de destinação de pelo menos 30% dos seus recursos para compras diretas da agricultura familiar, priorizando os assentamentos da reforma agrária, comunidades tradicionais, indígenas e quilombolas. Assim como no PAA, previu-se também a prioridade para a compra de alimentos orgânicos e da sociobiodiversidade. Em 2017, 41 milhões de estudantes fizeram refeições regulares com alimentos adquiridos pelo programa.

Programas de fomento à biofertilização e controle biológico em Cuba

A impossibilidade de seguir importando grandes quantidades de insumos químicos durante o chamado "Período Especial", obrigou o Estado cubano a promover uma política de substituição de insumos químicos por orgânicos fabricados de forma artesanal e descentralizada em todo o território nacional. Na prática, esses programas promoveram a substituição de agrotóxicos por agentes de controle biológico e fertilizantes químicos por orgânicos. Atualmente integrados entre si, os programas contam com uma rede de Centros de Reprodução de Entomófagos e Entomopatógenos (Cree) (bactérias, fungos, nematoides, insetos) e plantas industriais para a produção de biopesticidas, todas localizadas em regiões de produção agrícola para favorecer o acesso direto pelos agricultores (Vázquez *et al.*, 2017).

O Programa Nacional de Fertilizantes Orgânicos e Biofertilizantes também estimula a produção local desses bioinsumos desde 1991. A motivação inicial era a impossibilidade de aquisição dos volumes de fertilizantes químicos necessários. Posteriormente, constatou-se que a prática de fertilização orgânica favorece a conservação e o melhoramento da saúde dos solos. Ambos os programas têm sido muito efetivos graças ao apoio do Movimento Camponês a Camponês, liderado pela Associação Nacional de Pequenos Agricultores (Anap). Desde sua criação, em 1997, até o início da década de 2010, o movimento havia reunido mais de cem mil famílias camponesas, o que corresponde a um universo de mais de um terço das unidades existentes no país (Machín *et al*, 2010; Vázquez *et al.*, 2017, p. 120).

Programa de compostagem de resíduos de olivais na Andaluzia, Espanha
O II Plano Andaluz de Agricultura Ecológica (2007-2013) continha medidas para promover o uso de fertilizantes orgânicos de origem local. Um exemplo dessa estratégia foi o programa de compostagem de resíduos de fábrica de óleo orgânico (polpa de azeitona triturada), iniciado em 2007. Os olivais ocupam um terço da área agrícola utilizada na Andaluzia (INE, 2009). O programa foi executado a partir dos lagares de azeite, onde são gerados grandes volumes de resíduos da moagem. Por meio dessa estratégia, foi facilitado o acesso dos agricultores orgânicos a um composto de qualidade a um preço baixo, um aspecto muito importante para as condições climáticas mediterrâneas, nas quais a disponibilidade de matéria orgânica é escassa (Guzmán *et al.*, 2011). Entre 2007 e 2009, 32.329 hectares foram fertilizados com os compostos distribuídos pelo programa, um volume cujo valor foi de 919.614 euros (CAP, 2012). Considerando o nitrogênio como nutriente de referência, esses volumes evitaram a importação de 20.625 toneladas do composto Fertiplus, um fertilizante orgânico fabricado na Holanda, além dos benefícios ambientais resultantes do fechamento dos ciclos de nutrientes na região o que, em termos financeiros, significou 3,7 milhões de euros que deixaram de ser

perdidos pelo setor agrícola na Andaluzia (Ramos *et al.*, 2017). O número de usinas de óleo realizando compostagem passou de 4 em 2002 para 41 em 2011, quando esse número voltou a decrescer por falta de apoio orçamentário (Pérez Rivero, 2016).

Política Estadual de Agricultura Orgânica (2004) e Missão Orgânica (2010), Sikkim, e Agricultura Natural Resiliente ao Clima de Orçamento Zero, Andra Padresh, Índia

Sikkim é um pequeno estado na região do Himalaia, nordeste da Índia. Com uma população de 608 mil habitantes, 10% de seu território, por volta de 75 mil hectares, é cultivado. Atualmente, toda a sua agricultura é certificada como orgânica. No caso, a agricultura orgânica é realizada de forma bastante análoga aos sistemas agrícola tradicionais, dependentes de chuva e com baixo emprego de insumos externos. Nesse sentido, Sikkim pode ser visto como um modelo para revalorização da agricultura tradicional como estratégia para a generalização das práticas agroecológicas. O compromisso político com a agricultura orgânica teve início em 2003. Mas foi em 2010, com o lançamento de um plano de ação integrado, denominado Missão Orgânica, que a iniciativa apoiada pelo Estado se expandiu em todo o território. Em 2015, Sikkim se declarou o primeiro estado integralmente orgânico do mundo. O plano combinava requisitos obrigatórios, como a proibição gradual de fertilizantes químicos e agrotóxicos, com apoio e incentivos para a reconversão para a produção orgânica. Em torno de 80% do orçamento entre 2010 e 2014 foi utilizado para apoiar agricultores, prestadores de serviços e organismos de certificação. Paralelamente, foram tomadas medidas para abastecer os agricultores com sementes orgânicas de qualidade, fortalecendo o desenvolvimento e a produção local de sementes. Hoje, mais de 66 mil famílias agricultoras participam da inciativa. Um dos sucessos da Missão foi combinar a eliminação dos subsídios para insumos sintéticos com uma estratégia de conversão. A estratégia envolveu a capacitação de agricultores na produção de insumos orgânicos, como composto, vermicomposto e fitoprotetores orgânicos elaborados com plantas locais. Mais de 100 comunidades, envolvendo 10 mil agricultores nos quatro distritos do Estado se beneficiaram desses programas durante a fase experimental da missão (2003-2009). A política também se destacou pelo enfoque holístico adotado: trata-se de uma iniciativa abrangente, que abordou muitos dos aspectos necessários à transição para a agricultura orgânica (fornecimento de insumos, capacitação etc.). No entanto, identifica-se uma fragilidade nessa iniciativa vencedora do Future Policy Award, em sua edição 2018, dedicada a premiar as políticas públicas em favor da Agroecologia: como tantas iniciativas em outros contextos, confunde a agricultura orgânica com a Agroecologia. Nesse sentido, seu ponto mais débil é o seu compromisso com a agricultura orgânica orientada para os mercados nacionais e internacionais e não para a soberania alimentar (World...; Ifoam, 2018).

Uma experiência similar, também na Índia, mas com conteúdo agroecológico mais explícito, é Agricultura Natural, Resiliente ao Clima de Orçamento Zero (Climate Resilient, Zero Budget Natural Farming – ZBNF, na sigla em inglês) (2015, Andhra Pradesh). Trata-se de um dos movimentos agroecológicos mais expressivos da Índia e está orientado a adotar métodos de manejo destinados a eliminar insumos externos, restaurar a saúde do ecossistema e criar resiliência ao clima por meio das funções ecossistêmicas. Em março de 2018, contabilizavam-se 160 mil agricultores de mil comunidades distribuídas nos treze distritos de Andhra Pradesh praticando o ZBNF. Dados de 2019 davam conta da existência de meio milhão. Uma característica específica da iniciativa é a abordagem metodológica "de baixo para cima" adotada, com a mobilização de grupos comunitários, em particular grupo de mulheres.

Pacto de Milão sobre políticas alimentares urbanas
O Pacto de Milão, assinado em 2015, foi o primeiro acordo mundial sobre alimentação assinado entre administrações municipais. Até julho de 2018, o Pacto havia sido assinado por prefeitos de 171 cidades do mundo, representando uma população total de 450 milhões de habitantes. Ao assumir o direito à alimentação saudável e adequada como princípio, o Pacto estabelece 37 metas relacionadas ao desenvolvimento de sistemas alimentares sustentáveis, inclusivos, resilientes, seguros e diversos. As cidades têm o compromisso de reduzir ao mínimo o desperdício de alimentos ao longo da cadeia de produção, distribuição e consumo, conservando a diversidade biológica e adotando medidas para mitigar ou se adaptar aos efeitos das mudanças climáticas.

Política Nacional de Agroecologia e Produção Orgânica (PNAPO), Brasil
A Política Nacional de Agroecologia de Produção Orgânica (PNAPO)[6] é uma iniciativa do governo brasileiro institucionalizada por meio de decreto presidencial (Brasil, 2012)[7]. Tem por objetivo

> integrar, articular e adequar diversas políticas, programas e ações do governo federal, que visam induzir a transição agroecológica e fomentar a produção orgânica, contribuindo para a produção sustentável de alimentos saudáveis e aliando o desenvolvimento rural com a conservação dos recursos naturais e a valorização dos conhecimentos dos povos e comunidades tradicionais.

---

[6] Ver mais em: http://www.agroecologia.gov.br/. Acesso em: 22 out. 2023.
[7] Ver em: https: www.planalto.gov.br/ccivil_03/_ato2011-2014/2012/decreto/d7794.htm. Acesso em: 22 out. 2023.

A instituição da PNAPO resultou de longo processo de reinvindicação da sociedade civil pelo estabelecimento de uma estratégia governamental coerente de promoção da Agroecologia, rompendo com a fragmentação e o baixo alcance das iniciativas nessa direção até então prevalecente. Para dar conta do desafio de estabelecer uma abordagem intersetorial e participativa, o decreto presidencial estabeleceu uma estrutura de governança responsável por elaborar e monitorar o seu instrumento executivo na PNAPO: o Plano Nacional de Agroecologia e Produção Orgânica (Planapo). A Câmara Interministerial de Agroecologia e Produção Orgânica (Ciapo), composta por representantes dos dez ministérios e órgãos oficiais integrantes da política, tem a função de elaborar e coordenar e monitorar a execução do Planapo. A Comissão Nacional de Agroecologia e Produção Orgânica (CNAPO), composta de forma paritária por representantes da sociedade civil e de órgãos do governo federal, tem a função equivalente à Ciapo, mas em caráter consultivo. O Planapo I, teve vigência entre 2013 e 2015 e estava estruturado em torno de quatro eixos temáticos que abrangiam 134 medidas específicas: Produção; Conservação de Recursos Naturais; Conhecimento; Comercialização e Consumo. O Planapo II, iniciado em 2016, previa a execução de 185 iniciativas e, em sua estruturação, contemplou mais dois eixos além dos anteriores: terra e território; sociobiodiversidade. Em razão da ruptura institucional e consequente desmantelamento das PPs voltadas para a agricultura familiar e agroecologia no Brasil, sobretudo a partir de 2018, com a desativação dos espaços formais de participação social, a execução do plano foi interrompida (Niederle *et al.*, 2023). Dentre as iniciativas contempladas na PNAPO, pelo seu caráter inovador, destacamos duas: os Núcleos de Estudo em Agroecologia e Produção Orgânica e o Programa Ecoforte.

Núcleos de Estudo em Agroecologia e Produção Orgânica de Produção (NEAs), Brasil

O Ministério da Educação (MEC) aprovou a inclusão da educação formal em Agroecologia em seus catálogos de cursos de nível médio e superior, estabelecendo a profissionalização nessa área. Em 2016, existiam

> 33 cursos superiores de Agroecologia em funcionamento no Brasil, oferecidos por 22 instituições de ensino superior, algumas com cursos de agroecologia em mais de um *campus*. Do total de cursos de nível superior, 27 são tecnológicos (82%) e 6 acadêmicos (18%), com uma oferta anual de aproximadamente 1.700 vagas (Massukado; Balla, 2016, s./p).

Na pós-graduação, identificavam-se 31 cursos de especialização, além de oito cursos de mestrado e um de doutorado. Entre 2008 e 2016, o número de grupos de pesquisa em Agroecologia cadastrados no Conselho Nacional de Ciência e Tecnologia (CNPq) passou de 101 para 381 grupos, sendo que o número de pesquisadores vinculados a esses grupos passou de 2.383 para 12.277, dos quais 3.819 eram doutores (Massukado; Balla, 2016).

Apoiados por chamadas públicas lançadas pelo CNPq, com aporte financeiro de diferentes ministérios envolvidos na PNAPO (Desenvolvimento Agrário; Pesca; Agricultura, Pecuária e Abastecimento; Ministério da Educação; Ciência, Tecnologia e Inovação), os Núcleos de Estudo em Agroecologia e Produção Orgânica (NEAs) foram criados ou apoiados em instituições oficiais de ensino e pesquisa. Avaliação realizada pela Associação Brasileira de Agroecologia (ABA-Agroecologia)[8] ressaltou os múltiplos efeitos da política de apoio aos NEAs como espaços para a construção do conhecimento agroecológico por meio do exercício da indissociabilidade entre pesquisa-ensino-extensão em

---

8 Ver mais em: https://aba-agroecologia.org.br/projeto-neas/. Acesso em: 20 jan. 2022.

interação estreita com a sociedade (Souza *et al.*, 2017). Por volta de 370 projetos foram financiados por meio de oito chamadas lançadas pelos ministérios no período de 2012 a 2016 (Souza *et al*, 2017). Segundo levantamento realizado por Ferreira (2016), 115 núcleos haviam sido constituídos nesse período, envolvendo 437 professores e 1.582 estudantes. Segundo o mesmo levantamento, os NEAs ministraram cursos para 25.530 estudantes de diferentes áreas do conhecimento e para 6.372 agentes de extensão rural, realizaram 1.460 seminários/encontros e publicaram 1.049 artigos.

Programa Ecoforte – Fortalecimento e Ampliação das Redes de Agroecocolgia, Extrativismo e Produção Orgânica, Brasil
O Programa Ecoforte é uma iniciativa vinculada à Política Nacional de Agroecologia e Produção Orgânica (PNAPO) e tem por objetivo apoiar projetos territoriais de redes de agroecologia, extrativismo e produção orgânica, voltados à intensificação das práticas de manejo sustentável de produtos da sociobiodiversidade e de sistemas produtivos orgânicos e de base agroecológica. Constitui uma inovação institucional de grande importância na trajetória de institucionalização da perspectiva agroecológica nas políticas públicas no Brasil. Por um lado, ele destina recursos financeiros para o fortalecimento de empreendimentos econômicos articulados em redes territoriais e geridos por organizações da agricultura familiar. Por outro, democratiza os processos decisórios na alocação dos recursos públicos, ao atribuir a atores da sociedade civil articulados em redes territoriais a responsabilidade de elaborar propostas técnicas para o fortalecimento dos sistemas agroalimentares. Sua implantação se faz pelo lançamento de editais públicos, por meio dos quais as redes de agroecologia apresentam suas proposições para projetos a serem executados

com recursos financeiros da Fundação Banco do Brasil (FBB) e do Banco Nacional de Desenvolvimento Econômico e Social (BNDES). Além da coerência com o enfoque agroecológico, as propostas apresentadas ao edital devem atender um conjunto de critérios consistentes com os objetivos da PNAPO. Dentre eles: assegurar o protagonismo de mulheres e jovens; envolver a participação de organizações da agricultura familiar, de assentados da reforma agrária e de povos e comunidades tradicionais; envolver um número diversificado de organizações atuantes em rede. Por meio dessa concepção, o Programa contribui à ampliação da escala das iniciativas de Agroecologia previamente existentes nos territórios. No período de 2014-2015, o programa financiou 28 de redes territoriais de agroecologia distribuídas de forma igualitária em todos os Biomas brasileiros (Schmitt, *et al.*, 2020).

Referências

ADAMS, R. N. *Energy and structure*. A theory of social power. Austin: University of Texas Press, 1975.
ADAMS, R. N. *The eighth day*: social evolution as the self-organization of energy. Austin: University of Texas Press, 1988.
AGAMBEN, G. *El reino y la gloria*. Valencia: Pre-textos, 2006.
AGARWAL, B. *Gender and green governance*: the political economy of women's presence within and beyond community forestry. Oxford: Oxford University Press, 2010.
AGNOLETTI, M. (ed.). *The conservation of cultural landscapes*., Wallingford/Cambridge: CAB International, 2006.
AGUILAR, L. Estudio introductorio. *In:* AGUILAR, L. F. (Ed.). *Problemas políticos y Agenda de Gobierno*. México: Grupo Editorial Miguel Angel Porrua, 2003.
AGUILAR, L. "El aporte de la política pública y de la nueva gestión pública a la gobernanza". *Revista del CLAD Reforma y Democracia*. Caracas, n. 39, p. 1-15, 2007.
AJATES, R. G.; THOMAS, J.; CHANG, M. "Translating agroecology into policy: the case of France and the United Kingdom". *Sustainability*, Basel, v. 10, n. 2930, 2018.
ALCOTT, B. "Jevons paradox". *Ecological Economic*, Amsterdã, v. 54, n. 1. p. 9-21, 2005.
ALESINA, A.; ALGAN, Y.; CAHUC, P.; GIULIANO, P. "Family values and the regulation of labor". *Journal of the European Economic Association*; European Economic Association. Bruxelas, v. 13(4), p. 599-630, 2015.
ALLEN, P.; KOVACH, M. "The capitalist composition of organic farming: The potential of markets in fulfilling the promise of organic farming". *Agriculture and Human Values*. Nova York, n. 17, p. 221-232, 2000.
ALMEIDA, S. *Racismo estrutural*. São Paulo: Pólen, 2019.

ALTIERI, M.; TOLEDO, V. "The agroecological revolution in Latin America. Rescuing nature, ensuring food sovereignty and empowering peasant". *Journal of Peasant Studies*. Londres, n. 38, p. 587-612, 2011.

ALTIERI, M. A.; NICHOLLS, C. I. *Biodiversidad y manejo de plagas en agroecosistemas*. Barcelona: Icaria, 2007.

ALTIERI, M.; NICHOLLS, C. I.; FUNES-MONZOTE, F. "The scaling up of Agroecology: spreading the hope for food sovereignty and resiliency: A contribution to discussions at Rio+20 on issues at the interface of hunger, agriculture, environment and social justice". Socla, 2012. Disponível em: https://foodfirst.org/wp-content/uploads/2014/06/JA11-The-Scaling-Up-of-Agroecology-Altieri.pdf. Acesso em: 22 out. 2023.

AMORE, M. D.; EPURE, M. "Family ownership and trust during a financial crisis". *Journal of Comparative Economics*. 15 mai. 2018. Disponível em: https://ssrn.com/abstract=2968889. Acesso em: 22 out. 2023.

ANISI, D. *Mercado, valores*: una reflexión económica sobre el poder. Alianza Editorial, 1992.

AXELROD, R. *La evolución de la cooperación*: el dilema del prisionero y la teoría de juegos. Madri: Alianza Universidad, 1996.

AXELROD, R. *La complejidad de la cooperación*: modelos de cooperación y colaboración basados en los agentes. Buenos Aires: Fondo de Cultura Económica, 2 ed., 2004.

AXELROD, R. *The evolution of cooperation*. Nova York: Perseus Books, 2006.

BAILEY, K. D. *Theory of social entropy*. Nova York: SUNY Press, 1990.

BAILEY, K. D. "The autopoiesis of social systems: Assessing Lymahnn's Theory of self-reference". *Systems Research and Behavioral Science*, n. 14, p. 83–100, 1997a.

BAILEY, K. D. "System entropy analysis". *Kybernetes*, 26(6/7), p. 674–688, 1997b.

BAILEY, K. D. "Living systems theory and social entropy theory". *Systems Research and Behavioral Science*, n. 23, p. 291–300, 2006a.

BAILEY, K. D. "Sociocybernetics and social entropy theory". *Kybernetes*, 35(3/4), p. 375–384, 2006b.

BARRERA-BASSOLS, N.; TOLEDO, V. M. *La memoria biocultural*. La importancia ecológica de las sabidurías tradicionales. Barcelona: Icaria, 2008.

BARRET, S.; FUDGE, C. *Policy an action*: essays on the implementation of public policy. Londres/Nova York: Menthuen, 1981.

BARRUTI, S. *Mal comidos*: cómo la industria alimentaria argentina nos está matando. Buenos Aires: Planeta, 2013.

BARRUTI, S. *Mala leche*: el supermercado como emboscada – Por qué la comida ultraprocesada nos enferma desde chicos. Buenos Aires: Planeta, 2018.

BARTON, R. A; HARVEY, P. C. Mosaic evolution of brain structure in mammals. *Nature*, 405 (6790), 1055-8, 2000.

BASU, D.; MANOLAKOS, P. T. "Is there a tendency for the rate of profit to fall? Econometric evidence for the U.S. economy, 1948-2007". *Economics Department*

Working Paper Series. 99. 2010. Disponível em: https://scholarworks.umass.edu/econ_workingpaper/99. Acesso em: 22 out. 2023.

BECK, U. *La sociedad del riesgo*: hacia una nueva modernidad. Barcelona: Paidós, 1998.

BENYUS, J. M. *Biomimicry*: innovation inspired by nature. Nova York: William Morrow, 1997.

BERGH, J. C. van der; BRUINSMA, F. R. (eds.). *Managing the transition to renewable energy*. Cheltenham: Edward Elgar, 2008.

BERMUDEZ GÓMEZ, C. A. "Mercosur y Unasur: una mirada a la integración regional a comienzo del siglo XXI". *Análisis Político*, 72, p. 115-131, 2011.

BERNSTEIN, H. The peasantry in global capitalism. *In*: PANITCH, L.; LEYS, C. (eds.). *Socialist register, working classes, global realities*. Nova York: Montly Review Press, 2001.

BERNSTEIN, H. *Class dynamics of agrarian change, Agrarian change and peasant studies series*. Boulder/Londres: Kumarian Press, 2010.

BERNSTEIN, H. "Food sovereignty via the 'peasant way': a sceptical View". *The Journal of Peasant Studies*, v. 41, n. 6, p. 1031–1063, 2014.

BERNSTEIN, H.; FRIEDMANN, H.; PLOEG, J.D. van der; SHANIN, T.; WHITE, B. "Forum: Fifty years of debate on peasantries, 1966–2016". *Journal of Peasant Studies*, v. 45, n. 4, p. 689–714, 2018.

BICCHIERI, C. *Norms in the wild*: how to diagnose, measure, and change social norms. Oxford: Oxford University Press, 2016.

BIOVISION. *Beacons of Hope*: path to a more sustainable food system. 2018. Disponível em: http://www.biovision.ch/en/news/beacons-of-hope-path-to-a-more-sustainable-food-system/. Acessado em: 4 jan. 19.

BLAIKIE, P. "Epilogue: towards a future for political ecology that works". *Geoforum*, 29: p. 765-772, 2008.

BLAIKIE, P.; BROOKFIELD H. *Land degradation and society*. Londres: Methuen, 1987.

BÖCKER, T.; FINGER, R. "European pesticide tax schemes in comparison: an analysis of experiences and developments". *Sustainability*, 8, 378, 2016.

BOLTANSKY, L.; CHIAPELLO, E. *O novo espírito do capitalismo*. São Paulo: Martins Fontes, 2009.

BOLTZMANN, L. *Lectures on gas theory*. Califórnia: University of California Press, 1964 [1896].

BOULDING, K.E. *Ecodynamics*: a new theory of societal evolution. Nova York: Sage Publications, 1978.

BOULDING, K. E. De la química a la economía y más allá. *In*: SZENBERG, M. (ed.), *Grandes economistas de hoy*. Madrid: Debate, 1994, p. 79-95.

BOURDIEU, P. *El sentido práctico*. Editorial Taurus, Madrid, 1991.

BOURDIEU, P. *El baile de los solteros*: la crisis de la sociedad campesina en el Bearne. Barcelona: Anagrama, 2004 [1991].

BOURDIEU, P. *A distinção: a crítica social do julgamento*. São Paulo: Edusp; Porto Alegre: Zouk, 2007.

BOWEN, S. "Embedding local places in global spaces: geographical indications as a territorial development strategy". *Rural Sociology*, v. 75, n. 2, p. 209-243, 2010.

BOWEN, S.; DE MASTER. K. "New rural livelihoods or museums of production? Quality food initiatives in practice". *Journal of Rural Studies*, n. 27, p. 73-82, 2011.

BRAUDEL, F. *Civilização material, economia e capitalismo séculos XV-XVIII*. São Paulo: Martins Fontes, 1995.

BRENNER, R. *La economía de la turbulencia global*. Madri: Akal, 2009.

BRESCIA, S. (org). *Fertile ground*: scaling agroecology from the ground up. Oakland: Food First Books, 2017.

BRONLEY, D. W. *Sufficient reason*: volitional pragmatism and the meaning of economic institutions. Princeton: Princeton University Press, 2016.

BRUNORI, G., ROSSI, A.; GUIDI, F. "On the new social relations around and beyond food. Analysing consumers' role and action in Gruppi di Acquisto Solidale (Solidarity Purchasing Groups". *Sociologia Ruralis*, 52 (1), p. 1–30, 2012. Disponível em: doi:10.1111/j.1467-9523.2011.00552.x. Acesso em: 22 out. 2023.

BUCKWELL, A.; NORDANG UHRE, A.; WILLIAMS, A.; JANA POLÁKOVÁ, J.; BLUM, W.E.; SCHIEFER, J.; LAIR, G.J.; HEISSENHUBER, A.; SCHIEL, P.; KRÄMER, C.; et al. "The sustainable intensification of European agriculture". *RISE Foundation*. Bruxelas, 2014. Disponível em: https://risefoundation.eu/wp-content/uploads/2020/07/2014_-SI_RISE_FULL_EN.pdf. Acesso em: 22 out. 2023.

BUGGLE, J.; DURANTE, R. "Climate risk, cooperation, and the co-evolution of culture and institutions". *Centre for Economic Policy Research*, 2017.

BUI, S.; CARDONA, A.; LAMINE, C.; CERF, M. "Sustainability transitions: Insights on processes of niche-regime interaction and regime reconfiguration in agri-food systems". *Journal of Rural Studies*, n. 48, p. 92-103, 2016.

BULATKIN, G. A. "Analysis of energy flows in agro-ecosystems. Herald of the russian academy of sciences". 82(4), p. 326–334, 2012.

BUNGE, M. *Emergencia y convergencia*. Barcelona: Gedisa, 2015.

CADIEUX, K. V.; CARPENTER, S.; BLUMBERG, R.; LIEBMAN, A.; UPADHYAY, B. "Reparation ecologies: regimes of repair in populist agroecology". *Annals of the American Association of Geographers*, 2019. Disponível em: http://works.bepress.com/kvalentine-cadieux/34/.

CALVA, J. L. *Los campesinos ante el devenir*. Cidade do México: Siglo XXI Editores, 1988.

CAMPBELL, B. M.; BEARE, D. J.; BENNETT, E. M.; HALL-SPENCER, J. M.; INGRAM, J. S. I.; JARAMILLO, F.; ORTIZ, R.; RAMANKUTTY, N.; SAYER, J.A.; SHINDELL, D. "Agriculture production as a major driver of the Earth system exceeding planetary boundaries". *Ecology and Society*, 22 (4):8, 2017. Disponível em: "https://doi.org/10.5751/ES-09595-220408.

CAP – Consejería de Agricultura y Pesca de la Junta de Andalucía. "Boletín de compostaje para la producción ecológica. Primeiro trimestre de 2012". Disponível em: www.juntadeandalucia.es. Acesso em: 22 out. 2023.

CAPORAL, F. R. Extensão rural como política pública: a difícil tarefa de avaliar. *In*: SAMBUICHI, R. H. R.; SILVA, A. P. M.; OLIVEIRA, M. A. C.; SAVIAN, M. (org). *Políticas agroambientais e sustentabilidade*: desafios, oportunidades e lições aprendidas. Brasília: Ipea, 2014, p. 19-47.

CENTOLA, D.; BECKER, J.; BRACKBIILL, D.; BARONCHELLI, A. "Experimental evidence for tipping points in social convent". *Science*, 360 (6393), p. 1116-1119, 2018.

CEPAL, FAO, IICA. *Perspectivas de la agricultura y del desarrollo rural en las Américas*: una mirada hacia América Latina y el Caribe. Santiago, Chile: FAO, 2012.

CHARÃO MARQUES, F.; PLOEG, J. D. van der; SOGLIO, F. K. Dal; BARBIER, M.; ELZEN, B. New identities, new commitments: something is lacking between niche and regime. *In*: System Innovations, Knowledge Regimes, and Design Practices towards Transitions for Sustainable Agriculture. *Inra - Science for Action and Development*, 2012, p. 23-46.

CHAYANOV, A. "On the theory of non-capitalist economic system". *In*: THORNER, D.; KERBLAY, B.H.; SMITH, F. A. V. *Chayanov on the theory of peasant economy*, Wisconsin: The University of Wisconsin Press, 1966a, p. 1-28.

CHAYANOV, A. "The theory of peasant economy". *In*: THORNER, D.; KERBLAY, B.H.; SMITH, F. A.V. *Chayanov on the theory of peasant economy*. The University of Wisconsin: Wisconsin Press, 1966b, p. 1-28.

CHEVASSUS-AU-LOUIS, B.; GRIFFON, M. "La nouvelle modernité: une agriculture productive à haute valeur ecologique". 2008. Disponível em: https://www.iamm.ciheam.org/ress_doc/opac_css/index.php?lvl=notice_display&id=13321. Acesso em: 22 out. 2023.

COASE, R. H. *La empresa, el mercado y la ley*. Madri: Alianza Editorial, 1994.

COLOMER, J. M. *Ciencia de la política*: una introducción. Barcelona: Editorial Ariel, 2009.

CONAB – Companhia Nacional de Abastecimento. Compêndio de Estudos Conab. Programa de Aquisição de Alimentos – PAA. Resultado das ações da CONAB em 2017. Brasília: Conab, 2018.

COSTANZA, R.; GRAUMLICH, L.; STEFFEN, W.; CRUMLEY, C.; DEARING J.; HIBBARD, K.; LEEMANS, R, REDMAN, C.; SCHIMEL, D. "Sustainability or collapse: what can we learn from integrating the history of humans and the rest of nature?" *AMBIO: A Journal of the Human Environment*. V. 36, n. 7, p. 522-7, 2007.

COSTANZA, R.; GRAUMLICH, L.J.; STEFFEN, W. Sustainability or collapse? An integrated history and future of people on Earth. Cambridge: The MIT Press, 2007.

COSTANZA, R.; DE GROOT, R.; SUTTON, P.C.; PLOEG, S. van der; ANDERSON, S.; KUBISZEWSKI, I.; FARBER, S.; TURNER, R.K. "Changes in the global value of ecosystem services". *Global Environ. Change*, n. 26, p. 152–158, 2014.

DALY, H. *Toward a steady-state economy*. San Francisco: W.H. Freeman, 1973.

DARNHOFER, I. S. Contributing to a transition to sustainability of agri-food systems: potentials and pitfalls for organic farming. *In*: BELLON, S.; PENVERN (eds.). *Organic farming, prototype for sustainable agricultures*. Berlim: Springer Science, p. 439-452, 2014.

DARNHOFER, I. Socio-technical transitions in farming. Key concepts. *In*: SUTHERLAND, L. A.; DARNHOFER, I.; WILSON, G.; ZAGATA, L. (eds.). *Transition pathways towards sustainability in agriculture*: Case studies from Europe. Oxfordshire: CABI, 2015.

DARNHOFER, I.; LINDENTHAL, T.; BARTEL-KRATOCHVIL, R.; ZOLLISTSCH, W. "Conventionalisation of organic farming practices: from structural criteria towards an assessment based on organic principles. A review". *Agronomy for Sustainable Development*, 30, p. 67-81, 2010.

DE SCHÜTTER, O. Agroecology and the right to food. Relatório apresentado na 16ª Seção do Conselho de Direitos Humanos da ONU. ONU, 2011.

DELEUZE, G.; GUATTARI, F. *Mil platôs*: capitalismo e esquizofrenia (Vol. 1). São Paulo: Editora 34, 1995.

DENNET, D. *Contenido y conciencia*. Barcelona: Gedisa, 1996.

DIAMOND, J. *Colapsos*. Madri: Editorial Debate, 2004.

DITTIRCH, M.: BRINGEZU, S. "The physical dimension of international trade. Part 1: Direct global flows between 1962 and 2005". *Ecological Economics*, n. 69. p. 1838-1847, 2010.

DITTRICH, M.; BRINGEZU, S.; SCHÜTZ, H. "The physical dimension of international trade, part 2: Indirect global resource flows between 1962 and 2005". *Ecological Economics*, n. 79. p. 32-43, 2011.

DOMENECH, A. "Ocho desiderata metodológicos de las teorías sociales normativas". *Isegoria*, n. 18; p. 115-141, 1998.

DOUGLAS, M. *Cómo piensan las instituciones*. Barcelona: Alianza Editorial, 1996.

DUNN, W. *Public policy analysis*: an introduction. 4 ed. Nova Jérsei: Prentice Hall, 2008.

ECHEVARRÍA, C. "A three-factor agricultural production function: the case of Canada". *Int. Econ. Journal*, n. 2, p. 63–76, 1998.

EDELMAN, M. "What is a peasant? What are peasantries? A briefing paper on issues of definition". Geneva, 2013. Disponível em: https://www.ohchr.org/sites/default/files/Documents/HRBodies/HRCouncil/WGPleasants/MarcEdelman.pdf. Acesso em: 22 out. 2023.

EDWARDS-JONES, G.; MILÀ I CANALS, LL.; HOUNSOME, N.; TRUNINGER, M.; KOERBER, G.; HOUNSOME, B.; CROSS, P.; YORK, E.H.;

HOSPIDO, A.; PLASSMANN, K.; HARRIS, I.M.; EDWARDS, R.T.; DAY, G.A.S.; TOMOS, A.D.; COWELL, S.J.; JONES, D.L. "Testing the assertion that 'local food is best': the challenges of an evidence-based approach". *Trends in Food Science & Technology*, n. 19, p. 265-274, 2008.

EGEA-FERNÁNDEZ, J.M.; EGEA-SANCHEZ, J.M. Canales cortos de comercialización, soberanía alimentaria y conservación de la agrobiodiversidad. *In*: Actas del X Congreso de Agricultura Ecológica. 2012. Albacete: SEAE.

ELZEN, B.; VAN MIERLO, B.; LEEUWIS, C. "Anchoring of innovations: Assessing Dutch efforts to harvest energy from glasshouses". *Environmental Innovation and Societal Transitions*, n. 5, p. 1–18, 2012.

EU-DG AGRI – European Commission. Directorate-General For Agriculture And Rural Development. "An analysis of the EU organic sector". Bruxelas: European Commission, jun. 2010.

FAO. El estado de la inseguridad alimentaria en el mundo. Roma: FAO, 2000.

FAO. Livestock's Long Shadow: Environmental Issues and Options, 2006. Disponível em: https://www.fao.org/3/a0701e/a0701e00.htm. Acesso em: 22 out. 2023.

FAO. "SOFA – The state of food and agriculture". Roma. FAO, 2007.

FAO. "Current world fertilizer trends and outlook to 2011/12". FAO: Roma, 2008.

FAO. "Global Agriculture towards 2050. Report from the High-Level Expert Forum 'How to Feed the World 2050'". 2009. Disponível em: http://www.fao.org/fileadmin/templates/wsfs/docs/Issues_papers/HLEF2050_Global_Agriculture.pdf. Acessado em: 22 out. 2023.

FAO. "State of land and water". FAO: Roma, 2011.

FAO. "Dinámicas del Mercado de tierra en América Latina y el Caribe: concentración y extranjerización". Santiago, Chile: FAO, 2012a.

FAO. "Directrices sobre la prevención y manejo de la resistencia a los plaguicidas". FAO: Roma, 2012b.

FAO. Scaling up Agroecology Initiative: Transforming Food and Agricultural Systems in Support of the SDGs. Roma, 2018.

FAOSTAT. Faostat Statistic database 2018. Roma: FAO. Disponível em: http://www.fao.org. Acessado em: 22 out. 2023.

FAO/CSM. "Connecting smallholders to markets: an analytical guide". Roma, 2019.

FAO. The sate of food security and nutrition in the world 2021. FAO, Roma, 2021. Disponível em: https://www.fao.org/documents/card/en/c/cb4474en. Acesso em: 22 out. 2023.

FATH, B. D.; JØRGENSEN, S. E.; PATTEN, B. C.; STRASKRABA, M. "Ecosystem growth and development". *Biosystems*, n. 77, p. 213–228, 2004.

FEDERICI, S. *El patriarcado del salario*: critica feminista al marxismo. Madri: Traficantes de sueños, 2018.

FERRAJOLI, L. *Democracia y garantismo*. Madri: Trotta, 2010.

FERREIRA, T. L. "Sistematização dos Impactos das Chamadas 46/2012 e 81/2013 – MCTI, MAPA, MEC, MDA". 2016. Disponível em: frcaporal.blogspot.com.br. Acessado em: 16 jul. 2018.

FISCHER-KOWALSKI, M. "Analyzing sustainability transitions as a shift between socio-metabolic regimes". *Environmental Innovation and Societal Transitions*. 1(1). p. 152–159, 2011.

FISCHER-KOWALSKI, M.; HABERL, H. (eds). *Socioecological transitions and global change*: trajectories of social metabolism and land use. Cheltenham: Edward Elgar, 2007.

FISCHER-KOWALSKI, M.; ROTMANS, J. "Conceptualizing, observing, and influencing social-ecological transitions". *Ecology and Society*, v. 14, n. 2, 2009.

FISCHER-KOWLASKI, M.; AMANN, C. Beyond IPATS and Kuznets Curves: "Globalization as a vital factor in analysing the environmental impact of socio-economic metabolism". *Population and Environment*, 231, 2001.

FLANNERY, K.; MARCUS, J. *The creation of inequality*: how our prehistoric ancestors set the stage for monarchy, slavery, and empire. Harvard University Press, USA, 2012.

FOLEY, J. A.; DEFRIES, R.; ASNER, G. P.; BARFORD, C.; BONAN, G.; CARPENTER, S. R.; CHAPIN, F. S.; COE, M. T.; DAILY, G. C.; GIBBS, H. K.; HELKOWSKI, J. H.; HOLLOWAY, T.; HOWARD, E. A.; KUCHARIK, C. J.; MONFREDA, C.; PATZ, J. A.; PRENTICE, I. C.; RAMANKUTTY, N.; SNYDER, P. K. "Global consequences of land use". *Science*, n. 309, p. 570–574, 2005.

FORUM FOR FOOD SOVEREINTY. Declaration of the Forum for Food Sovereignty. Nyéléni, 2007. Disponível em: https://nyeleni.org/IMG/pdf/DeclNyeleni-en.pdf. Acesso em: 22 out. 2023.

FORSYTH, T. "Political ecology and the epistemology of social justice". *Geoforum*, n. 39, p. 756–764, 2008.

FOUCAULT, M. La gubernamentalidad. *In*: CASTEL, R.; DONZELOT, J.; FOUCAULT, M.; GAUDAMAR, J. P. de; GRIGNON, C.L.; MUEL, F. (eds). *Espacios de poder*. Barcelona: Ediciones de La Piqueta, 1991.

FRANCIS, C.A.; LIEBLEIN, G.; GLIESSMAN, SR.; BRELAND, T.A.; CREAMER,N.; HARWOOD, R.; SALOMONSSON, L.; HELENIU, J.; RICKEL,D.; SALVADOR, R.; SIMMONS, S.; ALLEN, P.; ALTIERI, M.A.; FLORA, C.B.; PINCELOT, R. R . "Agroecology: the ecology of food systems". *Journal of Sustainable Agriculture*, v. 22, n. 3, p. 99-118, 2003.

FRÉGUIN-GRESH, S. "Agroecología y Agricultura Orgánica en Nicaragua. Génesis, institucionalización y desafíos, en PP-AL. Red Políticas Públicas en América Latina y el Caribe. Políticas Públicas a favor de la Agroecología en América Latina y el Caribe". PP-AL, Brasília, p. 174-196, 2017.

FRIEDMANN, H. The family farm and the international food regimes. *In:* SHANIN, T. (ed.). *Peasants and peasant societies*, 2 ed. Oxford: Basil Blackwell, p. 247-58, 1987.

FRIEDMANN, H. "The political economy of food: a global crisis". *New Left Review*, 197, 29–57, 30–1, 1993.

FRIEDMANN, H. From colonialism to green capitalism: social movements and emergence of food regimes. *In:* BUTTEL, F.H.; MCMICHAEL, P. (eds.). *New directions in the sociology of global development*: Research in rural sociology and development. Amesterdã/Londres: Elsevier JAI, p. 227–64, 2005.

FRIEDMANN, H. "Scaling up: Bringing public institutions and food service corporations into the project for a local, sustainable food system in Ontario". *Agriculture and Human Values*, n. 24, p. 389–398, 2007.

FRIEDMANN, H. "Food regime analysis and agrarian questions. widening the conversation". 2016. Disponível em: http://www.iss.nl/fileadmin/ASSETS/iss/Research_and_projects/Research_networks/ICAS/57-ICAS_CP_Friedman.pdf.

GALVÃO FREIRE, A.Women in Brazil build autonomy with agroecology. Farming Matters, 341. 2018. Disponível em: https://farmingmatters.org/farming-matters-341-1/women-in-brazil-build-autonomy-with-agroecology/.

GARBACH, K.; MILDER, J.C.; DECLERCK, F.A.; DE WIT, M.A.; DRISCOLL, L.; GEMMILL-HERREN, B. "Examining multi-functionality for crop yield and ecosystem services in five systems of agroecological intensification". *Int. J. Agric. Sustain.*, 22, 2016.

GARCÍA TRUJILLO, R.; TOBAR, E.; GÓMEZ, F. Alimentos ecológicos para conusmo social en Andalucía. *In:* GONZÁLEZ DE MOLINA, M. (ed.). *El desarrollo de la agricultura ecológica en Andalucía 2004-2007*. Crónica de una experiencia agroecológica. Barcelona, Icaria, 2009, p. 195-212.

GARNETT, T.; APPLEBY, M.C.; BALMFORD, A.; BATEMAN, I.J.; BENTON, T.G.; BLOOMER, P.; BURLINGAME, B.; DAWKINS, M.; DOLAN, L.; FRASER, D.; *et al*. "Sustainable intensification in agriculture: Premises and policies". *Science*, 341, 33–34, 2013.

GARNETT, T.; GODFRAY, C. Sustainable Intensification in Agriculture. Navigating a Course through Competing Food System Priorities; Food Climate Research Network and the Oxford Martin Programme on the Future of Food, University of Oxford: Oxford, UK, 2012. Disponível em: http://www.fcrn.org.uk/sites/default/files/SI_report_final.pdf. Acessado em:12 jan. 2014.

GARRIDO PEÑA, F. (comp.). *Introducción a la ecología política*. Granada: Editorial Comares, 1993.

GARRIDO PEÑA, F. *La ecología política como política del tiempo*. Granada: Comares, 1996.

GARRIDO PEÑA, F. De como la ecología redefine conceptos centrales de la ontologia jurídica tradicional: liberdad y propiedad". *In*: DIAZ VARELLA, M.;

CARDOSO, R.; BORGES, B. *O novo em direito ambiental*. Belo Horizonte: Lumen Iuris, 1998, p. 23-31.

GARRIDO PEÑA, F. El decrecimiento y la soberanía popular como procedimiento. 2009. Disponível em: http://congresos.um.es/sefp/sefp2009/paper/viewFile/3631/3611. Acesso em: 22 out. 2023.

GARRIDO PEÑA, F. "Ecología política y agroecología: Marcos cognitivos y diseño institucional". *Agroecologia*, v. 11, p. 21-28, 2011.

GARRIDO PEÑA, F. "Ecología política y agroecología: marcos cognitivos y diseño institucional". *Agroecología*, v. 6, p. 21–28, 2012.

GARRIDO PEÑA, F. "Topofilia, paisaje y sostenibilidad del território". *Enrahonar. Quadernos de Filosofia*, 53, 63-75, 2014.

GARRIDO PEÑA, F. Crisis, democracia y decrecimiento. *In:* BESTER, G. M. (ed.). *Direito e ambiente uma democracia sustentável*: diálogos multidisciplinares entre Portugal e Brasil. Curitiba: Instituto Memórias, 2015.

GARRIDO PEÑA, F; GONZÁLEZ DE MOLINA, M.; SERRANO, J. L.; SOLANA, J. L. (eds.). El paradigma ecológico en las ciencias sociales. Barcelona: Icaria, 2007.

GARVEY, M. Novel ecosystems, familiar injustices: the promise of justice-oriented ecological restoration. *Darkmatter Journal*: In the Ruins of Imperial Culture 13, 1-16, 2016.

GEELS, F. W. "Technological transitions as evolutionary reconfiguration processes: a multi-level perspective and a case-study". *Res. Policy*, n. 31, 2002, p. 1257–1274.

GEORGE, S. "Converging crisis: reality, fear and hope". *Globalizations*, v. 7, n. 1–2, p. 17–22, 2010.

GEORGESCU-ROEGEN, N. The entropy law and the economic process. Massachusetts: Harvard University Press, 1971.

GEZON, L.; PAULSON, S. Place, power, difference: multiscale research at the dawn of the twenty first century. *In:* PAULSON, S; GEZON, L. (eds.). *Political ecology across spaces, scales and social groups*. New Brunswick: Rutgers University Press, 2005, p. 1–16.

GIAMPIETRO, M.; ALLEN, T.F.H.; MAYUMI, K. "The epistemological predicament associated with purposive quantitative analysis". *Ecological Complexity*, n. 3, p. 307–327, 2006.

GIAMPIETRO, M.; ASPINALL, R.J.; RAMOS-MARTIN, J.; BUKKENS, S.G.F. (eds.). *Resource accounting for sustainability assessment*: the nexus between energy, food, water and land use. Londres: Routledge, 2014.

GIAMPIETRO, M.; MAYUMI, K.; RAMOS-MARTIN, J. Multi-Scale Integrated Analysis of Societal and Ecosystem Metabolism – MUSIASEM. An Outline of Rationale and Theory. Document de Treball. Departament d'Economia Aplicada, 2008.

GIDDENS, A. *The nation state and violence*. Volume two of a contemporary critique of historical materialism. Cambridge: Polity Press, 1987.

GIDDENS, A. *Mundo na era da globalização*. Lisboa: Presença, 2000.
GILJUM, S.; EISENMENGER, N. "North-South trade and the distribution of environmental goods and burdens". *SERI Studies*, v. 2, 2003.
GINTIS, H. *Moral sentiments and material interests*: the foundations of cooperation in economic life. MIT Press, 2006.
GINTIS, H. *The bounds of reason*: game theory and the unification of the behavioral sciences. Nova Jérsei: Princeton University Press, 2009.
GINTIS, H. "Rationality and common knowledge". *Rationality and Society*, v. 22, n. 3, p. 259-282, 2010.
GIRALDO, O. F. *Ecología política de la agricultura*. Agroecología y posdesarrollo. San Cristóbal de Las Casas, Chiapas, México: El Colegio de la Frontera Sur, 2018.
GIRALDO, O. F.; P. ROSSET. "La Agroecología en una encrucijada: entre la institucionalidad y los movimientos sociales". *Guaju*, v. 2, n. 1, p. 14, 2016.
GLANSDORFF, P.; PRIGOGINE I. *Thermodinamic theory of structure, stability and fluctuations*. Nova York: Wiley Interscience, 1971.
GLASOD. "The global assessment of human induced soil degradation". 1991. UNEP.
GLIESSMAN, S. R. *Agroecology*: ecological processes in sustainable agriculture. Chelsea: Ann Arbor Press, 1998.
GLIESSMAN, S. R. "Agroecology and food system change" [Editorial]. *Journal of Sustainable Agriculture*. n. 35, p. 345-349, 2011.
GLIESSMAN, S. R. "Agroecología: plantando las raíces de la resistencia". *Agroecología*, v. 8, n. 2, p. 19-26, 2013.
GLIESSMAN, S. "Agroecology and social transformation". *Agroecology and Sustainable Food Systems*, v. 38, n. 10, p. 1125–26, 2014.
GLIESSMAN, S. R. (ed.) *Agroecology*: The ecology of sustainable food systems. 3 ed. Nova York: CRC Press, 2015.
GLIESSMAN, S.R.; ROSADO-MAY, F.J.; GUADARRAMA-ZUGASTI, C.; JEDLICKA, J.; COHN, A.; MÉNDEZ, V. A.; COHEN, R.; TRUJILLO, J. BACON, C.; JAFFE, R. "Agroecología: promoviendo una transición hacia la sostenibilidad". *Ecosistemas*, v. 16, n. 1, p. 13-23, 2007.
GLIESSMAN, S. R. Scaling-out and scaling-up agroecology. *Agroecology and Sustainable Food Systems*, v. 42, n. 8, p. 841-842, 2018.
GOMES DE ALMEIDA, S.; PETERSEN, P.; CORDEIRO, A. *Crise socioambiental e conversão ecológica da agricultura brasileira*: diretrizes ambientais para o desenvolvimento agrícola. Rio de Janeiro: AS-PTA, 2001.
GONSALVES, J. F. "Going to scale: what we have garnered from recent workshops". LEISA Magazine, 2001. Disponível em: http://www.agriculturesnetwork.org/library/63894.
GONZÁLEZ DE MOLINA, M.; SEVILLA GUZMÁN, E. Ecología, campesinado e historia: para una reinterpretación del desarrollo del capitalismo en la agricultura. *In:* SEVILLA GUZMÁN, E.; GONZÁLEZ DE MOLINA, M. (eds.). *Ecología, campesinado e historia*. Madrid: Ediciones de la Piqueta, 1993a, p. 23-130.

GONZÁLEZ DE MOLINA, M.; SEVILLA GUZMÁN, E. "Una propuesta de diálogo entre socialismo y ecología: el neopopulismo ecológico". *Ecología Política*, n. 3, p. 121-135, 1993b.

GONZÁLEZ DE MOLINA, M.; GUZMÁN CASADO, G. I. "Agroecology and ecological intensification. A discussion from a metabolic point of view". *Sustainability*, v. 9, n. 86, 2017.

GONZÁLEZ DE MOLINA, M.; TOLEDO, V. *The social metabolism*: a socio--ecological theory of historical change. Berlim: Springer, 2014.

GONZÁLEZ DE MOLINA, M. Introducción. *In:* GONZÁLEZ DE MOLINA, M. (ed.) *La historia de Andalucía a debate*. I. Campesinos y Jornaleros. Barcelona: Editorial Anthropos, 2001.

GONZÁLEZ DE MOLINA, M. (ed.). *El desarrollo de la agricultura ecológica en Andalucía 2004-2007*. Crónica de una experiencia agroecológica. Barcelona: Icaria, 2009.

GONZÁLEZ DE MOLINA, M.; SEVILLA GUZMÁN, E. Perspectivas socio--ambientales de la historia del movimiento campesino andaluz. *In:* GONZÁLEZ DE MOLINA, M. (ed.). *La historia de Andalucía a debate*. I. Campesinos y jornaleros. Barcelona: Editorial Anthropos, 2001, p. 239-287.

GONZÁLEZ DE MOLINA, M.; TOLEDO, V. *Metabolismos, naturaleza e historia*. Una teoría de las transformaciones socio-ecológicas. Barcelona: Icaria, 2011.

GONZÁLEZ DE MOLINA, M.; SOTO FERNÁNDEZ, D.; INFANTE-AMATE, J.; AGUILERA FERNÁNDEZ, E.; VILA TRAVER, J.; GUZMÁN CASADO, G. "Decoupling food from land: the evolution of Spanish agriculture from 1960 to 2010". *Sustainability*, v. 9, p. 2348; 2017.

GONZÁLEZ DE MOLINA, M.; SOTO FERNÁNDEZ, D.; GUZMÁN CASADO, G.; INFANTE AMATE, J.; AGUILERA FERNÁNDEZ, E.; VILA TRAVER, J.; GARCÍA RUIZ, R. *The agrarian metabolism of Spanish agriculture, 1900-2008*. The Mediterranean way towards industrialization. Berlim: Springer, 2019.

GONZÁLEZ DE MOLINA, M; SOTO FERNÁNDEZ, D.; GARRIDO PEÑA, F. "Los conflictos ambientales como conflictos sociales. Una mirada desde la ecología política y la historia". *Ecología Política*, n. 50, p. 31-38, 2016.

GONZÁLEZ DE MOLINA, M. "Agroecology and Politics. How to Get Sustainability? About the Necessity for a Political Agroecology". *Agroecology and Sustainable Food Systems*, n. 37, p. 45–59, 2013.

GOODMAN, D. "Place and Space in Alternative Food Networks: Connecting Production and Consumption". Working paper #21; Environment, Politics and Development Working Paper Series. Department of Geography, King's College London, 2009.

GOODY, J. *La evolución de la familia y del matrimonio en Europa*. Barcelona: Herder Editorial, 1986.

GOULD, S. J.; VRBA E.S. "Exaptation-A Missing Term in the Science of form". *Paleobiology*, v. 8, n. 1. p. 4-15, 1982.

GOULD, F.; BROWN, Z.S.; KUZMA, J. "Wicked evolution: Can we address the sociobiological dilemma of pesticide resistance?" *Science*, v. 360, Issue 6390, p. 728-732, 2018.

GRAEUB, B. E; M. JAHI CHAPPELL, M.J.; WITTMAN, H.; LEDERMANN, S.; BEZNER KERR, B.; GEMMILL-HERREN, B. "The state of family farms in the World". *World Development*, v. 87, p.1–15, 2016.

GRAIN. "Emisiones imposibles. Cómo están calentando el planeta las grandes empresas de carne y lácteos". GRAIN and Institute for Agriculture and Trade Policy, 2018. Disponível em: https://grain.org/es/article/6010-emisiones-imposibles--como-estan-calentando-el-planeta-las-grandes-empresas-de-carne-y-lacteos. Acesso em: 23 out. 2023.

GREENPEACE International. "Less is More: Reducing meat and dairy for a healthier life and planet". Greenpeace, 2018. Disponível em: https://www.greenpeace.org/international/publication/15093/less-is-more/. Acesso em: 23 out. 2023.

GUAMAN, V. "Democracia deliberativa en comunidades indígenas bajo los postulados de Habermas". *Academia*, 2015.

GUTHMAN, J. "The trouble with 'organic lite' in california: a rejoinder to the 'conventionalisation' debate". *Sociologia Ruralis*, v. 44, n. 3, p. 301–16, 2004.

GUZMÁN CASADO, G. I.; GONZÁLEZ DE MOLINA, M. "Preindustrial agriculture versus organic agriculture. The land cost of sustainability". *Land Use Policy*, n. 26, p. 502-510, 2009.

GUZMÁN CASADO, G. I.; GONZÁLEZ DE MOLINA, M.; ALONSO MIELGO, A. "The land cost of agrarian sustainability. An assessment". *Land Use Policy*, n. 28, p. 825– 835, 2011.

GUZMÁN CASADO, G.; GONZÁLEZ DE MOLINA, M. *Energy in agroecoystems*: a tool for assessing sustainability. Flórida: CRC Press, 2017.

HABERMAS, J. *La soberanía popular como procedimento*. Cidade do México: Editorial Era, 1989.

HABERMAS, J. *Faticidad y validez*. Madri: Trotta, 2010.

HACYAN, S. *Física y metafísica del espacio y el tiempo*: la filosofía en el laboratorio. México: FCE, 2004.

HALL, C.A.S. "Introduction to Special Issue on New Studies in EROI. Energy Return on Investment". *Sustainability*, n. 3, p. 1773–1777, 2011.

HALL, C.A.S.; BALOGH, S.; MURPHY, D. J. "What is the minimum EROI that a sustainable society must have?" *Energies*, n. 2, p. 25–47, 2009.

HARDIN, G. "The tragedy of the Commons". *Science*, v. 162, n. 3859, p. 1243-1248, 1968.

HARDT, M.; NEGRI, A. *Empire*. Cambridge/Mass: Harvard University Press, 2000.

HARICH W. *¿Comunismo sin crecimiento?* Babeuf y el club de Roma. Barcelona: Materiales, 1978.

HARPER, A.; SHATTUCK, A.; HOLT-GIMÉNEZ, E. "food policy councils: lessons learned, food first". *Institute for Food and Development Policy*, 2009.

HASSANEIN, N. "Locating food democracy: theoretical and practical ingredients". *Journal of Hunger & Environmental Nutrition*, v. 3, n. 2-3, p. 286-308, 2008.

HAUSER, O.; RAND, D.; PEYSAKHOVICH, A. *et al.* "Cooperating with the future". *Nature*, n. 511, p. 220–223, 2014.

HAYEK, F. [1944]. *The road to serfdom*. Cambridge: Routledge, 2013.

HEBINCK, P.; PLOEG, J. D. Van Der; SCHNEIDER, S. (orgs.) *Rural development and the construction of new markets*. Nova York: Routledge, 2015.

HEINRICH Böll Foundation; Rosa Luxemburg Foundation; Friends of the Earth Europe. Agrifood Atlas. "Facts and figures about the corporations that control what we eat". Berlim, Heinrich Böll Foundation, 2017.

HENDRICH, J. *The secret of our success*: how culture is driving human evolution, domesticating our species, and making us smarter. Nova Jérsei: Princenton University Press, 2017.

HIBBARD, K.A., *et al*. Decadal-scale interactions of humans and the environment. *In:* COSTANZA, R. *et al*. (eds.) *Sustainability or collapse?* An integrated history and future of people on Earth. Massachusetts: The MIT Press, 2007, p. 341-377.

HLPE. "Climate change and food security: a report by the high level panel of experts on food security and nutrition of the committee on World Food Security". Roma, 2012.

HO, M.-W. "Circular thermodynamics of organisms and sustainable systems". *Systems*, n. 1, p. 30-49, 2013.

HO, M.-W.; ULANOWICZ, R. "Sustainable systems as organisms?" *BioSystems*, n. 82, p. 39–51, 2005.

HOBBES, T. [1651]. *Leviatán*. Cidade do México: Fondo de Cultura Económica, 1984.

HOBSBAWN, E. *Age of extremes*: the short twentieth century, 1914–1991, Londres: Michael Joseph, 1994. p. 288–9.

HOLLOWAY, J. *Agrietar el capitalismo*: el hacer contra el trabajo. Buenos Aires: Herramienta, 2011.

HOLT-GIMÉNEZ, E. "Scaling up sustainable agriculture: lessons from the campesino a campesino movement". *LEISA Magazine*, out. 2001.

HOLT-GIMENEZ, E. *Campesino a campesino*: voices from Latin America's farmer to farmer movement for sustainable agriculture. Oakland: Food First Books, 2006.

HOLT-GIMÉNEZ, E.; ALTIERI, M. A. "Agroecology, food sovereignty, and the new green revolution". *Agroecology and Sustainable Food Systems*, n. 371, p. 90-102, 2013.

HOPPE, R. The *Governance of problems*: puzzling, powering, participation. Bristol: The Policy Press University of Bristol, 2010.

HORLINGS, L. G.; MARSDEN, T. K. "Towards the real green revolution? Exploring the conceptual dimensions of a new ecological modernisation of agriculture that could 'feed the world'". *Global Environmental Change*, v. 21, n.2, p. 441–52, 2011.

HORNBORG, A. "A Lucid Assessment of Uneven Development as a Result of the Unequal Exchange of Time and Space". *Lund University Centre of Excellence for Integration of Social and Natural Dimensions of Sustainability (LUCID)*. Assessment n. 1, nov. 2011.

HUFTY, M. Una propuesta para concretizar el concepto de gobernanza: el Marco Analítico de la Gobernanza. *In*: MAZUREK, H. (ed.) *Gobernabilidad y gobernanza en los territorios de América Latina*. La Paz, IFEA-IRD, 2008.

INE (Instituto Nacional de Estadística). "Censo agrario de 2009". Disponível em: www.ine.es. Acesso em: 23 out. 2023.

INFANTE-AMATE, J.; AGUILERA, E.; GONZÁLEZ DE MOLINA, M. "Energy transition in agri-food systems. Structural change, drivers and policy implications. Spain, 1960–2010". *Energy Policy*, n. 122, p. 570–579, 2018a.

INFANTE-AMATE, J.; AGUILERA, E.; PALMERI, F.; GUZMÁN, G. I; SOTO, D.; GARCÍA-RUIZ, R., GONZÁLEZ DE MOLINA, M. "Land embodied in Spain's biomass trade and consumption 1900–2008. Historical changes, drivers and impacts". *Land Use Policy*, n. 78, p. 493–502, 2018b.

IBGE – Instituto Brasileiro de Geografia e Estatística. "Censo Agropecuário". Brasil, 2018.

IAASTD – International Assessment of Agricultural Knowledge, Science and Technology for Development. "Synthesis report: a synthesis of the global and sub-global IAASTD Reports". Washington, 2009.

IPES-Food – International Panel of Experts on Sustainable Food Systems. "from uniformity to diversity: A paradigm shift from industrial agriculture to diversified agroecological systems". 2016. Disponível em: https://www.ipes-food.org/_img/upload/files/UniformityToDiversity_FULL.pdf. Acesso em: 23 out. 2023.

IPES-Food – International Panel of Experts on Sustainable Food Systems. "Too big to feed; exploring the impacts of mega-mergers, consolidation and concentration of power in the agri-food sector". 2017. Disponível em: http://www.ipes-food.org/_img/upload/files/CS2_web.pdf. Acesso em: 23 out. 2023.

IPES-Food – International Panel of Experts on Sustainable Food Systems. "Breaking away from industrial food and farming systems; seven case studies of agroecological transitions". 2018. Disponível em: http://www.ipes-food.org/_img/upload/files/CS2_web.pdf. Acesso em: 23 out. 2023.

IZUMI, B. T.; WRIGHT, D. W.; HAMM, M. W. "Market diversification and social benefits: Motivations of farmers participating in farm to school programs". *Journal of Rural Studies*, n. 26, p. 374-382, 2010.

JONES, A.; PIMBERT, M.; JIGGINS, J. *Virtuous circles*: values, systems and sustainability. Londres: IIED; IUCN; CEESP, 2011.

JØRGENSEN, S. E.; FATH, B. D. "Application of thermodynamic principles in ecology". *Ecol. Complex*, n. 1, p. 267–280, 2004.

JØRGENSEN, S. E.; FATH, B. D.; BASTIANONI, S.; MARQUES, J. C.; MÜLLER, F.; NIELSEN, S. N.; TIEZZI, E.; ULANOWICZ, R. E. *A new ecology: systems perspective*. Amsterdã: Elsevier, 2007.

KANTOROWICZ, E. H. *Los dos cuerpos del rey*: un estudio sobre teología política medieval. Madri: Alianza editorial, 1985.

KAY, J.J.; REGIER, A.H.; BOYLE, M.; FRANCIS, G. An ecosystem approach for sustainability: addressing the challenge for complexity. *Futures*, n. 31, 721-742, 1999.

KEARNEY, M. Reconceptualizing the Peasantry. Westview Press, Colorado, 1996.

KRAUSMANN, F.; ERB, K-H.; GINGRICH, S.; LAUK, C.; HABERL, H. "Global patterns of socioeconomic biomasss flows in the year 2000: A comprehensive assessment of supply, consumption and constraints". *Ecological Economics*, v. 65, p. 471-487, 2008a.

KRAUSMANN, F. ; SCHANDL, H. Y.; SIEFERLE, R. P. "Socioecological regime transition in Austria and United Kingdom". *Ecologial Economic*, n. 65, p. 187-201, 2008b.

KRAUSMANN, F.; SCHANDL, H.; EISENMENGER, N.; GILJUM, S.; JACKSON, T. "Material flow accounting: measuring global material use for sustainable development". *Annual Review of Environment and Resources*, n. 42, p. 647–75, 2017a.

KRAUSMANN, F.; WIEDENHOFER, D.; LAUKA, K.; HAAS, W.; TANIKAWA, H, FISHMAN, T.; MIATTO, A.; SCHANDLD, H.; HABERL, H. "Global socioeconomic material stocks rise 23-fold over the 20th century and require half of annual resource use". *PNAS*, v. 114(8). 1880-1885. 2017b.

KRAUSMANN, F.; LANGTHALER, E. "Food regimes and their trade links: A socio-ecological perspective". *Ecological Economics*, n. 160, p. 87-95, 2019.

KRUGMAN, P.; OBSTFELD, M. *Economía internacional*: teoría y política. Madri: Editorial Pearson Addison, 2010.

LACHMAN, D. A. "A survey and review of approaches to study transitions". *Energy Policy*, n. 58, p. 269-276, 2013.

LACLAU, E. *La razón populista*. Buenos Aires: Fondo de Cultura Económica, 2005.

LACLAU, E. "Laclau en debate: postmarxismo, populismo, multitud y acontecimiento. Entrevistado por Ricardo Camargo". *Revista de Ciencia Política*, v. 29, n. 3, p. 815–828, 2009.

LAFORGE, J. M. L.; ANDERSON, C. R.; MCLACHAM, S. M. "Governments, grassroots, and the struggle for local food systems: containing, coopting, contesting and collaborating". *Agric Hum Values*, n. 34, p. 663, 2017.

LAMINE, C.; RENTING, H.; ROSSI, A.; WISKERKE, J. S. C. (Han); BRUNORI, G. Agri-food systems and territorial development: innovations, new dynamics and changing governance mechanisms. *In*: DARNHOFER, I.; GIBBON, D.; DEDIEU, B. *Farming systems research into the 21st century*: the new dynamic. Dordrecht: Springer Netherlands, 229–56, 2012.

LAMINE, C. "La fabrique sociale et politique des paradigmes de l'écologisation". HDR de sociologie, Université de Paris Ouest Nanterre la Défense. Remaniée et publiée en 2017 sous le titre La Fabrique sociale de l'écologisation de l'agriculture. Marseille, La Discussion, 2015.

LANG, T.; BARLING, D. "Food security and food sustainability: Reformulating the debate". *Geogr. J.*, n. 178, p. 313–326, 2012.

LA PORTA, R.; LOPEZ-DE-SILANES, F.; SHLEIFER, A. "Corporate ownership around the world". *The Journal of Finance*, v. LIV (2), p. 471-517, 1999.

LATTUCA, A. "La agricultura urbana como política pública: el caso de la ciudad de Rosario, Argentina". *Agroecología*, v. 6, p. 97-104, 2011.

LEACH, G. *Energy and food production.* Londres: IPC Science and Tecnology, 1976.

LEE, R.; MARSDEN, T. "The globalization and re-localization of material flows: four phases of food regulation". *Journal of Law and Society*, v. 36, n. 1, p. 129–44, 2009.

LEVIDOW, L.; PIMBERT, M.; VANLOQUEREN, G. "Agroecological research: conforming – or transforming the dominant agro-food regime?". *Agroecology and Sustainable Food Systems*, v. 38, n. 10, p. 1127-1155, 2014.

LEVINS, R. A whole-system view of agriculture, people, and the rest of nature. *In*: COHN, A.; COOK, J.; FERNÁNDEZ, M.; REIDER, R.; STEWARD, C. (eds.). *Agroecology and the struggle for food sovereignty in the Americas.* Nottingham: Russell Press, 2006, p. 34-49.

LONG, N. Commoditization: thesis and antithesis. *In*: LONG, N. et al. *The commoditization debate.* Wageningen: Pudoc, 1986, p. 8–23.

LONG, N.; PLOEG, J.D. van der. Heterogeneity, actor and structure: towards a reconstitution of the concept of structure. *In*: BOOTH, D. (ed.). *Rethinking social development: theory, research, and practice.* Harlow: Longman, 1994, p. 62-90.

LOOS, J.; ABSON, D.J.; CHAPPELL, M.J.; HANSPACH, J.; MIKULCAK, F.; TICHIT, M.; FISCHER, J. "Putting meaning back into 'sustainable intensification'". *Front. Ecol. Environ.*, n. 12, p. 356–361, 2014.

LOPES, A. P.; JOMALINIS, E. Agroecology: Exploring opportunities from women's empowerment based on experiences from Brazil. *In*: LANZA, M; FUNDACIÓN Colectivo Cabildeo Bolivia. *Feminist perspectives towards transforming economic power.* Toronto, Cidade do México, Cape Town: Association of Women's Rights in Development, 2011.

LOPES, H.; PORTO, S.; MONTEIRO, D.; SILVEIRA, L.; PETERSEN, P. GOMES DE ALMEIDA, S. *Mercados territoriais no semiárido brasileiro*; trajetórias efeitos e desafios. Rio de Janeiro: AS-PTA, 2022.

LÓPEZ GARCÍA, D.; PONTIJAS, B.; GONZÁLEZ DE MOLINA, M.; GUZMÁN-CASADO, G.I.; DELGADO, M.; INFANTE-AMATE, J. "Diagnóstico para la conexión de la distribución comercial con la producción endógena andaluza en el comercio local 2015". Dirección General de Comercio, Junta de Andalucía, 2015.

LÓPEZ-MORENO, I. "Labelling the origin of food products: Towards sustainable territorial development?". Tese de doutorado. Wageningen: Wageningen University, 2014.

LOWDER, S.K.; SKOET, J.; RANEY, T. "The number, size, and distribution of farms, smallholder farms, and family farms worldwide". *World Development*, v. 87, p. 16-29, 2016.

LUHMANN, N. *Soziale Systeme*: Grundriss einer allgemeine theorie. Frankfurt: Suhrkamp, 1984.

LUHMANN, N. The autopoiesis of social systems. *In*: GEYER, F.; ZEUWEN, J.V. (eds.) *Sociocybernetic paradoxes*: observation, control and evolution of self-steering systems. Londres: Sage, 1986, p. 172-192.

LUHMANN, N. *Social systems*. Stanford: Stanford University Press, 1995.

LUHMANN, N. *Complejidad y modernidad*. De la unidad a la diferencia. Madri: Editorial Trotta, 1998.

LUNDQVIST, J.; FRAITURE, C. de; MOLDEN, D. "Saving water: from field to fork – curbing losses and wastage in the food chain". *Stockholm International Water Institute Policy Brief*, Estocolmo, 2008.

LUXEMBURGO, R. *Reforma ou revolução?*. São Paulo: Expressão Popular, 2010.

MACHÍN, B.; ROQUE, A. M.; ÁVILA, D. R.; ROSSET, P. M. *Revolución agroecológica*: el movimiento de campesino a campesino de la Anap en Cuba. Anap. Vía campesina. CECCAM, 2010.

MAJONE, G. Agenda setting. *In*: MORAN, M. (Ed.). *The Oxford handbook of public policy*. Nova York: Oxford University Press, 2006, p. 228–250.

MARGALEF, R. *Teoría de los sistemas ecológicos*. Barcelona: Universitat de Barcelona, 1993.

MARGALEF, R. *La biosfera*. Entre la termodinámica y el juego. Barcelona: Kairó, 1980.

MARGALEF, R. Aplicacions del caos determinsita en ecologia *In*: FLOS, J. (ed.) *Ordre i caos en ecologia*. Barcelona: Publicacions Universitat de Barcelona, 1995, p. 171–184.

MARGULIS, L. *Origin of eukaryotic cells*. New Haven: Yale University Press, 1970.

MARSDEN, T.; BANKS, J.; BRISTOW, G. "Food supply chain approaches: exploring their role in rural development". *Sociologia Ruralis*, n. 40, p. 424-438, 2000.

MARSDEN, T.; SONNINO, R. "Rural development and the regional state: Denying multifunctional agriculture in the UK". *Journal of Rural Studies*, n. 24, p. 422-431, 2008.

MARTÍNEZ TORRES, H.; NAMDAR-IRANÍ, M.; SAA ISAMIT, C. Las Políticas de Fomento a la Agroecología en Chile, en PP-AL. Red Políticas Públicas en América Latina y el Caribe. 2017. Políticas Públicas a favor de la Agroecología en América Latina y el Caribe. PP-AL, Brasilia, p. 70-90, 2017.

MARTÍNEZ-ALIER, J.; MUNDA, G.; O'NEILL, J. "Weak comparability of values as a foundation for ecological economics". *Ecological Economics*, 26, 277-286, 1998.

MARX, K. [1858]. *Grundrisse*: elementos fundamentales para la critica de economia política. Buenos Aires: Siglo XXI Editores, 1976.

MASSUKADO, L. M.; BALLA, J. V. "Panorama dos cursos e da pesquisa em agroecologia no Brasil". *COMCiência, Revista Eletrônica de Jornalismo Científico*. LABJOR-UNICAMPI/SBPC, n. 182 p. 1-10, out. 2016. Disponível em: https://www.bibliotecaagptea.org.br/agricultura/agroecologia/artigos/PANORAMA%20DOS%20CURSOS%20E%20DA%20PESQUISA%20EM%20AGROECOLOGIA%20NO%20BRASIL.pdf . Acesso em: 23 out. 2023.

MATURANA, H. R.; VARELA, F. J. *Autopoiesis and cognition*: the realization of the living. Boston: Boston Studies in the Philosophy and History of Science, 1980.

MAUSS, M. [1925]. *Ensayo sobre el don*. Forma y función del intercambio en las sociedades arcaicas. Buenos Aires: Katz, 2011.

MAVROFIDES, T.; KAMEAS, A.; PAPAGEORGIOU, D.; LOS, A. "On the entropy of social systems: a revision of the concepts of entropy and energy in the social context. Systems research and behavioral". *Science*, 28, 353–368, 2011.

MAYER, A.; SCHAFFARTZIK, A.; HAAS, W.; ROJAS-SEPÚLVEDA, A. "Patterns of global biomass trade – Implications for food sovereignty and socio-environmental conflicts". *EJOLT Report*, n. 20, 2015.

MAYUMI, K.; GIAMPIETRO, M. "The epistemological challenge of self-modifying systems: Governance and sustainability in the post-normal science era". *Ecological Economics*; v. 57, n. 3; p. 382-399, 2006.

MAZOYER, M.; ROUDART, L. *História das agriculturas no mundo*: do neolítico à crise contemporânea. São Paulo: Editora UNESP; Brasília, DF: NEAD, 2010.

McMICHAEL, P. Feeding the world: agriculture, development and ecology. *In*: PANITCH, L.; LEYS, C. *Socialist register*. Londres: Merlin Press, 2006, p. 170-194.

McMICHAEL, P. "A food regime genealogy". *The Journal of Peasant Studies*, v. 36, n. 1, p. 139–169, 2009.

McMICHAEL, P. *Food regimes and agrarian questions*. Rugby, Warwickshire: Practical Action Publishing, 2013.

McNEILL, J. R. *Something new under the sun*: an environmental history of the twentieth-century world. Nova York: W.W. Norton & Co, 2001.

MÉNDEZ, V. E.; BACON, C. M.; COHEN, R. "Agroecology as a transdisciplinary, participatory, and action-oriented approach". *Agroecology and Sustainable Food Systems*, v. 37, p. 3–18, 2013.

MÉNDEZ, V.E.; BACON, C.M.; COHEN, R.; GLIESSMAN, S. R. (eds.). *Agroecology*: a transdisciplinary, participatory and action-oriented approach. Boca Ratón: CRC Press, 2016.

MENDRAS, H. *La fin des paysans*: innovations et changement dans l'agriculture Francaise. Paris: Futuribles/SEDEIS, 1967.

MENY, I; THOENIG. *La aparición de los problemas públicos*. Las políticas públicas. Madri: Ariel Ciencia Política, 1992.

MIER Y TERÁN GIMÉNEZ CACHO, M.; GIRALDO, O. F.; ALDASORO, M.; MORALES, H.; FERGUSON, B. G.; ROSSET, P.; KHADSE, A.; CAMPOS, C. "Bringing Agroecology to scale: key drivers and emblematic cases". *Agroecology and Sustainable Food Systems*, v. 42, n. 6, p. 637-665, 2018.

MONTEIRO, C. A. "Nutrition and health. The issue is not food, nor nutrients, so much as processing". *Public Health Nutrition*, v. 12, n. 5, p. 729-731, 2009.

MONTEIRO, C. A.; LEVY, R. B.; CLARO, R. M.; RIBEIRO DE CASTRO, I. R.; CANNON, G. "A new classification of foods based on the extent and purpose of their processing". *Cad. Saúde Pública*, n. 2611. p. 2039-2049, 2010.

MONTEIRO, C.A.; CANNON, G. "The impact of transnational "big food" companies on the South: a view from Brazil". *PLoS Med*, v. 9, n. 7, e1001252, 2012.

MONTEIRO, C. A.; MOUBARAC, J. C.; CANNON, G.; POPKIN, P. "Ultra-processed products are becoming dominant in the global food system". *Obesity*, v. 14, Suppl. 2. p. 21–28, 2013.

MOONEY, P. *Blocking the chain*: Industrial food chain concentration. Big Data platforms and food sovereignty solutions. Quebec: ETC Group, 2018. Disponível em: https://www.rosalux.de/fileadmin/rls_uploads/pdfs/Artikel/BlockingThe-Chain_Englisch_web.pdf. Acesso em: 23 out. 2023.

MOORE, B. *Social origins of dictatorship and democracy*: Lord and peasant in the making of the modern world. Middlesex: Penguin Books, 1966.

MOORE, J. W. *Capitalism in the web of life*: ecology and the accumulation of capital. Londres: Verso, 2015.

MOORS, E. H. M; RIP, A.; WISKERKE, J. S. C. The dynamics of innovation; multilevel co-evolutionary perspective. *In*: WISKERKE, J. S. C.; PLOEG, J. D. van der. *Seeds of transition*: essays on novelty production, niches and regimes in agriculture. Assen: Van Gorgu, 2004.

MORAN, W. *Políticas a favor de la producción orgánica y agroecología en El Salvador, en PP-AL*. Red Políticas Públicas en América Latina y el Caribe. Políticas Públicas a favor de la Agroecología en América Latina y el Caribe. PP-AL, Brasilia, p. 132-46, 2017.

MORGAN, S. L. "Social learning among organic farmers and the application of the communities of practice framework". *J. Agric. Educ. Ext.*, n. 17, p. 99-112, 2011.

MORIN, E. *El método, I*: La naturaleza de la naturaleza. Madri: Cátedra, 1977.

MORIN, E. *O método 6*: Ética. Porto Alegre: Sulina, 2007.

MORIN, E. "Eloge de la métamorphose". *Le Monde*. 01/09/2010. Disponível em: http://www.lemonde.fr/idees/article/2010/01/09/eloge-de-la-metamorphose-par--edgar-morin_1289625_3232.html. Acesso em: 23 out. 2023.

MUÑOZ, P.; GILJUM, S.; ROCA, J. "The raw material equivalents of international trade". *Journal of Industrial Ecology*, v. 13, n. 6, p. 881-897, 2009.

MURADIAN, R.; MARTÍNEZ ALIER, J. "Trade and environment: from Sourthen perspective". *Ecological Economics*, 36, 286-297, 2001.

NAREDO, J. M. *La economía y evolución*: Historia y perspectivas de las categorías básicas del pensamiento económico. 4 ed. Madrid: Siglo XXI, 2015.

NICHOLLS, C. I.; ALTIERI, M. A.; VAZQUEZ, L. "Agroecology: principles for the conversion and redesign of farming systems". *J. Ecosyst. Ecogr*, 2016.

NIEDERLE, P.; ALMEIDA, L. A nova arquitetura dos mercados para produtos orgânicos: o debate da convencionalização. *In:* NIEDERLE, P.A.; ALMEIDA, L.; VEZZANI, F. M. *Agroecologia*: práticas, mercados e políticas para uma nova agricultura. Curitiba: Kairós, 2013, p. 23–67.

NIEDERLE, P. A. "Os agricultores ecologistas nos mercados para alimentos orgânicos: contramovimentos e novos circuitos de comércio". *Sustentabilidade em Debate*, v. 5, n. 3, p. 79–97, 2014.

NIEDERLE, P. A.; PETERSEN, P.; COUDEL, E.; GRISA, C.; SCHMITT, C.; SABOURIN, E.; SCHNEIDER, E.; BRANDENBURG, A.; LAMINE, C. "Ruptures in the agroecological transitions: institutional change and policy dismantling in Brazil". *The Journal of Peasant Studies*, 50:3, 931-953, 2023.

NIGREN, A.; RIKOON, S. "Political ecology revisited: integration of politics and ecology does matter". *Society and Natural Resources*, n. 21, p. 767-782, 2008.

NILSON, E.A.; LOUZADA, M.L.; LEVY, R.B.; MONTEIRO, C.; REZENDE, L. "Premature Deaths Attributable to the Consumption of Ultraprocessed Foods in Brazil". *Global Health Promotion and Prevention* v. 64, n.1, p.129-136, 2023.

NORTHFIELD, T. D.; IVES, A. R. "Coevolution and the effects of climate change on interacting species". *PLoS Biol*, n. 1110, e1001685, 2013.

NOWAK, M. A. "Five rules for the evolution of cooperation". *Science*, v. 314, n. 5805. p. 1560-1563, 2006.

OAKLAND Institute. "Agroecology Case Studies". 2018. Disponível em: https://www.oaklandinstitute.org/agroecology-case-studies. Acesso em: 23 out. 2023.

OCDE-FAO. "Carne". *In*: OCDE-FAO. *Perspectivas Agrícolas 2017-2026*. Paris: OECD Publishing, 2017.

OFFE, C. *Partidos politicos y nuevos movimientos sociales*. Madri: Editorial Sistema, 1988.

OKASHA, S. *Evolution and the levels of selection*. Oxford: Oxford University Press, 2006.

OLSON, M. *The logic of collective action*: public goods and the theory of groups. Cambridge: Harvard Economic Studies, 1971.

OOSTINDIE, H.; RUDOLF, B.; BRUNORI, G.; PLOEG, J. D. van der. The endogeneity of rural economies. *In*: PLOEG, J.D. van der; MARSDEN, T. (eds.) *Unfolding webs*: the dynamics of regional rural development. Assen: Van Gorcum, 2008, p. 53-67.

OROZCO, A. P. "Estrategias feministas de deconstrucción del objeto de estudio de la economía". *Foro Interno*. Madrid, vol. 4, p. 87-117, 2004.

OSTROM, E. *Governing the commons*: the evolution of institutions for collective action. Cambridge: Cambridge Uniersity Press, 1990.
OSTROM, E. "Commons, institutional diversity of". *Encyclopedia of Biodiversity*, Volume I. Academic Press, 2001.
OSTROM, E. "A general framework for analyzing sustainability of social-ecological systems". *Science*, v. 325, n. 24, p. 419-422, jul. 2009.
OSTROM, E. *Comprender la diversidad institucional*. Oviedo: KRK, 2013.
OSTROM, E. *Governing the commons*: the evolution of institutions for collective action. Canto classics. Cambridge: Cambridge Univ. Press, 2015a.
OSTROM, E. Beyond markets and states: polycentric governance of complex economic systems. *In*: COLE, D. H.; MCGINNIS, M. D. (Org.) *Elinor Ostrom and the Bloomington School of Political Economy*: polycentricity in public administration and political science. Lanham: Lexington Books, 2015b.
PACÍFICO, D. A. "Avaliação de impacto das ações de formação/capacitação em Agroecologia realizadas pelo DATER/SAF, no período 2004 a 2009". Programa das Nações Unidas para o Desenvolvimento Projeto PNUD/PRONAF II – BRA/06/010. Brasília-DF: PNUD, 2010.
PAHNKE, A. "Institutionalizing economies of opposition: explaining and evaluating the success of the MST's cooperatives and agroecological repeasantization". *The Journal of Peasants Studies*, v. 42, n. 6, p. 1087-1107, 2015.
PARMENTIER, S. *Scaling-up agroecological approaches*: what, why and how?. Bélgica: Oxfam-Solidarity, 2014.
PARSON, T. *El sistema social*. Madrid: Revista de Occidente, 1976.
PATROUILLEAU, M.; MARTÍNEZ, L.; CITTADINI, E.; CITTADINI, R. "Políticas públicas y desarrollo de la agroecología en Argentina, en PP-AL. Red Políticas Públicas en América Latina y el Caribe". Políticas Públicas a favor de la Agroecología en América Latina y el Caribe. PP-AL, Brasília, p. 20-43, 2017.
PATTEE, H. H. "Evolving self-reference: matter, symbols, and semantic closure". *Commun. Cogn. Artif. Intell*, n. 12, p. 9–28, 1995.
PAULSON, S.; GEZON, L.; WATTS, M. "Locating the political in political ecology: An introduction". *Human Organization*, n. 62, p. 205–217, 2003.
PÉREZ RIVERO, J. A. "Puesta en valor de los subproductos obtenidos de la almazara Coop. Ntra. Sra. De las Virtudes y su potencial en el secuestro de carbono". Dissertação de mestrado. International University of Andalusia, Sevilla, 2016.
PEREZ-CASSARINO, J. A construção social de mecanismos alternativos de mercados no âmbito da Rede Ecovida de agroecologia. Curitiba: UFPR, 2013. Disponível em: http://www.acervodigital.ufpr.br/handle/1884/27480?show=full. Acesso em: 23 out. 2023.
PERFECTO, I.; VANDERMEER, J.; WRIGHT, A. *Nature's matrix*: linking agriculture, conservation and food sovereignty. Londres: Earthscan, 2009.
PETERSEN, P. Introdução. *In*: PETERSEN, P. (org.) *Agricultura familiar camponesa na construção do futuro*. Rio de Janeiro: AS-PTA, 2009, p. 5-15.

PETERSEN, P. *Metamorfosis agroecológica*: un ensayo sobre Agroecologia Política. Baeza: UNIA, 2011.

PETERSEN, P. Agricultura camponesa; entre a invisibilidade e a onipresença. *Revista Carbono*, v. 4, 2013.

PETERSEN, P. "Arreglos institucionales para la intensificación agroecológica: una mirada al caso brasileño desde la Agroecología Política". Tese de doutorado. Sevilha: UPO, 2017.

PETERSEN, P. Agroecology and the restoration of organic metabolism in agrifood systems. *In*: MARSDEN, T. (ed.) *The Sage book of nature*. Nova York: The Sage publications, 2018, p. 1448-1467.

PETERSEN, P. Programa Ecoforte de Agroecologia; inovação institucional sintonizada com desafios de civilização. *In:* Redes de Agroecologia para o desenvolvimento dos territórios; aprendizados do Programa Ecoforte. Rio de Janeiro, ANA, 2020, p. 259-304.

PETERSEN, P.; MUSSOI, E. M.; DAL SOGLIO, F. "Institutionalization of the agroecological approaching brazil: advances and challenges". *Agroecology and Sustainable Food Systems*, v. 37, n. 1, p. 103-114, 2013.

PETERSEN, P.; SILVEIRA, L. M. "Agroecology, public policies and labor-driven intensification: alternative development trajectories in the Brazilian semi-arid region". *Sustainability*, v. 9, n. 4 p. 535, 2017.

PETERSEN, P.; SILVEIRA, L, FERNANDES, G.B; GOMES DE ALMEIDA, S. Lume: método de análise econômico-ecológica de agroecossistemas. Rio de Janeiro, AS-PTA, 2021.

PETERSON, G. "Political ecology and ecological resilience: An integration of human and ecological dynamics". *Ecological Economics*, n. 35, p. 323–336, 2000.

PETRINI, C.; BOGLIOTTI, C; RAVA, R.; SCAFFIDI, C. "La centralidad del alimento". Documento congresual, 2012-2016. 2016. Slow Food. Disponível em: https://slowfood.com/filemanager/official_docs/SFCONGRESS2012_La_centralidad_del_alimento.pdf. Acesso em: 23 out. 2023.

PIKKETY, T. *El capital en el siglo XXI*. Cidade do México: FCE, 2014.

PIMBERT, M. P. "Democratizing knowledge and ways of knowing for food sovereignty, agroecology, and biocultural diversity". *In*: PIMBERT, M. P. (ed.). *Food sovereignty, agroecology, and biocultural diversity*. Constructing and contesting knowledge. Londres: Routledge, 2018.

PIMENTEL, D.; PIMENTEL, M. *Food, energy and society*. Londres: Edward Arnold, 1979.

PLOEG, J. D. van der. *Labor, markets, and agricultural production*: Westview special studies in agriculture science and policy. Boulder: Westview Press, 1990.

PLOEG, J. D. van der. El proceso de trabajo agrícola y la mercantilización. *In*: SEVILLA GUZMAN, E.; GONZÁLEZ DE MOLINA, M. (eds.). *Ecología, campesinado e historia*. Madrid: Ediciones de la Piqueta, 1993, p. 153-196.

PLOEG, J. D. van der. Resistance of the third kind and the construction of sustainability. Wageningen, 2007. Disponível em: http://www.jandouwevanderploeg.com/EN/publications/articles/resistance-of-the-third-kind/. Acesso em: 23 out. 2023.

PLOEG, J. D. van der. *The new peasants*: Struggles for the autonomy and sustainability in an era of empire and globalization. Londres: Earthscan, 2008.

PLOEG, J. D. van der. "The peasant mode of production revisited". *Rural Development: challenges and interlinkages*, 2010. Disponível em: http://www.jandouwevanderploeg.com/EN/publications/articles/the-peasant-mode-of-production-revisited/. Acesso em: 23 out. 2023.

PLOEG, J. D. van der. Prefácio. *In*: SABOURIN, E. *Sociedades e organizações camponesas*: uma leitura através da reciprocidade. Porto Alegre: EDUFRGS, 2011.

PLOEG, J. D. van der. "The drivers of change: the role os peasants in the creation of an agroecological agriculture". *Agroecología*, n. 6, p. 47–54, 2012.

PLOEG, J. D. van der. *Peasants and the art of farming*: a chayanovian manifesto. Agrarian Change and Peasant Studies Series. Halofax: Fernwood Publishing, 2013.

PLOEG, J. D. van der. Newly emerging, nested markets A theoretical introduction. *In*: HEBINCK, P.; PLOEG, J. D. van der; SCHNEIDER, S. (orgs.). *Rural development and the construction of new markets*. Abingdon: Routledge, 2015, p. 16–40.

PLOEG, J. D. van der. "From de-to repeasantization: The modernization of agriculture revisited". *Journal of Rural Studies*, n. 61, 236-243, 2018a.

PLOEG, J. D. van der. *The new peasantries*: rural development in times of globalization. 2 ed. Nova York: Routledge, 2018b.

PLOEG, J. D. van der; BOUMA, J.; RIP, A.; RIJKENBERG, F. H. J.; VENTURA, F.; WISKERKE, J. S. C. On regimes, novelties, niches and co-production. *In*: PLOEG, J.D.; WISKERKE, J.S.C. (Orgs.) *Seeds of transition*: essays on novelty production, niches ans regimes in agriculture. European Perspectives on Rural Development. Assen, The Netherlands: Van Gorcum, 2004, p. 1–30.

PLOEG, J. D. van der; BARJOLLE, D.; BRUIL, J.; BRUNORI, G.; MADUREIRA, L. M. C.; DESSEIN, J.; DRĄG, Z.; FINK-KESSLER, A.; GASSELIN, P.; GONZÁLEZ DE MOLINA, M.; GORLACH, K.; JÜRGENS, K.; KINSELLA, J.; KIRWAN, J.; KNICKEL, K.; LUCAS, V.; MARSDEN, T.; MAYE, D.; MIGLIORINI, P.; MILONE, P.; NOE, E.; NOWAK, P.; PARROTT, N.; PEETERS, A.; ROSSI, A.; SCHERMER, M.; VENTURA, F.; VISSER, M.; WEZEL, A. "The economic potential of agroecology: Empirical evidence from Europe". *Journal of Rural Studies Volume*, n. 71, 46-61, 2019.

POLANYI, K. [1944]. *The great transformation*: the political and economic origins of our time. 2 ed. Boston: Beacon Press, 2001.

POLANYI, K. "Formas de integração e estruturas de apoio". *In*: POLANYI, K. *A subsistência do homem e ensaios correlatos*. Rio de Janeiro: Contraponto Editora, 2012, p. 83–93.

PORTO, S. 2016. Agroecologia e o Programa de Aquisição de Alimentos (PAA). *Carta Maior*, 14/06/2016. Disponível em: <http://cartamaior.com.br/?/Editoria/

Meio-Ambiente/A-agroecologia-e-o-Programa-de-Aquisicao-de-Alimentos--PAA/3/36284>. Acessado em: 3 out. 2019.

PP-AL (Red Políticas Públicas en América Latina y el Caribe). "Políticas Públicas a favor de la Agroecología en América Latina y el Caribe". PP-AL, Brasilia, 2017. Disponível em: http://www.pp-al.org/es. Acesso em: 23 out. 2023.

PRETTY, J.; BHARUCHA, Z. P. "Sustainable intensification in agricultural systems". *Ann. Bot.*, 114, 1571–1596, 2014.

PRIGOGINE, I. *Etude thermodynamique des phenomenes irreversibles*. Paris: Liège, 1947.

PRIGOGINE, I. Thermodynamics of Irreversible Processes and Fluctuations. *Temperature* 2, 215-232, 1955.

PRIGOGINE, I. *Non-equilibrium statistical mechanics*. Nova York: Interscience, 1962.

PRIGOGINE, I. "Time structure and fluctuations". *Science*, n. 201, p. 777–785, 1978.

PRIGOGINE, I. *¿Tan sólo una ilusión?* Una exploración del caos al orden. Barcelona: Tusquets, 1983.

PULEO, A. H. *Ecofeminismo*: para otro mundo posible. Madri: Catedra, 2011.

RAMOS GARCÍA, M.; GUZMÁN, G. I.; GONZÁLEZ DE MOLINA, M. "Dynamics of organic agriculture in Andalusia: Moving toward conventionalization?". *Agroecology and Sustainable Food Systems*, v. 42 (3), 328-359, 2017.

RAMOS-MARTIN, J. "Empiricism in ecological economics: a perspective from complex systems theory". *Ecological Economic*, n. 46, p. 387-398, 2003.

RAMOS-MARTIN, J. Economía Biofísica. *Investigación y Ciencia*, 68-75, 2012.

RAWLS, J. *El liberalismo político*. Madri: Crítica, 1993.

RAYNOLDS, L. T. "The globalization of organic agro-food networks". *World development*, v. 32, n. 5, p. 725-743, 2004.

REARDON, T. et al. "The rise of supermarkets in Africa, Asia and Latin America". *American Journal of Agricultural Economics*, v. 85, n. 5. p. 1140–6, 2003.

REED, M. "For whom? The governance of organic food and farming in the UK". *Food Policy*, n. 34, p. 280-286, 2009.

REHER, D.; CAMPS, E. "Las economías familiares dentro de un contexto histórico comparado". *Revista Española de Investigaciones Sociológicas*, n. 55, p. 65-91, 1991.

RENTING, H.; WISKERKE, H. New Emerging Roles for Public Institutions and Civil Society in the Promotion of Sustainable Local Agro-Food Systems. 9Th European IFSA Symposium. Vienna, 2010.

RENTING, H.; SCHERMER, M.; ROSSI, A. "Building food democracy: exploring civic food networks and newly emerging forms of food citizenship". *International Journal of Sociology of Agriculture and Food*, v. 19, n. 3, p. 289–307, 2012.

RETAMOZO, M. "La teoría del populismo de Ernesto Laclau: una introducción". *Estudios Políticos*, n. 41, 157-184, 2017.

RICHARDSON, K.; STEFFEN, W.;LUCHT, W.; BENDTSEN, J.; CORNELL, S.; DONGES, J.;DRÜKE, M; FETZER, I.; BALA, G.; BLOH, W. von; FEULNER, G.; FIEDLER, S.; GERTEN, D.; GLEESON, T.; HOFMANN, M.;

HUISKAMP, W.; KUMMU, M.; MOHAN, C.; NOGUÉS-BRAVO, D.; PETRI, S.; PORKKA, M.; RAHMSTORF, S.; SCHAPHOFF, S.; THONICKE, K.; TOBIAM, A.; VIRKKI, V.; WANG-ERLANDSSON, L.; WEBER, L., ROCKSTRÖM, J. "Earth beyond six of nine planetary bounderies". *Sciences Advances*, v. 37, n. 9, 2023.

RIECHMANN, J. Biomimesis: ensayos sobre imitación de la naturaleza, ecosocialismo y autocontención. Madri: La Catarata, 2006.

RIGBY, D.; BOWN, S. "Organic food and global trade: is the market Delivering Agricultural Sustainability?" Discussion Paper Series n. 0326. School of Economic Studies. University of Manchester, 2003.

ROCKSTRÖM, J.; STEFFEN, W.; NOONE, K.; PERSSON, A.; CHAPIN, F.S.; LAMBIN, E.F.; LENTON, T.M.; SCHEFFER, M.; FOLKE, C.; SCHELLNHUBER, H.J.; NYKVIST, B.; DE WIT, C.A.; HUGHES, T.; VAN DER LEEUW, S.; RODHE, H.; SÖRLIN, S.; SNYDER, P.K.; COSTANZA, R.; SVEDIN, U.; FALKENMARK, M.; KARLBERG, L.; CORELL, R.W.; FABRY, V.J.; HANSEN, J.; WALKER, B.; LIVERMAN, D.; RICHARDSON, K.; CRUTZEN; FOLEY, J.A. "A safe operating space for humanity". *Nature*, 461, 472-475, 2009a.

ROCKSTRÖM, J.; STEFFEN, W.; NOONE, K.; PERSSON, Å.; STUART III CHAPIN, F.; LAMBIN, E.; LENTON, T. M. *et al.* "Planetary boundaries: exploring the safe operating space for humanity". *Ecology and Society*, v. 14, n. 2, 2009b.

ROSEN, R. *Anticipatory systems*: philosophical, mathematical and methodological foundations. Nova York: Pergamon Press, 1985.

ROSEN, R. *Essays on life itself.* Nova York: Columbia University Press, 2000.

ROSSET, P. "Food sovereignty: global rallying cry of farmer movements". Institute for Food and Development Policy Backgrounder, vol. 9, no. 4, p. 4, 2003.

ROSSET, P. M. "Re-thinking agrarian reform, land and territory in La Vía Campesina". *Journal of Peasant Studies*, v. 40, n. 4, p. 721-775, 2013.

ROSSET, P.; ALTIERI, M. *Agroecology*: science and politics. Agrarian change and peasant studies series. Winnipeg, Manitoba: Fernwood Publishing, 2017.

ROSSEAU, J. J. [1762]. *El contrato social.* Madrid: Editorial Itsmo, 2004.

ROUGOOR, C. W.; ZEIJTS, H. VAN; HOFREITHER, M. F.; BÄCKMAN, S. "Experiences with fertilizer taxes in Europe". *Journal of Environmental Planning and Management*, v. 44, n. 6. p. 877–887, 2001.

ROYAL SOCIETY. Reaping the Benefits: Science and the Sustainable Intensification of Global Agriculture. The Royal Society: Londres, p. 1–72, 2009.

SABATIER, P.; JENKINS-SMITH, H. *Policy change and learning*: an advocacy coalition approach. Boulder: Westview Press, 1993.

SABATIER, P. A.; WEIBLE, C. M. *Theories of the policy process.* Boulder: Westview Press, 2014.

SABOURIN, E.; NIEDERLE, P.; LE COQ, J. F. ; VÁZQUEZ, L.; PATROU-ILLEAU, M. M. "Análisis comparativo en escala regional, en PP-AL". Red Políticas Públicas en América Latina y el Caribe. Políticas Públicas a favor de la Agroecología en América Latina y el Caribe. PP-AL, Brasília, p. 196-213, 2017.

SAF/MDA – Secretaria da Agricultura Familiar/Ministério do Desenvolvimento Agrário. Programa Nacional de Apoio à Agricultura de Base Ecológica nas Unidades Familiares de Produção. Brasília-DF: SAF/MDA, 2004.

SAHLINS, M. *Evolution and culture*. Michigan: University of Michigan, 1960.

SÁNCHEZ, A. L. "La crítica de la economía de mercado en Karl Polanyi: el análisis institucional como pensamiento para la acción". *Revista Española de Investigaciones Sociológicas*, n. 86, p. 27–54, 1999.

SANTA MARÍN, J. F.; TORO BETANCUR, A. "Tribología: pasado, presente y futuro". *TecnoLógicas*, v. 18, n. 35. p. 09-10, 2015. Disponível em: http://www.scielo.org.co/scielo.php?script=sci_arttext&pid=S0123-77992015000200001&lng=en&tlng=es. Acesso em: 23 out. 2023.

SAPEA – Science Advice for Policy by European Academies. *A sustainable food system for the European Union*. Berlim: SAPEA, 2020.

SCARTASCINI, C.; STEIN, E.; TOMMASI, M. "Political Institutions, Intertemporal Cooperation and the Quality of Policies." Working paper. Inter-American Development Bank, Research Department, n. 676, 2009.

SCHANDL, H.; HATFIELD-DODDS, S.; WIEDMANN, T.; GESCHKE, A.; CAI, Y. *et al*. "Decoupling global environmental pressure and economic growth: scenarios for energy use, materials use and carbon emissions". *J. Clean. Prod.*, n. 132, p. 45–56, 2016.

SCHANDL, H.; GRÜNBÜHEL, C.; HABERL, H.; WEISZ; H. *Handbook of physical accounting*. Measuring bio-physical dimensions of socio-economic activities MFA - EFA – HANPP. Institute for Interdisciplinary Studies of Austrian Universities (IFF). Department of Social Ecology, Vienna, 2002.

SCHEFFER, M.; BAVEL, B. van; LEEMPUT, I. A. van de; NES, E. H. van. "Inequality in nature and society". *Proceedings of the National Academy of Sciences USA*, n. 114, v. 50, p. 13154–13157, 2017.

SCHEIDEL, A.; SORMAN, A.H. "Energy transitions and the global land rush: Ultimate drivers and persistent consequences". *Global Environmental Change*, 22 (3. 559-794, 2012.

SCHELLING, T. *Micromotivos y macroconductas*. Buenos Aires: Fondo de Cultura Económica, 1989.

SCHMIDHUBER, J. The EU Diet – Evolution, Evaluation and Impacts of the CAP. FAO Documents, 2006. Disponível em: https://www.fao.org/fileadmin/templates/esa/Global_persepctives/Presentations/Montreal-JS.pdf. Acesso em: 23 out. 2023.

SCHMITT, C.; NIEDERLE, P.; ÁVILA, M.; SABOURIN, E.; PETERSEN, P.; SILVEIRA, L.; ASSIS, W.; PALM, J.; FERNANDES, G. B. La experiência brasileña de construcción de políticas públicas en favor de la Agroecología. *In*: PP-AL. Red Políticas Públicas en América Latina y el Caribe. Políticas Públicas a favor de la Agroecología en América Latina y el Caribe. Porto Alegre, PP-AL/FAO, p. 73-122, 2017.

SCHMITT, C.; PORTO, S. I.; LOPES, H.R.; LONDRES, F.; MONTEIRO, D,; SILVEIRA, L.; PETERSEN, P. *Redes de Agroecologia para o desenvolvimento dos territórios; aprendizados do Programa Ecoforte*. Rio de Janeiro: ANA, 2020.

SCHNEIDER, S.; ESCHER, F. "A contribuição de Karl Polanyi para a sociologia do desenvolvimento rural". *Sociologias*, v. 13, n. 27, p. 180–219. 2011.

SCHNEIDEWIND, U.; SINGER-BRODOWSKI, M.; AUGENSTEIN, K.; STELZER, F. "Pledge for a Transformative Science - A Conceptual Framework. Wuppertal Institute for Climate, Environment and Energy". Wuppertal, Alemanha. Working Paper n. 191, 2016.

SCHOTTER, A. *The economic of social institutions*. Cambridge: Cambridge University Press, 1981.

SCOTT, J. C. *The moral economy of the peasant*: rebellion and subsistence in Southeast Asia. New Haven: Yale University Press, 1976.

SCOTT, J. C. *Seeing like a State*: how certain schemes to improve the human condition have failure. New Haven/Londres: Yale University Press, 1998.

SERRANO, J. L. Pensar a la vez la ecología y el estado. *In*: GARRIDO *et al*. *El paradigma ecológico en las ciencias sociales*. Barcelona: Icaria, 2007, p. 155-199.

SEVILLA GUZMÁN, E.;GONZÁLEZ DE MOLINA, M. "Ecosociología: Elementos teóricos para el análisis de la coevolución social y ecológica en la agricultura". *Revista Española de Investigaciones Sociológicas*, n. 52, p. 7–45, 1990.

SEVILLA GUZMÁN, E.; GONZÁLEZ DE MOLINA, M. *Sobre a evolução do conceito de campesinato*. São Paulo: Expressão Popular, 2005.

SHANIN, T. "The peasantry as a political factor". *The Sociological Review*, v. 14, n. 1, p. 5–27. 1966.

SHANIN, T. "Definiendo al campesinado: conceptualizaciones y desconceptualizaciones. Pasado y presente de un debate marxista". *Agricultura y Sociedad*, n. 11, p. 9-52, 1979.

SHANIN, T. "Expolary economies: a political economy of margin". *Connections*, v.11, n. 3, p. 18-22, 1988.

SHANIN, T. *Defining peasants*: essays concerning rural societies, explorary economies, and learning from them in the contemporary world. Oxford: Basil Blackwell. 1990.

SHERWOOD, S.; SCHUT, M.; LEEUWIS, C. Learning in the social wild: encounters between Farmer Field Schools and agricultural science and development in Ecuador. *In*: OJHA, H.R.; HALL, A.; SULAIMAN, R. (eds.). *Adaptive collaborative approaches in natural resources governance*: rethinking participation, learning and innovation. Londres: Routledge, 2012, p. 102-137.

SHILS, E. *The torment of secracy*: the background and consequences of American security policies. Nova York: Wiley, 1956.

SIEFERLE, P. Qué es la historia ecológica. *In*: GONZÁLEZ DE MOLINA, M.; MARTÍNEZ ALIER, J. (eds.). *Naturaleza transformada*: Estudios de historia ambiental en España. Icaria: Barcelona, 2001.

SIEYÈS, E. J. *Escritos y discursos de la Revolución*. Cidade do México: Centro de Estudios Constitucionales, 2007.

SILIPRANDI, E. *Mulheres e Agroecologi*a: transformando o campo, as florestas e as pessoas. Rio de Janeiro: URFJ, 2015.

SINGER, P. All animal are equal. *In*: SINGER, P. (ed.). *Animal rights and Humans obligations*. Nova Jérsei: Prentice Hall, 1976, p. 73.86.

SINGER, P. *In defense of animals*. Londres: Blackwell, 1985.

SMIL, V. *Energías*. Una guía ilustrada de la biosfera y la civilización. Barcelona: Editorial Crítica, 2001.

SMITH, A. "Translating sustainabilities between green niches and socio-technical regimes". *Technology Analysis & Strategic Management*, v. 19, n. 4, p. 427–50. 2007.

SMITH, A.; RAVEN, R. "What is protective space? Reconsidering niches in transitions to sustainability". *Research Policy*, n. 41, p. 1025–1036, 2012.

SOUZA, N. A.; FERREIRA, T.; CARDOSO, I. M.; OLIVEIRA, E.; AMÂNCIO, C.; DORNELAS, R. S. Os núcleos de Agroecologia: caminos e desafíos na indissociabilidade entre ensino, pesquisa e extensão. *In*: SAMBUICHI, R.H.; MOURA, I.; MATTOS, L.; ÁVILA, M.; SPÍNOLA, P.; MOREIRA DA SILVA, A.P. *A Política Nacional de Agroecologia e produção orgânica no Brasil*: uma trajetória de luta pelo desenvolvimento rural sustentável. Brasília: IPEA, 2017.

SOSA, B.M.; JAIME, A.M.R.; LOZANO, D.R.Á.; ROSSET, P.M. *Revolución agroecológica*: el movimiento de campesino a campesino de la ANAP en Cuba. La Habana, ANAP, (s.d.).

STEFFEN, W.; RICHARDSON, K.; ROCKSTRÖM, J.; CORNELL, S.E.; FETZER, I.; BENNETT, E.M.; BIGGS, R.; CARPENTER, S.R.; DE VRIES, W.; DE WIT, C.A.; FOLKE, C.; GERTEN, D.; HEINKE, J.; MACE, G.M.; PERSSON, L.M.; RAMANATHAN, V.; REYERS, B.; SÖRLIN, S. "Planetary Boundaries: Guiding human development on a changing planet". *Science*, v. 347, n. 6223, 2015.

STOKER, G. "Governance as theory: five propositions". *International Social Science Journal*, v. 50, n. 155, p. 17-28. 1998.

SUBIRATS, J.; KNOEPFEL, P.; LARRUE, C.; VARONE, F. *Análisis y gestión de políticas públicas*. Barcelona: Ariel, 2012.

SUN, R. *Cognition and multi-agent interaction*. From cognitive modeling to social simulation. Cambridge: Cambridge Univeristy Press, 2005.

SWANNACK, T. M.; GRANT, W. E. "Systems ecology". *Encycl. Ecol.*, p. 3477–3481, 2008.

SWANSON, G. A.; BAILEY, K. D.; MILLER, J. G. "Entropy, social entropy and money: a living systems theory perspective". *Syst. Res. Behav. Sci*, 141. 45–65, 1997.

TAINTER, J. A. *The collapse of complex societies*. Cambridge University Press, 1988.

TAINTER, J. A. Scale and dependency in world systems: local societies in convergent evolution. *In:* HORNBORG, A. et al. (eds.). *Rethinking environmental history*. Lanham: Altamira Press, 2007, p. 361-378.

TAPIA, J. A.; ASTARITA, R. *La Gran Recesión y el capitalismo del siglo XXI*. Madri: Libros La Catarata, 2011.

THIRSK, J. *Alternative agriculture*: A history - from the black death to the present day. Nova York: Oxford University Press, 1997.

TILMAN, D. *et al*. "Forecasting agriculturally driven global environmental change". *Science*, n. 292, 281–284, 2001.

TILMAN, D.; BALZER, C.; HILL, J.; BEFORT, B. L. "Global Food Demand and the Sustainable Intensification of Agriculture". *Proc. Natl. Acad. Sci.*, 108, 20260–20264, 2011.

TIROLE, J. *Économie du bien commun*. Paris: Presses Universitaires de France, 2016.

TITTONELL, P.; KLERKX, L.; BAUDRON, F.; FÉLIX, G.F; RUGGIA, A.; APELDOORN, D.; DOGLIOTTI, S., MAPFUMO, P.; ROSSING, W. A. H. "Ecological intensification: local innovation to address global challenges". *Sustainable Agriculture Reviews*, v. 19, p. 1–34. Cham: Springer International Publishing, 2016.

TOLEDO, V. M. The ecological rationality of peasant production. *In:* ALTIERI, M.; HECHT, S. (eds.). *Agroecology and small farm production*. Flórida: CRC Press, 53-60. 1990.

TOLEDO, V. M. La racionalidad ecológica de la producción campesina. *In*: SEVILLA, E.; GONZÁLEZ DE MOLINA, M. (eds.). *Ecología, campesinado e Historia*. Madri: La Piqueta, 1993, p. 197-218.

TOLEDO, V. M. "La apropiación campesina de la naturaleza: una aproximación etno-ecológica". Tese (Doutorado em Ciências) — Facultad de Ciencias, Universidad Nacional Autónoma de México, 1994.

TOLEDO, V. M. "Campesinidad, agroindustrialidad, sostenibilidad: los fundamentos ecológicos e históricos del desarrollo rural." *Cuadernos de trabajo del grupo interamericano para el desarrollo sostenible de la agricultura y los recursos naturales*, n. 3, 1995.

TOLEDO, V. M. Las "disciplinas híbridas": 18 enfoques interdisciplinarios sobre naturaleza y sociedad. *Persona y Sociedad*. 1999, v. XIII, n. 1, p. 21-26.

TOLEDO, V. M.; BARRERA-BASSOLS, N. *La memoria biocultural*. La importancia agroecológica de las sabidurías tradicionales. Barcelona: Editorial Icaria, 2008.

TOLEDO, V. M. Los grandes problemas ecológicos. *In*: BARTRA, A. (ed.). *Los grandes problemas nacionales*. Barcelona: Editorial Itaca, 2012a, p. 29-34.

TOLEDO, V. T. La Agroecología en Latinoamérica: tres revoluciones, una misma transformación. Agroecología, n. 6, p. 37-46. 2012b.

TOLEDO, V. M.; BARRERA-BASSOLS, N. "Political agroecology in Mexico: a path toward sustainability". *Sustainability*, 92. 268. 2017.

TORRES-MELO, J.; SANTANDER, J. *Introducción a las políticas públicas*: Conceptos y herramientas desde la relación entre Estado y ciudadanía. Bogotá: IEMP Ediciones, 2013.

TYRTANIA, L. "La indeterminación entrópica: Notas sobre disipación de energía, evolución y complejidad". *Desacatos*, 28, 41-68, 2008.

TYRTANIA, L. *Evolución y sociedad*: termodinámica de la supervivencia para una sociedad a escala humana. Cidade do México: Universidad Autónoma Metropolitana, 2009.

UK GOVERNMENT Office for Science. Foresight 2011. The Future of Global Food and Farming; Final Project Report; Government Office for Science London: Londres, 2011.

ULANOWICZ, R. E. "Identifying the structure of cycling in ecosystems". *Mathematical Biosciences*, n. 65, p. 210–237, 1983.

ULANOWICZ, R. E. "On the nature of ecodynamics". *Ecol. Complex.* n. 1, p. 341–354, 2004.

UN. "Paris Agreement: United Nations Framework Convention on Climate Change". 2015a. Disponível em: <http://unfccc.int/files/essential_background/convention/application/pdf/english_paris_agrement.pdf.>.

UN. "Transforming our world: the 2030 agenda for sustainable development". 2015b. UN. Disponível em: <https://sustainabledevelopment.un.org/content/documents/21252030%20Agenda%20for%20Sustainable%20Development%20web.pdf.>.

UN. "New UN Decade aims to eradicate hunger, prevent malnutrition". UN News Centre. 4 mai. 2016. Disponível em: http://www.un.org/apps/news/story.asp?NewsId=53605#.WaCudsaQyJC.>.

UNCTAD – United Nations Conference on Trade and Development. "Trade and Environment Review 2013: wake up before it is too late: make agriculture truly sustainable now for food security in a changing climate". Geneva, 2013.

UNEP – United Nations Environment Programme. "The Pollution of Lakes and Reservoirs. Kenia". UNEP, 1994.

UNEP – United Nations Environment Programme. "Assessing the Environmental Impacts of Consumption and Production. Priority Products and Materials". UNEP, Paris. 2010.

UNEP – United Nations Environment Programme. "Decoupling natural resource use and environmental impacts from economic growth. A Report of the Working Group on Decoupling to the International Resource Panel", 2011.

UNEP – United Nations Environment Programme. "Global Material Flows and Resource Productivity. Assessment Report for the UNEP International Resource Panel", 2016.

VALLE RIVERA, M. del C. del; MARTÍNEZ, J.M. T. (orgs.). *Gobernanza territorial y sistemas agroalimentarios localizados en la nueva ruralidad*. México: Red de Sistemas Agroalimentarios Localizados. Red Sial-México. 2017.

VÁZQUEZ, L.; MARZIN, J.; GONZÁLEZ, N. Políticas públicas y transición hacia la agricultura sostenible sobre bases agroecológicas en Cuba, en PP-AL. Red Políticas Públicas en América Latina y el Caribe. 2017. Políticas Públicas a favor de la Agroecología en América Latina y el Caribe. PP-AL, Brasília, p. 108-131, 2017.

VENTURA, F.; BRUNORI, G.; MILONE, P.; BERTI, G. The rural web: a synthesis. *In*: PLOEG, J. D. van der; MARSDEN, T. *Unfolding webs*: the dynamics of regional rural development. Assen: Van Gorcun, 2008.

VILHENA, D. A.; ANTONELLI, A. "A network approach for identifying and delimiting biogeographical regions". *National Communications*, n. 6, p. 6848, 2015.

WALKER, P. A. "Political ecology: where is the politics?". *Progress in Human Geography*, v. 31, n. 3, 363–369, 2007.

WALLERSTEIN, I. *The modern world system*: Capitalist agriculture and the origins of the European world-economy in the sixteenth century. Londres: Academic Press, 1974.

WALLERSTEIN, I. *Análisis de sistemas-mundo*. Una introducción, 2 ed. Cidad do México: Siglo XXI Editores, 2005.

WARDE, P. The envrionmental history of pre-industrial agriculture in Europe. *In*: SÖRLIN, S.; WARDE, P. *Nature's end*: history and environment. Nova York: Palgrave Macmillan Press, 2009.

WEID, J. M. von der. "Construindo políticas públicas em apoio à agroecologia". *Agriculturas*, v. 3, n. 1, 2006, p. 4-6.

WEIS, T. *The ecological hoofprint: the global burden of industrial livestock*. Londres/Nova York: Zed Books, 2013.

WEZEL, A.; SOLDAT, V. A quantitative and qualitative historical analysis of the scientific discipline of agroecology. *International Journal of Agricultural Sustainability*, v. 7, n. 1, p. 3–18. 2009.

WILSON, E. O. *La conquista social de la tierra*: ¿De dónde venimos? ¿Quiénes somos? ¿Adónde vamos? Barcelona: Debate, 2012.

WIRONEN, M. B.; BARTLETT, R.; ERICKSON, J. D. "Deliberation and the promise of a deeply democratic sustainability transition". *Sustainability*, n. 11, p. 1023, 2019.

WISKERKE, J. S. C. "On places lost and places regained: reflections on the alternative food geography and sustainable regional development". *International Planning Studies*, v. 14, n. 4, p. 369–87, 2009.

WITZKE, H.; NOLEPPA, S. "E.U. agricultural production and trade: can more efficiency prevent increasing 'land grabbing' outside of Europe?". OPERA *Research Center*. 2010. Disponível em: <http://www.appgagscience.org.uk/linkedfiles/Final_Report_Opera.pdf>. Acessado em: 20 jun. 2013.

WORLD Bank. 2019. Disponível em: <http:// databank.worldbank.org/ data/>. Acessado em 20 mar. 2019.

WORLD Future Council; IFOAM. "Future Policy Award 2018. Scaling up Agroecology. Evaluation Report". World Future Council & IFOAM–Organics International, Bonn, Hamburg, Geneva, 2018.

WRI – World Resources Institute. BROWM, L.; FLAVIN, C.; FRENCH, H. (eds.). La Situación Del Mundo, 1999. Barcelona: Icaria. 1999.

WRI – World Resources Institute. BROWM, L.; FLAVIN, C.; FRENCH, H. (eds.). *La situación del mundo*, Barcelona: Icaria, 2002.

WRIGHT; I. "The social architecture of capitalism". *Physica A*, 346, 589–620. 2005.

WRIGHT, I. "The social architecture of capitalism Things are getting worse". *Adventures in Marxist Theory*. Disponível em: https://ianwrightsite.wordpress.com/2017/11/16/the-social-architecture-of-capitalism/. Acesso em: 23 out. 2023.

ZHOU, Y. "Smallholder agriculture, sustainability and the Syngenta Foundation". Syngenta Foundation. 2000. Disponível em: https://pdfs.semanticscholar.org/b6b9/3f6cdeffc8b92278df329c4a2662b80a1bbb.pdf.